畅销升级版
全彩印刷

U0350255

登峰造极 之径系列

中文版 **Photoshop CS6**
从入门到精通 第3版

◎风尚设计 编著

机械工业出版社
CHINA MACHINE PRESS

本书是帮助 Photoshop CS6 初学者快速实现从入门到精通的经典自学教程，全书双栏排版、全彩印刷，以精辟的语言、精美的图示和范例，全面深入地讲解了 Photoshop CS6 的各项功能，并使读者在不断实践中，从新手成长为 Photoshop 高手。

全书共分为 14 章，内容环环相扣、精彩纷呈，前 13 章从最基本的 Photoshop CS6 软件界面介绍开始，逐步深入到选区、图层、通道、蒙版、滤镜、动作等软件核心功能和应用方法。最后一章综合实例通过 25 个精美案例讲解如何使用 Photoshop CS6 进行数码照片处理、照片模板制作、创意合成、海报设计、广告设计、文字特效设计和包装设计，使读者能将前面学到的专业知识应用到实际工作中去。附录介绍了如何运用 Photoshop 制作网页、3D 与视频动画。

本书内容丰富、信息量巨大，语言通俗易懂，讲解深入、透彻，案例精彩、实战性强，读者不但可以系统、全面学习 Photoshop 基本概念和基础操作，还可以通过大量精美范例，拓展设计思路，掌握 Photoshop 在照片处理、文字特效、海报、平面广告、包装、网页、动画等行业的应用方法和技巧，轻松完成各类商业设计的工作。

本书配有 1 张 DVD 光盘，除包含全书所有实例的高分辨率素材和源文件外，还赠送时长 24 小时、全书 210 多个实例的高清语音视频教学录像，让您花一本书的钱，享受多本书的价值。

本书适合广大 Photoshop 初学者，以及有志于从事平面设计、插画设计、包装设计、网页制作、三维动画设计和影视广告设计等工作的人员使用，同时也适合高等院校相关专业的学生和各类培训班的学员参考阅读。

图书在版编目（CIP）数据

中文版 Photoshop CS6 从入门到精通 / 风尚设计编著. —3 版. —北京：机械工业出版社，2013.8
（登峰造极之径系列）

ISBN 978-7-111-42887-9

Ⅰ. ①中... Ⅱ. ①风... Ⅲ. ①图像处理软件 Ⅳ. ①TP391.41

中国版本图书馆 CIP 数据核字（2013）第 128421 号

机械工业出版社（北京市百万庄大街 22 号　邮政编码 100037）

责任编辑：孙　业

责任印制：杨　曦

保定市中画美凯印刷有限公司印刷

2013 年 8 月·第 3 版第 1 次印刷

210mm×285mm·19.75 印张·889 千字

0001—4000 册

标准书号：ISBN 978-7-111-42887-9

　　　　　　ISBN 978-7-89433-978-2（光盘）

定价：89.00 元（含 1DVD）

前 言

PREFACE

软件简介

Photoshop CS6 是 Adobe 公司最新推出的图像编辑软件，是每一位从事平面设计、网页设计、影像合成、多媒体制作、动画制作等专业人士必不可少的工具，具有功能强大、设计人性化、插件丰富、兼容性好等特点。Photoshop CS6 精美的操作界面和革命性的新增功能将带给用户全新的创作体验。随着数码相机的普及，越来越多的摄影爱好者开始使用 Photoshop 来修饰和处理照片，从而大大扩展了 Photoshop 的应用范围和领域。

内容编排

本书共分为 14 章，从认识 Photoshop 的软件界面入手，由浅入深地讲解了 Photoshop 的工具、命令、各项功能和操作技法，带领读者快速进入 Photoshop CS6 的世界。

第 1 章介绍了 Photoshop CS6 的应用领域、工作界面、新增功能以及辅助工具等，使读者在深入学习 Photoshop CS6 之前，对该软件有一个全面而系统的了解。

第 2 章讲解了图像的基本编辑方法，详细介绍了 Photoshop CS6 的各项基本操作，如文件的新建、打开、保存、关闭；图像的变换与变形操作等。

第 3 章讲解了选区的创建和编辑，结合实例介绍了选区的基本操作、基本选择工具、编辑选区和选区的应用等，如为照片添加相框、制作画册、为人物添加头饰等。

第 4 章讲解了图像的颜色和色调调整，主要介绍了基本的色彩理论，并结合 Photoshop 的颜色模式、颜色调整命令，来介绍如何使用恰当的工具调出美丽和谐的色彩。

第 5 章介绍了矢量工具与路径，详细地介绍了创建和编辑路径的工具和操作方法，以及路径在图像处理中的应用。

第 6 章介绍了图像的绘制，讲解了 Photoshop 中所有绘图工具的使用方法和应用技巧。

第 7 章介绍了照片的修复和修饰，介绍了各种修复工具和润饰工具的相关知识和使用方法，简单快速地修复有缺陷的数码照片和修饰图像中的颜色。

第 8 章讲解了图层的操作，对图层的相关知识进行了详细介绍，学习如何创建图层、编辑图层和管理图层，以及图层样式的运用等。

第 9 章介绍了蒙版，详细介绍了不同类型的蒙版的原理，以及蒙版在实际工作中的应用方法。

第 10 章介绍了通道，主要介绍了通道的原理、操作方法，以及基于通道混合的应用图像和计算命令，并结合到实际工作当中。

第 11 章介绍了文字的艺术，讲解了创建文字的工具以及一些相关的基础操作，让读者可以根据设计的需要，随心所欲地为作品添加各种艺术文字。

第 12 章讲解了滤镜的综合运用，重点介绍了比较常用的一些滤镜，了解滤镜的特点和操作方法。

第 13 章介绍了动作与任务自动化，包括如何创建、编辑和应用动作，以及如何使用各种动作自动化命令来提高工作效率。

第 14 章是综合实战，通过 25 个精美案例讲解了如何使用 Photoshop CS6 进行数码照片处理、模板制作、图像合成、广告设计和包装设计等，使读者能将前面学到的专业知识应用到实际工作中去。

附录介绍了如何使用 Photoshop 制作网页、3D 与视频动画，详细讲解了制作网页、创建和编辑 3D 模型以及创建视频动画的相关知识。

本书特色

本书以通俗易懂的语言，结合精美的创意实例，全面、深入地讲解了 Photoshop CS6 这一功能强大、应用广泛的图像处理软件。总的来说，本书有如下特点：

1. 从零起步 由浅入深

本书完全站在初学者的立场，由浅入深地对 Photoshop CS6 的常用工具、功能、技术要点进行了详细、全面的讲解。书中各章均通过手把手和边讲边练的方式来讲解基础知识和基本操作，保证读者轻松入门，快速学会。

2. 知识全面 轻松自学

本书从最基础的 Photoshop CS6 软件界面认识开始讲起，以循序渐进的方式详细解读选区、调色、路径、通道、蒙版、滤镜等最核心、最实用的功能。另外，作者还将平时工作中积累的各方面的实战技巧、设计经验毫无保留地奉献给读者，让读者在自学的同时掌握实战技巧和经验，轻松应对复杂、变化的工作需求。

3. 全程图解 一看即会

全书使用全程图解和示例的讲解方式，以图为主、文字为辅。通过这些辅助插图，让读者在学习时更加易学易用、快速掌握。

4. 精美实例 激发灵感

为了激发读者的兴趣和引爆创意灵感，全书很多插图和示例构思巧妙，创意新颖。这些案例涵盖了 Photoshop 的各个领域，例如创意、文字、纹理、修饰照片、广告、招贴、海报、平面印刷等。力求使读者在学习技术的同时也能够扩展设计视野与思维，并且巧学活用、学以致用，轻松完成各类平面设计工作。

5. 多媒体教学 提高效率

全书配备了多媒体教学视频，进行全程语音讲解。读者只要打开随书赠送的多媒体光盘，结合书本，就可以在家享受专家课堂式的讲解，成倍提高学习效率。

创作团队

本书由风尚设计组织编写，参加本书编写的有：陈运炳、申玉秀、李红萍、李红艺、李红术、陈云香、陈文香、陈军云、彭斌全、林小群、刘清平、钟睦、刘里锋、陈志民、朱海涛、廖博、喻文明、易盛、陈晶、张绍华、黄柯、何凯、黄华、陈文轶、杨少波、杨芳、刘有良、江凡、张洁等。

由于作者水平有限，书中错误、疏漏之处在所难免。在感谢您选择本书的同时，也希望您能够把对本书的意见和建议告诉我们。

联系邮箱：lushanbook@gmail.com

风尚设计

多媒体光盘使用说明

本书附带 1 张 DVD 光盘，主要包含源文件和多媒体视频教程，源文件为书中操作实例的原始文件、素材和制作完成后的最终效果 PSD 文件，视频教程为实例操作步骤的配音视频演示录像，播放时间长达 24 小时。

光盘操作方法

（1）将光盘放入光驱后，双击"我的电脑"→"光盘驱动器"图标，打开光盘内容界面，如图 1 所示。

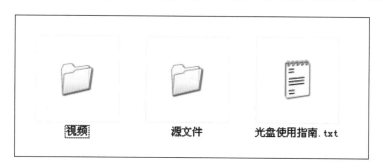

图 1 光盘中的内容

（2）双击"源文件"文件夹图标，打开包含各章节的文件夹，如图 2 所示；双击任何一个文件夹，即可打开相应部分的素材文件和最终效果文件，如图 3 所示。

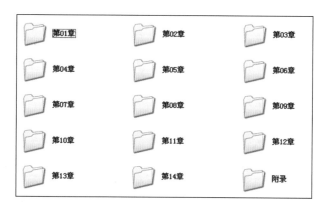

图 2 源文件

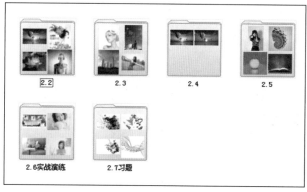

图 3 第 2 章中的素材文件

（3）双击"视频"文件夹图标，然后双击任何一个章节的文件夹，将显示相应章节的多媒体视频教程文件；双击所需视频文件即可播放，如图 5 所示。

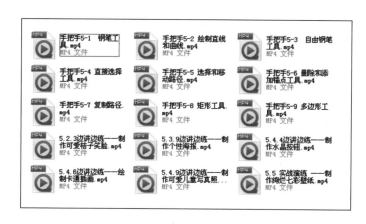

图 4 第 5 章中的多媒体视频教程

图 5 手把手 5-5 的视频文件内容

目 录

CONTENTS

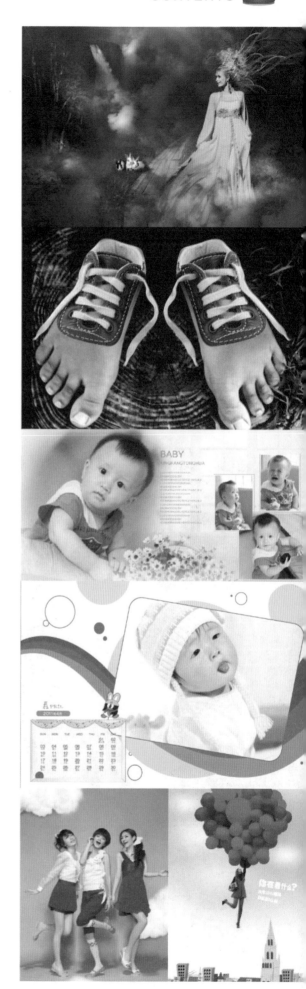

注释图标说明： ⊛—新功能； —视频

揭开 Photoshop 的神秘面纱
——初识 Photoshop CS6

Photoshop 是 Adobe 公司推出的一款功能强大的图像处理软件，它广泛应用于平面设计、数码摄影后期处理、网页设计等方面。随着数码相机的普及，越来越多的人开始学习使用 Photoshop 来修饰和处理数码照片，或者合成照片、添加艺术文字等。

Photoshop CS6 是 Adobe 公司 2012 年推出的最新版本，本章通过介绍 Photoshop CS6 的应用领域、新增功能、工作界面、工作区和视图等内容，使读者对它有一个整体的了解和认识，快速进入 Photoshop CS6 的精彩世界。

第 1 章

1.1 Photoshop CS6 的应用领域

Photoshop 的应用领域非常广泛，在平面设计、修复照片、网页设计、图像创意等各个领域都能看到它的身影。

1．平面设计

平面设计是使用 Photoshop 最广泛的领域，如海报、杂志广告、报纸广告、包装等行业，都运用 Photoshop 来对图像进行处理，如图 1-1 所示。

图 1-1　平面设计

2．数码照片处理

随着数码摄影技术的不断发展，Photoshop 与数码摄影的联系更加紧密。Photoshop 具有强大的图像修饰功能，可以快速修复照片的缺陷、翻新旧照片、合成图像、制作写真模板等，创建出艺术、个性的照片效果，如图 1-2 所示。

图 1-2　数码照片处理

3．界面设计

界面设计与制作也主要是使用 Photoshop 制作完成的，如按钮、游戏界面、软件界面、MP4、手机操作界面等，利用 Photoshop 都可以制作出各种真实的质感和特

效，如图 1-3 所示。

图 1-3　按钮、MP4 界面设计

4．网页设计

Photoshop 是网页图像、网页界面制作必不可少的图像处理软件。网络的普及是促使更多人学习 Photoshop 的一个重要原因，使用它可处理、加工网页中的元素，如图 1-4 所示。

图 1-4　网页设计

5．绘制插画

Photoshop 中包含大量的绘画与调色工具，为数码艺术爱好者和普通用户提供了无限广阔的绘画空间，可以使用 Photoshop 绘制风格多样的作品，如图 1-5 所示。

图 1-5　插画设计

6．图像创意

使用 Photoshop 可将原本毫无关系的对象有创意地组合在一起，使图像发生巨大的变化，体现特殊效果，给人以强烈的视觉冲击感，如图 1-6 所示。

图 1-6　创意设计

7．后期制作

Photoshop 可以对效果图进行后期处理，如人物、车辆、树木等配景都可以在 Photoshop 中添加，使效果图更为真实和完整，如图 1-7 所示。

图 1-7　后期处理

1.2　Photoshop CS6 的新增功能

Photoshop CS6 具备最先进的图像处理技术、全新的创意选项和极快的性能，可以有效增强用户的创造力，大幅提升用户的工作效率。

1．全新的界面颜色

Photoshop CS6 对工作界面进行了改进，配备了四种界面颜色方案，默认使用深色背景，以凸显图像，让用户工作时更加专注于作品本身。如果需要改变界面颜色，可以执行"编辑"→"首选项"→"界面"命令，在打开的"选项"对话框中选择自己喜欢的颜色主题。

技巧点拨：按下〈Alt+F1〉快捷键，可以将工作界面的亮度调暗（从深灰到黑色）；按下〈Alt+F2〉快捷键，可以将工作界面调亮。

2．人性化的自动备份和后台保存功能

Photoshop CS6 新增了自动备份功能，可以按照用户设定的时间间隔备份正在编辑的当前图像，从而避免由于意外情况而丢失当前的编辑效果。执行"编辑"→"首选项"→"文件处理"命令，在"首选项"对话框中可以设置自动备份的间隔时间。如果文件非正常关闭，则重新运行 Photoshop 时会自动打开并恢复备份的文件。

Photoshop 在保存较大的图像文件时往往需要几分钟甚至更长的时间，Photoshop CS6 新增了后台保存功能，在保存文件的过程中，用户也可以继续进行工作，从而为用户节省了时间。

3．贴心的图层搜索功能

一个 Photoshop 图像可能包含成百上千个图层，为了方便图层的查找，Photoshop CS6 新增了图层搜索功能，用户可以通过图层的名字、效果、模式、属性和颜色快速查找所需的图层，如图 1-8 所示，从而为图层的管理带来了极大的方便。

原图层面板　　　按图层类型搜索　　　按图层名称搜索

图 1-8　图层搜索

4．方便的属性面板

Photoshop CS 6 新增了与上下文相关的"属性"面板，能够让用户快速更新蒙版、调整和 3D 图层的属性，从而帮用户节省时间。

5．新的裁剪工具

使用全新的裁剪工具 ，可以进行非破坏性裁剪（隐藏被裁剪的区域）。在画面上我们可以精确控制图像，灵活、快速地放置图像，进行裁剪操作。

同时 Photoshop CS6 新增了透视裁剪工具 ，可以快速纠正图像的透视变形，如图 1-9 所示。

图 1-9　透视裁剪

6．全新的内容感知移动工具

在内容感知型移动工具 的帮助下，可以选择移动或扩展对象，在移动对象时，系统自动从选区周围的图像上取样，然后自动填充修复图案，同时可以在新的图层复制移动的图形，如图 1-10 所示。

图 1-10　内容感知移动图像

在扩展模式下，使用内容感知型移动工具 ，可以直接进行复制，如图 1-11 所示。

图 1-11　内容感知复制图像

7．统一的文字样式

新增的"段落样式"面板和"字符样式"面板可以保存文字样式，并可快速应用于其他文字、线条或文本段落，从而极大地节省了设置文字格式的时间。

8．自适应广角滤镜

新增的自适应广角滤镜，可以轻松拉直由广角镜头或者鱼眼镜头拍摄的变形照片，如图 1-12 所示。

图 1-12　自适应广角滤镜

9．神奇的油画滤镜

Photoshop CS6 新增的油画滤镜，可以轻松地将普通的图像变成油画艺术效果，如图 1-13 所示。

图 1-13　油画滤镜

10．功能强大的模糊滤镜

Photoshop CS6 的"模糊"滤镜组新增了场景模糊、光圈模糊和倾斜偏移三个模糊工具，可以创建专业级摄影模糊效果，如图 1-14 所示，可以通过焦点控制模糊的区域和程度。而之前版本中，选择性模糊只能靠蒙版或者选区来实现。

图 1-14　新增的模糊滤镜

11．功能增强的形状图层

在 Photoshop CS6 中，形状图层增强了填充和描边功能，可以使用颜色、渐变和图案进行填充和描边，并可以使用虚线等描边样式，如图 1-15 所示。

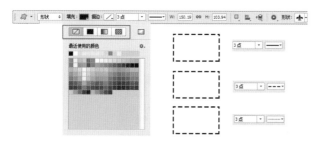

图 1-15　形状图层新增功能

12．64 位光照效果库

全新的 64 位光照效果库可以提供更佳的性能和灯光效果，如图 1-16 所示。该增效工具采用 Mercury 图形引擎并提供画布上的控制和预览功能，能更轻松地呈现光照增强效果。

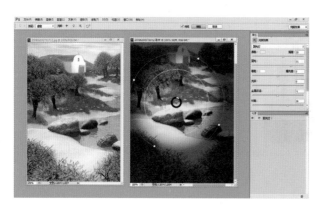

图 1-16　64 位光照效果

13．出色的 HDR 图像处理工具

HDR 图像编辑工具可以精确地创建照片般真实或超现实的 HDR 图像，甚至能让单次曝光的照片获得与写实或超现实的 HDR 图像相同的外观，如图 1-17 所示。

14．升级的 Camera Raw7.0

Camera Raw 是处理 RAW 格式照片不可缺少的

工具，Photoshop CS6 的 Camera Raw 工具从 6.5 升级到 7.0 版，功能得到了大大加强，可以轻松消除高 ISO 图像以及普通相机拍摄出来的照片中常见的颗粒，新增的"效果"面板可以为照片模拟添加胶片颗粒以及暗角效果，得到一种复古的胶片味道，如图 1-18 所示。

图 1-17　HDR 色调调整

图 1-18　Camera Raw7.0 功能增强

15．轻松创建 3D 图形

在经过大幅简化的 3D 界面中，用户可以轻松创建 3D 模型，控制框架以产生 3D 凸出效果、更改场景和对象方向以及编辑光线，如图 1-19 所示，还可以将 3D 对象自动对齐至图像中的消失点上。

16．3D 动画和现实主义

使用"时间轴"面板可以对所有 3D 属性（包括相机、光线、材料和网格）进行动画处理。使用视频图层可以创建基于图像的光线动画。

借助 3D 景深功能，可以通过预览和调整景深范围，尝试 3D 场景中的不同焦点，并创建景深动画效果。

图 1-19　3D 图形

17．更高的工作效率

全新的 Adobe Mercury 图形引擎拥有前所未有的响应速度，例如进行液化、操控变形、创建 3D 图形操作以及编辑其他大文件时，能够即时查看编辑效果。而跨平台的 64 位支持，更能将大型图像的处理速度提高数倍。

18．现代化的打印界面

Photoshop CS6 推出了现代化的打印界面，使用可重新调整大小的打印窗口将查看区域最大化，然后在预览中手动控制打印区域和选区，可以获得绝佳的打印精确度。

1.3 Photoshop CS6 的工作界面

启动 Photoshop CS6，打开一个 Photoshop 文件，观察 Photoshop CS6 的工作界面，其界面主要由菜单栏、工具选项栏、工具箱、图像窗口、状态栏和面板区组成，如图 1-20 所示。

图 1-20　Photoshop CS6 工作界面

Photoshop CS6 工作界面各部分的作用如下。
- 菜单栏：其中共包含11个菜单命令，利用这些菜单命令可完成对图像的编辑、调整色彩和添加滤镜效果等操作。
- 工具选项栏：其中的选项是工具箱中各个工具的功能扩展，通过在选项栏中设置不同的选项，可以快速完成多样化的操作。
- 工具箱：其中包含多个工具，利用这些工具可以完成对图像的绘制、移动等操作。
- 图像窗口：显示当前打开的图像。
- 状态栏：可以提供当前文件的显示比例、文档大小、当前工具、测量比例等信息。
- 面板区：是 Photoshop 的特色界面之一，默认位于工作界面的右侧，其中的面板可以自由地拆分、组合和移动。通过面板，可以对Photoshop图像的图层、通道、路径、历史记录、动作等进行操作和控制。

1.3.1　了解菜单栏

菜单栏包含 11 个菜单，分门别类地放置了 Photoshop 的大部分操作命令，这些命令往往让初学者感到眼花缭乱，但实际上我们只要了解每一个菜单的特点，就能够掌握这些菜单命令。

例如，"文件"菜单中包含的是用于文件操作的相关命令。例如，"新建"、"打开"等命令，都可以在菜单中找到并执行。

1.3.2　了解工具箱

工具箱是 Photoshop 一个巨大的工具"集装箱"，包含各种选择工具、绘制工具、颜色工具以及屏幕显示模式控制按钮等。随着 Photoshop 版本的不断升级，工具的种类与数量在不断增加，同时更加人性化，使用户的操作更加方便、快捷。

1. 查看工具

要使用某种工具，直接单击工具箱中该工具图标，将其激活即可。通过工具图标，可以快速识别工具种类。例如，画笔工具图标是画笔形状，橡皮擦工具是一块橡皮擦的形状。

2. 显示隐藏的工具

工具箱中的许多工具并没有直接显示出来，而是以成组的形式隐藏在右下角带小三角形的工具按钮中。按下此类按钮并停留片刻，即可显示该组所有工具，将光标移动到隐藏的工具上然后释放鼠标，即可选择该工具，如图 1-21 所示。此外，也可以使用快捷键来选择工具。按〈Shift〉+工具快捷键，则可在一组隐藏的工具中循环选择各个工具，例如按〈Shift+W〉快捷键，可以在魔棒工具和快速选择工具之间切换。

图 1-21　选择隐藏的工具

3. 移动工具箱

默认情况下，工具箱停放在窗口左侧。将光标放在工具箱顶部的区域右侧，单击并拖动鼠标，可以将工具箱拖出，放置在窗口的任意位置。

4. 切换工具箱的显示状态

Photoshop CS6 工具箱有单列和双列两种显示模式，

如图 1-22 所示。单击工具箱顶端的区域，可以在单列和双列两种显示模式之间切换。当使用单列显示模式时，可以有效节省屏幕空间，使图像的显示区域更大，以方便用户的操作。

图 1-22　工具箱单列和双列显示模式

1.3.3　了解工具选项栏

工具选项栏中放置着设置工具的选项，选择不同的工具时，工具选项栏中的选项内容也会随之改变，如图 1-23 所示为选择魔棒工具时选项栏显示的内容，如图 1-24 所示为选择套索工具时选项栏显示的内容。

图 1-23　魔棒工具选项栏

图 1-24　套索工具选项栏

执行"窗口"→"选项"命令，可以显示或隐藏工具选项栏。单击并拖动工具选项栏左侧的图标，可以移动它的位置，如图 1-25 所示。

图 1-25　移动工具选项栏

1.3.4　了解面板

　　面板作为 Photoshop 必不可少的组成部分，增强了 Photoshop 的功能并使其操作更为灵活多样。大多数操作高手能够在很少使用菜单命令的情况下完成大量操作任务，就是因为频繁使用了面板的强大功能。

1．打开面板

　　为了节省界面空间，Photoshop 默认只显示图层、颜色等几个常用的面板。要打开其他的面板，可选择"窗口"菜单命令，在弹出的菜单中选择相应的面板选项。

2．展开和折叠面板

　　在展开的面板右上角的三角按钮▶▶上单击，可以折叠面板。当面板处于折叠状态时，会显示为图标状态，如图 1-26 所示。

　　当面板处于折叠状态时，单击面板组中一个面板的缩览图标，可以展开该面板，如图 1-27 所示。展开面板后，再次单击缩览图标，可以将其设置为折叠状态。

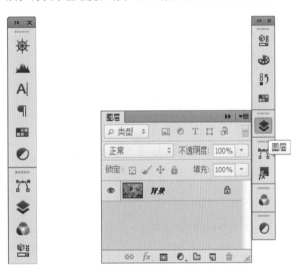

图 1-26　图标面板　　图 1-27　展开面板

3．拉伸面板

　　将光标移动至面板底部或左右边缘处，当光标呈↕或↔形状时，按下鼠标左键并上下或左右拖动鼠标，可以拉伸面板。

4．分离与合并面板

　　将鼠标移动至面板的名称上，按下并拖至窗口的空白处，可以将面板从面板组中分离出来，使之成为浮动面板，如图 1-28 所示。

　　将鼠标移至面板的名称上，按下并将其拖至其他面板名称的位置，释放鼠标左键，可以将该面板放置在目标面板中，如图 1-29 所示。

图 1-28　分离面板

图 1-29　合并面板

5．最小化与关闭面板

　　运用鼠标右键单击面板上的灰色部分，弹出快捷菜单，如图 1-30 所示，选择"最小化"命令可以最小化面板；选择"关闭"命令可以关闭面板；选择"关闭选项卡组"命令，可以关闭当前的面板群组；选择"折叠为图标"命令，可以将当前面板组最小化为图标；选择"自动折叠图标面板"命令，可以自动将展开的面板最小化。运用"窗口"菜单的命令也可以显示或关闭面板。

图 1-30　快捷菜单

　　专家提示：要关闭整个面板，直接单击面板标签右侧的✕按钮即可；要关闭整个组合的控制面板，单击面板右上方的✕按钮即可。要重新打开关闭的面板，可单击"窗口"菜单，然后在菜单中单击需要打开的面板名称。

6．打开面板菜单

单击面板右上角的 ▼☰ 按钮，可以打开面板菜单。面板菜单中包含了当前面板的各种命令。例如，执行"导航器"面板菜单中的"面板选项"命令，可以打开"面板选项"对话框，如图 1-31 所示。

图 1-31　打开面板菜单

💡 **专家提示**：单击面板右上角的快捷箭头 ◀◀ ，可还原展开面板。

1.3.5　了解状态栏

状态栏位于图像窗口的底部，它可以显示图像的视图比例、文档的大小、当前使用的工具等信息。单击状态栏中的 按钮，可以打开如图 1-32 所示的菜单。

图 1-32　状态栏菜单

状态栏快捷菜单中各选项含义如下：

- ● **Adobe Drive**：可以连接到 Version Cue CS6 服务器，显示文档的 Version Cue 工作组状态。

- ● **文档大小**：显示图像中数据量的信息。选择该选项后，状态栏中会出现两组数字，左边的数字表示拼合图层并存储的文件后的大小，右边的数字表示没有拼合图层和通道的近似大小。

- ● **文档配置文件**：显示图像所使用的颜色配置文件的名称。

- ● **文档尺寸**：显示图像的尺寸。

- ● **暂存盘大小**：显示系统内存和 Photoshop 暂存盘的信息。选择该选项后，状态栏中会出现两组数字，左边的数字表示为当前正在处理的图像分配的内存量，右边的数字表示可以使用的全部内存容量。如果左边的数字大于右边的数字，Photoshop 将启用暂存盘作为虚拟内存。

- ● **效率**：显示执行操作实际花费时间的百分比。当效率为 100% 时，表示当前处理的图像在内存中生成，如果该值低于 100%，则表示 Photoshop 正在使用暂存盘，操作速度也会变慢。

- ● **计时**：显示完成上一次操作所用的时间。

- ● **当前工具**：显示当前使用的工具名称。

- ● **32 位曝光**：用于调整预览图像，以便在计算机显示器上查看 32 位/通道高动态范围（HDR）图像的选项，只有文档窗口显示 HDR 图像时该选项才可以使用。

- ● **存储进度**：显示当前文件保存的完成程度信息。

💡 **技巧点拨**：在状态栏上单击鼠标左键，可以查看图像信息，如图 1-33 所示。

> 宽度:1024 像素
> 高度:768 像素
> 通道:3(RGB 颜色, 8bpc)
> 分辨率:72 像素/英寸

图 1-33　查看图像信息

1.4　自定义工作区

在 Photoshop 的工作界面中，文档窗口、工具箱、菜单栏和面板的排列方式称为工作区。Photoshop 提供了适合不同任务的预设工作区，如 3D、绘画、摄影等，用户也可以创建适合自己操作习惯的工作区，以满足具体的操作需要。在"窗口"→"工作区"的子菜单中包含工作区的设置命令，如图 1-34 所示。

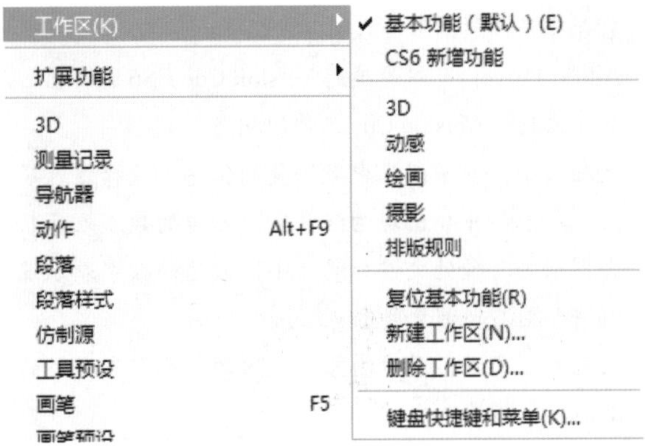

工作区(K)	▶	✓ 基本功能（默认）(E)
扩展功能	▶	CS6 新增功能
3D		3D
测量记录		动感
导航器		绘画
动作	Alt+F9	摄影
段落		排版规则
段落样式		复位基本功能(R)
仿制源		新建工作区(N)...
工具预设		删除工作区(D)...
画笔	F5	键盘快捷键和菜单(K)...

图 1-34 "工作区"子菜单

1.5 变化中的视图

在 Photoshop CS6 中，系统提供了切换屏幕模式的功能，以及旋转视图工具、缩放工具、抓手工具、"导航器"面板等工具，方便我们更好地观察和处理图像。

1.5.1 更改屏幕显示模式

屏幕显示模式决定了屏幕各元素的显示方式。Photoshop 提供了标准屏幕模式、带有菜单栏的全屏模式和全屏模式共 3 种显示模式，可以通过工具箱底端的显示模式控制按钮和菜单命令进行切换。

手把手 1-1 更改屏幕显示模式

视频文件：视频\第 1 章\手把手 1-1.MP4

01 执行"文件"→"打开"命令，打开本书配套光盘中"源文件\第 1 章\1.5\1.5.1 屏幕显示.jpg 文件"，执行"视图"→"屏幕模式"→"标准屏幕模式"命令，进入标准屏幕显示模式，如图 1-35 所示，该屏幕模式为系统默认显示模式，显示菜单栏、标题栏、工具箱、滚动条、面板和其他界面元素。

图 1-35 标准屏幕模式

02 执行"视图"→"屏幕模式"→"带有菜单栏的全

屏模式"命令，进入如图 1-36 所示的显示模式，此模式为无标题栏和滚动条的全屏窗口。

图 1-36 带有菜单栏的全屏模式

03 执行"视图"→"屏幕模式"→"全屏模式"命令，进入如图 1-37 所示的显示模式，此模式为只显示黑色背景，无标题栏、菜单栏和滚动条的全屏窗口。

图 1-37 全屏模式

04 按下〈Shift+Tab〉快捷键，可以在全屏模式下重新显示工作面板，如图 1-38 所示。

图 1-38　重新显示面板

专家提示：连续按〈F〉键，可在三种屏幕模式之间切换。三种屏幕模式都显示有工具箱和面板。如果需要显示/隐藏面板，可按下〈Shift+Tab〉快捷键；按下〈Tab〉键可显示/隐藏除图像窗口之外的所有组件。

1.5.2　排列窗口

如果同时打开了多个图像文件，可以调用"窗口"→"排列"菜单中的命令，控制各个文档窗口的排列方式，如图 1-39 所示。

图 1-39　"排列文件"菜单

"排列"菜单主要命令的含义如下。

- 全部垂直拼贴：所有图像窗口从左至右以列的方式依次进行显示，如图 1-40 所示。
- 全部水平拼贴：所有图像窗口从上至下以行的方式依次进行显示，如图 1-41 所示。
- 平铺：使所有图形窗口以边靠边的方式铺满整个编辑区，如图 1-42 所示。
- 在窗口中浮动：能够使当前编辑的图像窗口处于浮动状态，可使用拖动标题栏的方式移动窗口。
- 使所有内容在窗口中浮动：使所有图像窗口处于浮动状态，如图 1-43 所示。

- 将所有内容合并到选项卡中：如果想恢复为默认的视图状态，即全屏幕显示一个图像，其他图像最小化到选项卡中，可选择该命令。
- 匹配缩放：可匹配其他窗口的缩放比例，使之与当前窗口的缩放比例相同。例如，当前窗口的比例为 12.5%，另外一个窗口的显示比例为 35%，执行该命令后，另一个窗口的显示比例也将调整至 12.5%。
- 匹配位置：可匹配其他窗口的图像，使之与当前窗口中的图像显示位置相同。

图 1-40　全部垂直拼贴显示

图 1-41　全部水平拼贴显示

图 1-42　平铺显示

图 1-43 层叠浮动显示

1.5.3 用旋转视图工具旋转视图

在进行绘画和修饰图像时，可以使用旋转视图工具 旋转视图，以便在任意角度无损地查看图像。

手把手 1-2 用旋转视图工具旋转视图

视频文件：视频\第 1 章\手把手 1-2.MP4

01 执行"文件"→"打开"命令，打开本书配套光盘中"源文件\第 1 章\1.5\1.5.3"里面的文件，单击"打开"按钮，如图 1-44 所示。

02 选择工具箱中的旋转视图工具 ，在图像上任意拖曳即可随意平稳地旋转视图，如图 1-45 所示。

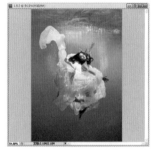 

图 1-44 打开文件   图 1-45 旋转视图

专家提示： 旋转画布功能需要计算机的显卡支持 OpenGL 加速，可通过执行"编辑"→"首选项"→"性能"命令，在对话框中选中"启用 OpenGL 绘图"复选框，启用 OpenGL。

1.5.4 用缩放工具调整窗口比例

放大或缩小画面的功能主要用于制作精细的图像。缩放工具可以自由地在操作中调节画面的显示部分。选择工具箱中的缩放工具 ，选项栏会切换到缩放工具的选项栏，如图 1-46 所示。

图 1-46 缩放工具的选项栏

缩放工具选项栏各选项含义如下：

- 调整窗口大小以满屏显示：选中该选项，在缩放图像时，图像窗口也会同时进行缩放，使图像在窗口中全屏显示。
- 缩放所有窗口：选中该选项，在单击某个图像窗口缩放图像时，当前 Photoshop 打开的所有图像将同步进行缩放。
- 细微缩放：选中该选项，以平滑方式放大或者缩小窗口。
- 实际像素：单击该按钮，当前图像将以 100% 的显示比例显示。
- 适合屏幕：单击该按钮，当前图像窗口和图像将以满屏方式显示，以方便查看图像的整体效果。
- 填充屏幕：单击该按钮，当前图像窗口和图像将填充整个屏幕。与适合屏幕不同的是，适合屏幕会在屏幕中以最大化的形式显示图像所有的部分，而填充屏幕会为达到布满屏幕的目的，不一定能显示出所有的图像。
- 打印尺寸：按图像的打印尺寸大小显示图像，该显示方式可以预览打印效果。

使用缩放工具 在画面中单击或拖动，可以实现缩放图像。

手把手 1-3 用缩放工具调整窗口比例

视频文件：视频\第 1 章\手把手 1-3.MP4

01 选择缩放工具 ，移动光标至图像窗口，在需要放大的区域拖动光标，拉出矩形虚线框，如图 1-47 所示。

02 松开鼠标后，虚线框内的图像区域即被放大至整个图像窗口，如图 1-48 所示。

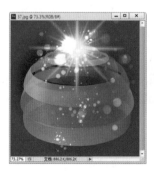 

图 1-47 框选放大区域   图 1-48 放大结果

专家提示： 按快捷键〈Z〉，可以快速选择缩放工具 。选择缩放工具后，在图像窗口中连续单击需要放大的区域，也可以放大图像。

1.5.5 用抓手工具移动画面

当图像尺寸过大、或者由于放大窗口的显示比例过大而不能显示全部图像时，可以使用抓手工具移动图像，查看图像的不同区域，选择抓手工具，选项栏切换为抓手工具的选项栏，如图 1-49 所示。在图像窗口拖动鼠标，即可移动画面，如图 1-50 所示。

图 1-49 抓手工具的选项栏

图 1-50 移动图像显示区域

专家提示：在使用其他 Photoshop 工具时，如需临时移动图像显示区域，可以按住空格键快速切换至抓手工具。

使用下列快捷键，可以快速浏览图像：

- 〈Home〉：移动到画布的左上角。
- 〈End〉：移动到画布的右下角。
- 〈PageUp〉：将画布向上滚动一页。
- 〈PageDown〉：将画布向下滚动一页。
- 〈Ctrl+PageUp〉：将画布向左滚动一页。

1.5.6 使用导航器面板查看图像

"导航器"面板中包含图像的缩览图和各种窗口缩放工具，如图 1-51 所示。通过单击或拖动相关的缩放按钮，可以迅速地缩放图像，或者在图像预览区域移动图像的显示内容。

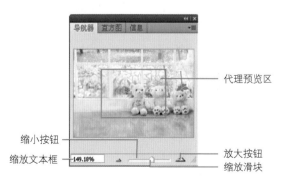

代理预览区

缩小按钮

缩放文本框 149.18%

放大按钮
缩放滑块

图 1-51 导航器面板

在导航器面板中可进行如下操作：

- 通过按钮缩放图像：单击"放大"按钮，可以放大图像的显示比例，单击"缩小"按钮，可以缩小图像的显示比例。
- 通过滑块缩放图像：拖动缩放滑块可放大或缩小图像的显示比例。
- 通过数值缩放图像：缩放文本框中显示了图像的显示比例，在文本框中输入数值可以改变图像的显示比例，如图 1-52 所示。

图 1-52 调整显示比例

- 移动画面：导航器面板中显示有一个红色矩形框，其中框线内的区域即代表当前图像窗口显示的图像区域，框线外的区域即为隐藏的图像区域。移动光标至红色框内，光标显示为形状，即可移动图像显示区域，如图 1-53 所示。

图 1-53 移动显示区域

专家提示：移动光标至红色框线外，当光标显示为形状时单击，即可显示以该点为中心的图像区域。

1.5.7 其他缩放命令

Photoshop 中包含以下调整图像视图比例的命令：

- 放大：执行"视图"→"放大"命令，或按〈Ctrl〉+〈+〉快捷键，可以放大图像显示比例。
- 缩小：执行"视图"→"缩小"命令，或按〈Ctrl〉+〈-〉快捷键，可以缩小图像显示比例。
- 按屏幕大小缩放：执行"视图"→"按屏幕大小缩放"命令，或按〈Ctrl+0〉快捷键，可以自动调整图像的大小，使之能完整地显示在屏幕中。
- 实际像素：执行"视图"→"实际像素"命令，图像将以实际的像素，即 100%的比例显示。
- 打印尺寸：执行"视图"→"打印尺寸"命令，图像将按实际的打印尺寸显示。

1.6 使用辅助工具

标尺、参考线、网格和注释工具都属于辅助工具，它们不能用来编辑图像，但可以帮助设计人员更好地完成选择、定位和编辑图像的操作。

1.6.1 标尺

标尺可以帮助确定图像或元素的位置。执行"视图"→"标尺"命令，或按下〈Ctrl+R〉快捷键，标尺会出现在窗口顶部和左侧，如图 1-54 所示。如果要隐藏标尺，可执行"视图"→"标尺"命令，或按下〈Ctrl+R〉快捷键。

图 1-55 更改单位

图 1-54 显示标尺

移动光标至标尺上方，单击鼠标右键，从弹出的快捷菜单中选择所需的单位，可以自由地更改标尺的单位，如图 1-55 所示。

用户也可以更改标尺的原点位置。标尺可分为水平标尺和垂直标尺两大部分，系统默认图像左上角为标尺的原点（0，0）位置。移动光标至标尺左上角方格内，然后向画布方向拖动，释放鼠标的位置即为新的原点位置，如图 1-56 所示。

在显示标尺的图像窗口移动光标时，水平标尺和垂直标尺的上方就会出现一条虚线，表示当前光标所在的位置，在移动光标时，虚线也会随之移动，如图 1-57 所示。

图 1-56 更改原点坐标

图 1-57 显示虚线

专家提示： 双击标尺交界处的左上角，可以将标尺原点重新设置于默认处。

1.6.2 参考线

参考线用于物体对齐和定位，建立参考线后可以任意调整其位置，因而使用起来很方便。在设计图书封面时，常常需要使用辅助线来定位书名和书脊的位置。

1. 使用参考线

手把手 1-4 使用参考线

视频文件：视频\第 1 章\手把手 1-4.MP4

01 按下〈Ctrl+O〉快捷键，打开一个文件。

02 执行"视图"→"标尺"命令，或按下〈Ctrl+R〉快捷键，在图像窗口中显示标尺。

03 移动光标至标尺上方，按下鼠标拖动至画布，即可建立一条参考线。在水平标尺上拖动得到水平参考线，在垂直标尺上拖动得到垂直参考线。在拖动的过程中，如果按下〈Alt〉键，可使参考线在水平和垂直方向之间切换，如图 1-58 所示。

图 1-58　建立参考线

 专家提示： 拖动参考线时，如果按住〈Shift〉键可将其对齐到标尺上的刻度。

2. 创建精确参考线

执行"视图"→"新建参考线"命令，弹出"新建参考线"对话框，在"取向"选项中选择"垂直"单选按钮，在"位置"文本框中输入参考线的精确位置，单击"确定"按钮，即可在指定位置创建参考线，如图 1-59 所示。

3. 移动参考线

如果当前选择的是移动工具，则可以直接移动光标至参考线上方，当光标显示为 ↔ 或 ↕ 形状时拖

动鼠标即可移动参考线；如果当前选择的是其他工具，则需先按下〈Ctrl〉键，再移动光标至参考线上方拖动。

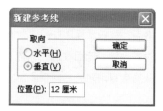

图 1-59　创建精确参考线

4. 显示/隐藏参考线

选择"视图"→"显示"→"参考线"命令，或按下〈Ctrl+;〉快捷键，可显示/隐藏参考线。

5. 使用智能参考线

智能参考线是一种智能化参考线，它仅在需要时出现。执行"视图"→"显示"→"智能参考线"命令，使用移动工具 进行移动操作时，通过智能参考线可以对齐形状、切片和选区，如图 1-60 所示。

图 1-60　移动对象时显示智能参考线

1.6.3 网格

网格对于对称地布置对象非常重要。打开一个文件，执行"视图"→"显示"→"网格"命令，可显示网格，如图 1-61 所示。显示网格后，执行"视图"→"对齐"→"网格"命令，可启用对齐功能，此后在进行创建选区和移动图像等操作时，对象将会自动对齐到网格上。

图 1-61　使用网格

1.6.4 显示或隐藏额外内容

在 Photoshop 中，额外内容指的是参考线、网格、目

标路径、选区边缘、切片、图像映射、文本边界、文本基线、文本选区和注释，它们是不会被打印出来的，但可以帮助用户更好地选择、定位或编辑图像。如果要显示额外内容，需要执行"视图"→"显示额外内容"命令，然后在"视图"→"显示"子菜单中选择需要显示的额外内容项目，如图 1-62 所示，显示的项目前面会出现打钩标记。再次选择这一命令则该项目被隐藏，打钩标记会消失。

图 1-62　"视图"→"显示"子菜单

奇妙的 Photoshop 图像世界
——图像的基本编辑方法

使用 Photoshop CS6 可以对图像进行编辑，也可以创建新的图像。新建文件、打开文件以及保存文件等都是为了有效管理文件而必须掌握的基础内容，本章将介绍使用 Photoshop CS6 进行图像处理所涉及的基本操作，为后面章节的深入学习打下坚实的基础。

第 2 章

2.1 文件的基本操作

新建文件、打开文件、保存文件以及关闭文件等操作主要是通过"文件"菜单的相关命令来执行。在 Photoshop 中可以使用多种方法新建、打开、保存与关闭图像文件，用户可以运用自己熟悉的方式来执行操作。

2.1.1 新建文件

执行"文件"→"新建"命令，弹出"新建"对话框，如图 2-1 所示。在该对话框中可以根据需要设置文件的名称、尺寸、分辨率、颜色模式和背景内容等选项，单击"确定"按钮，即可新建一个空白文件。

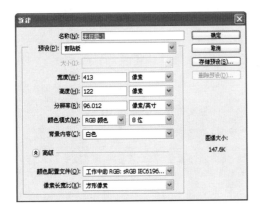

图 2-1 "新建"对话框

2.1.2 打开文件

在编辑图像文件之前，文件必须处于打开状态。文件的打开方法有很多种，下面介绍几种常用的打开文件的方法。

1．用"打开"命令打开文件

执行"文件"→"打开"命令，弹出"打开"对话框，选择一个文件（如果需要选择多个文件，可在按住〈Ctrl〉键的同时单击它们），如图 2-2 所示，单击"打开"按钮，或双击文件，即可打开选择的文件。

2．用"打开为"命令打开文件

执行"文件"→"打开为"命令，或按快捷键〈Alt+Shift+Ctrl+O〉，弹出"打开为"对话框。该对话框和"打开"对话框相似，不同之处在于它不显示 Photoshop 不支持的文件格式，如图 2-3 所示。

"打开"对话框中各选项含义如下：

- 查找范围：在该选项的下拉列表中可以选择图像文件所在的文件夹。
- 文件名：显示了当前选择文件的文件名称。

- 文件类型：在该选项下拉列表中可以选择文件的类型，默认为"所有格式"。选择某一文件类型后，对话框中只显示该类型的文件。

图 2-2 "打开"对话框   图 2-3 "打开为"对话框

专家提示：按〈Ctrl+O〉快捷键，或者在 Photoshop 灰色的程序窗口中双击鼠标，都可以弹出"打开"对话框。

3．作为智能对象打开

执行"文件"→"打开为智能对象"命令，弹出"打开为智能对象"对话框，选择一个文件，单击"打开"按钮，即可将文件作为智能对象打开。

专家提示：智能对象是一个嵌入到当前文件中的对象，它可以保留文件的原始数据。

4．打开最近打开的文件

执行"文件"→"最近打开文件"命令，在弹出的下拉菜单中显示了最近在 Photoshop 中打开过的文件名，选择即可快速打开这些文件。执行"清除最近"命令，即可清除菜单中的文件列表。

5．Bridge 浏览打开

执行"文件"→"在 Bridge 中浏览"命令，弹出 Bridge 窗口，在 Bridge 中选择一个文件，双击即可在 Photoshop 中打开。

2.1.3 保存文件

在图像处理过程中应及时保存文件，养成随时保存的好习惯，以免因突然断电或死机而使文件丢失，后悔莫及。Photoshop 提供了几个用于保存文件的命令，用户可根据具体的需要选择适合的方式进行保存。

1．存储

当需要保存当前操作的文件时，执行"文件"→"存储"命令，或按快捷键〈Ctrl+S〉，保存所做的修改，图像会保存为原有格式。如果是一个新建的文件，则会弹出"存储为"对话框，在该对话框中设置保存位置、文件名、文件保存类型，完成后单击"保存"按钮。

💡 **专家提示：**按〈Ctrl+S〉快捷键，可快速执行"存储"命令。

2．存储为

如果要将文件保存为另外的名称和其他格式，或者存储在其他位置，可执行"文件"→"存储为"命令，在打开的"存储为"对话框中将文件另存，如图 2-4 所示。

图 2-4 "存储为"对话框

2.1.4 关闭文件

对图像的编辑操作完成后，可采用以下方法关闭文件：

- 关闭文件：执行"文件"→"关闭"命令可以关闭当前的图像文件。如果对图像进行了修改，会弹出提示对话框，如图 2-5 所示。如果当前图像是一个新建的文件，单击"是"按钮，可以在打开的存储为对话框中将文件保存；单击"否"按钮，可关闭文件，但不保存对文件做出的修改；单击"取消"按钮，则关闭对话框，并取消关闭操作。

图 2-5 提示对话框

- 关闭全部文件：执行"文件"→"关闭全部"命令，可以关闭当前打开的所有文件。
- 关闭文件并转到 Bridge：执行"文件"→"关闭并转到 Bridge"命令，可以关闭当前文件后打开 Bridge。
- 退出程序：执行"文件"→"退出"命令，可关闭 Photoshop。如果修改的文件没有保存，将弹出提示对话框，询问用户是否保存文件。

2.2 修改像素尺寸和画布大小

在 Photoshop 中，无论调整的是图像大小还是画布尺寸，都与像素密不可分。使用"图像大小"命令可以调整图像的像素大小、打印尺寸和分辨率，更改图像的像素大小不仅会影响图像在屏幕上的大小，还会影响图像的质量及其打印特性，同时也决定了其占用的存储空间。

2.2.1 调整图像大小和分辨率

使用"图像大小"对话框可以设置图像的打印尺寸和分辨率。选择"图像"→"图像大小"命令，即可打开如图 2-6 所示的"图像大小"对话框。

"图像大小"对话框中各选项含义如下：

- "缩放样式"复选框：选中该复选框，则图像在调整大小的同时，图层添加的图层样式也会相应地发生缩放。只有选中"约束比例"选项，才能使用该选项。

- "约束比例"复选框：选中该复选框，可保持图像的长宽比不变。选中该复选框后，宽度和高度列表框右侧将出现锁定标记 ，表示两者的比例已锁定，更改任一方数值时，另一方会按比例自动进行调整。

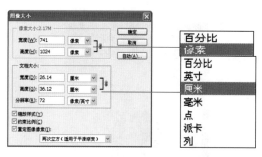

图 2-6 "图像大小"对话框

- "重定图像像素"复选框：如果希望在改变图像打印尺寸或分辨率时，图像的像素大小（像素数量）发生变化，则应选中"重定图像像素"复选框。此时若改变图像的尺寸或分辨率时，图像像素数量就会随之发生相应的改变。

- "锁定"按钮：锁定图像的宽度和高度比。
- "自动"按钮：单击该按钮可弹出"自动分辨率"对话框，"挂网"表示输入/输出设备的网频，挂网值只用于计算图像分辨率，不用于设置打印网屏。
- 下拉列表：通过下拉列表指定插值方法，基于现有像素的颜色值为新像素分配颜色值，从而重定图像像素。

对话框上方的"像素大小"栏用于设置图像的像素数量，中间的"文档大小"栏用于设置图像的打印尺寸和打印分辨率。

像素大小、文档大小和分辨率三者之间的关系为

$$像素大小(像素数量)=文档大小×分辨率$$

在设置图像的打印尺寸时，可采用以下两种方法：

- 选中"重定图像像素"选项，然后修改图像的宽度或高度，可以改变图像中的像素数量。
- 取消"重定图像像素"选项的选中状态，然后修改图像的宽度和高度。在减少宽度和高度时，系统会自动增加分辨率，图像的像素总量不会变化。

2.2.2 调整画布大小

画布指的是绘制和编辑图像的工作区域。如果希望在不改变图像大小的情况下，调整画布的尺寸，可以在"画布大小"对话框中进行设置。

选择"图像"→"画布大小"命令，打开"画布大小"对话框如图2-7所示。

"画布大小"对话框中各选项含义如下：

- 当前大小：显示的是当前画布的大小。
- 新建大小：用于设置新画布的大小。

- 定位：用于确定画布大小更改后，原图像在新画布中的位置。在"定位"栏中按下相应的方形按钮，可以定位图像在新画布中的位置。

图 2-7 "画布大小"对话框

- 画布扩展颜色：可在"画布扩展颜色"列表框中选择新画布区域的颜色，可使用的颜色包括：前景色、白色、黑色或灰色，也可以直接单击列表框右侧的色块，在打开的"拾取画布颜色"对话框中选择其他颜色。
- 相对：选中"相对"复选框，在"宽度"和"高度"框中输入的数值为新画布增加或减少的尺寸。若输入的数值为正数，Photoshop 就在原图像的基础上增加画布区域；当该数值为负数时，Photoshop 就会裁剪掉部分图像，如图 2-8 所示。

原图像　　　　增加画布区域　　　　减少画布区域

图 2-8 调整画布大小

2.2.3 边讲边练——修改画布大小制作时尚边框

画布是指整个文档的工作区域，本小节通过一个小实例，介绍使用"画布大小"命令制作时尚边框的方法。

文件路径：源文件\第 2 章\2.2.3

视频文件：视频\第 2 章\2.2.3.MP4

01 启动 Photoshop CS6，按快捷键〈Ctrl+O〉，打开素材文件，如图 2-9 所示。

02 执行"图像"→"画布大小"命令，弹出"画布大小"对话框，在"画布大小"对话框中修改画布尺寸、设

置定位方向和选择填充新画布的颜色，如图 2-10 所示。

图 2-9 打开素材文件 　　图 2-10 "画布大小"对话框

图 2-11 增加画布区域 　　图 2-12 设置参数

03 单击"确定"按钮，增加画布大小，效果如图 2-11 所示。

04 再次执行"图像"→"画布大小"命令，弹出"画布大小"对话框，设置参数如图 2-12 所示。

05 单击"确定"按钮，此时增加画布效果如图 2-13 所示，时尚边框制作完成。

图 2-13 最终边框效果

2.3 裁剪图像

在对数码照片进行处理时，经常需要裁剪图像，以便删除多余的部分。裁剪工具 [4] 可以对图像进行裁剪，重新定义画布大小。用户可以自由地控制裁剪的位置和大小，同时还可以对图像进行旋转或变形。

2.3.1 裁剪工具

选择裁剪工具 [4] 后，工具选项栏显示如图 2-14 所示。在选项栏中通过输入相应的数值，可以准确控制裁剪范围的大小，以及裁剪之后图像的分辨率，这些操作都需在设置裁剪范围之前进行。

图 2-14 裁剪工具选项栏

1. 使用裁剪工具裁剪图像

移动光标到裁剪范围控制点，当光标显示为双箭头（↔、↕或↖）形状时拖动鼠标，可调整裁剪范围大小；移动光标至范围框内，当光标显示为黑色箭头▶形状时拖动鼠标，可以移动裁剪范围框。

 手把手 2-1 使用裁剪工具裁剪图像

视频文件：视频\第 2 章\手把手 2-1.MP4

01 执行"文件"→"打开"命令，弹出"打开"对话框，选择本书配套光盘中"源文件\第 2 章\2.3\2.3.1-1.jpg 文件"，单击"打开"按钮，如图 2-15 所示。

图 2-15 打开素材

02 选择裁剪工具 [4]，移动光标至图像窗口，按住鼠标左键拖动，释放鼠标后，得到一个带有八个控制点的矩形裁剪范围控制框，如图 2-16 所示。

图 2-16 绘制裁剪范围控制框

03 此时按下〈Enter〉键，或在范围框内双击即可完成裁剪操作，裁剪范围框外的图像被去除，如图 2-17 所示。按〈Esc〉键，可以取消裁剪。

图 2-17 裁剪结果

 专家提示：在拖动鼠标的过程中，按下〈Shift〉键可得到正方形的裁剪范围框；按下〈Alt〉键可得到以鼠标单击位置为中心的裁剪范围框；按下〈Shift+Alt〉键，则可得到以单击位置为中心点的正方形裁剪范围框。

2．旋转裁剪图像

移动光标至范围框外，当光标显示为形状时拖动，可旋转范围框，使用该功能可以调整倾斜的图像。

手把手 2-2　旋转裁剪图像

视频文件：视频\第 2 章\手把手 2-2.MP4

01 执行"文件"→"打开"命令，弹出"打开"对话框，选择本书配套光盘中"源文件\第 2 章\2.3\2.3.1-2.jpg 文件"，单击"打开"按钮，如图 2-18 所示。

图 2-18　打开素材

02 选择裁剪工具，在画布中拖出裁剪框，将光标定位在控制框右上角，当出现旋转箭头时，旋转控制框，如图 2-19 所示。

图 2-19　旋转裁剪范围框

03 按〈Enter〉键，确定裁剪，裁剪结果如图 2-20 所示。

图 2-20　裁剪结果

3．运用裁剪工具增加画布区域

裁剪工具不仅可以裁剪图像，还可用于增加画布区域。

手把手 2-3　运用裁剪工具增加画布区域

视频文件：视频\第 2 章\手把手 2-3.MP4

01 执行"文件"→"打开"命令，弹出"打开"对话框，选择本书配套光盘中"源文件\第 2 章\2.3\2.3.1-3.jpg 文件"，单击"打开"按钮，如图 2-21 所示。

02 选择裁剪工具，建立矩形裁剪范围控制框，然后拖动放大裁剪范围框，使其超出当前画布区域，如图 2-22 所示。

图 2-21　打开素材　　　图 2-22　调整裁剪框大小

03 按〈Enter〉键确认裁剪，即可增加画布区域，增加的画布为透明区域，使用填充工具填充透明区域，结果如图 2-23 所示。

图 2-23　增加画布区域

专家提示：在调整裁剪框大小和位置时，如果裁剪框比较接近图像边界，裁剪框会自动贴到图像边缘，而无法精确裁剪图像。这时只要按下〈Ctrl〉键，裁剪框便可自由调整了。

4. 运用裁剪工具拉直图像

使用裁剪工具 的拉直功能，可以轻松纠正倾斜的图像。

手把手 2-4　运用裁剪工具拉直图像
视频文件：视频\第 2 章\手把手 2-4.MP4

01 执行"文件"→"打开"命令，弹出"打开"对话框，选择本书配套光盘中"源文件\第 2 章\2.3\2.3.1-4.jpg 文件"，单击"打开"按钮，如图 2-24 所示。

图 2-24　打开照片

02 选择裁剪工具 ，单击裁剪工具选项栏中的"拉直"按钮 ，从画布左上角往右下角方向拖出一条斜线，斜线与倾斜的手臂平行，如图 2-25 所示。

图 2-25　创建拉直线

03 按〈Enter〉键，确定裁剪，倾斜的图像即得到纠正，如图 2-26 所示。

图 2-26　拉直结果

2.3.2　透视裁剪工具

在拍摄高大的建筑时，由于视角较低，竖直的线条会向消失点集中，产生透视畸变。Photoshop CS6 新增的透视裁剪工具 能够很好地解决这个问题。

手把手 2-5　透视裁剪工具
视频文件：视频\第 2 章\手把手 2-5.MP4

01 执行"文件"→"打开"命令，弹出"打开"对话框，选择本书配套光盘中"源文件\第 2 章\2.3\2.3.2.jpg 文件"，单击"打开"按钮，如图 2-27 所示。

02 单击工具箱中的透视裁剪工具 ，建立矩形裁剪范围控制框，将光标放置在裁剪框左上角的控制点上，按住〈Shift〉键（以锁定水平方向）向右侧拖动，使用同样的方法，将右上角控制点向左侧拖动，使网格线与建筑平行，如图 2-28 所示。

图 2-27　打开照片　　　　图 2-28　创建透视裁剪框

03 按〈Enter〉键或者单击工具选项栏 按钮应用裁剪，即可校正透视畸变，如图 2-29 所示。

图 2-29　透视裁剪效果

2.3.3　"裁剪"命令

裁剪命令同裁剪工具的作用类似，用于裁剪图像、重新定义画布大小。

手动手 2-6 "裁剪"命令

视频文件：视频\第 2 章\手把手 2-6.MP4

01 打开本书配套光盘中"源文件\第 2 章\2.3\2.3.3.jpg 文件"，单击"打开"按钮，在图像中建立选区，如图 2-30 所示。

02 按〈Shift+F6〉键，弹出"羽化"对话框，设置羽化半径为 20 像素，单击"确定"按钮，效果如图 2-31 所示。

图 2-30 打开素材　　　　图 2-31 羽化选区

03 执行"图像"→"裁剪"命令，系统根据选区上、下、左、右的外侧界限来裁剪图像，裁剪后的图像为矩形。因为当前选区进行了羽化，系统将根据羽化的数值大小进行裁剪，如图 2-32 所示。

图 2-32 裁剪羽化选区结果

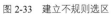 专家提示：如果在图像上创建的是非矩形的选区，如圆形或心形选区，如图 2-33 所示，裁剪后的图像仍然为矩形，如图 2-34 所示。

图 2-33 建立不规则选区　　图 2-34 裁剪不规则选区图像

2.3.4 "裁切"命令

"裁切"命令用于去除图像四周的空白区域，如图 2-35 所示。

原图像　　　　　　　　裁切结果

图 2-35 裁切图像

打开需要修剪空白区域的图像文件，选择"图像"→"裁切"命令，打开如图 2-36 所示的"裁切"对话框，然后设置相应的裁切参数，单击"确定"按钮，即可完成裁切。

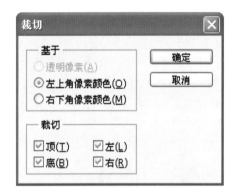

图 2-36 "裁切"对话框

"裁切"对话框各选项含义如下。

- "透明像素"单选按钮：选中该选项，图像周围透明像素区域将被裁切。
- "左上角像素颜色"单选按钮：选中该选项，图像周围与左上角像素颜色相同的图像区域将被看作是空白区域而被裁切。
- "右下角像素颜色"单选按钮：选中该选项，图像周围与右下角像素颜色相同的图像区域将被看作空白区域而被裁切。
- "裁切"选项区：用于选择裁切区域，被选中的方向的空白区域将被裁切。

2.4 恢复与还原

在编辑图像的过程中，如果操作出现了失误，可以撤销操作或还原至某一步状态。在 Photoshop 中，提供了多种用于恢复和还原的功能，以方便用户操作。

2.4.1 使用命令和快捷键还原

使用命令和快捷键可以快速恢复和还原图像。

1. 恢复一个操作

执行"编辑"→"还原"命令（快捷键〈Ctrl+Z〉），可以还原上一次对图像所做的操作。还原之后，可以选择"编辑"→"重做"命令，重做已还原的操作，或按快捷键〈Ctrl+Z〉。"还原"和"重做"命令只能还原和重做最近的一次操作，因此如果连续按〈Ctrl+Z〉键，只会在两种状态之间循环切换。

2. 恢复多个操作

使用"前进一步"和"后退一步"命令可以还原和重做多步操作。在实际工作中，常直接按〈Ctrl+Shift+Z〉（前进一步）和〈Ctrl+Alt+Z〉（后退一步）快捷键进行操作。

2.4.2 恢复图像至打开状态

执行"文件"→"恢复"命令，可以恢复图像至打开时的状态，相当于重新打开该图像文件，该命令快捷键为〈F12〉。

使用该命令有一个前提，即在图像的编辑过程中，没有执行过"保存"等存盘操作，否则该命令会显示为灰色，表示不可用。

2.4.3 使用历史记录面板还原

"历史记录"面板是可以记录最近 20 步的操作步骤。使用历史记录面板，不仅能够清楚地了解图像的编辑步骤，还可以有选择地恢复图像至某一历史状态。

选择"窗口"→"历史记录"命令，在 Photoshop 界面中显示历史记录面板如图 2-37 所示。

图 2-37 历史记录面板

- 设置历史记录画笔的源：表示其后部的状态或快照将会成为历史记录工具或命令的源。
- 快照：显示快照效果的缩览图，单击可以还原到该快照。
- 历史记录状态：显示面板保留的历史记录状态。
- 历史记录状态滑块：显示当前记录的操作。
- "从当前状态创建新文档"按钮：将当前操作的图像文件复制为一个新文档，新建文档的名称以当前步骤名称来命名。
- "创建新快照"按钮：单击此按钮，为当前步骤建立一个新快照。
- "删除当前状态"按钮：单击此按钮，将当前所选中操作及其后续步骤删除。

2.4.4 边讲边练——还原图像

下面通过一个小实例介绍使用"历史记录"面板还原图像的方法。

文件路径：源文件\第 2 章\2.4.4

视频文件：视频\第 2 章\2.4.4.MP4

01 按〈Ctrl+O〉快捷键，打开素材文件，如图 2-38 所示。当前"历史记录"面板如图 2-39 所示。

图 2-38　打开素材文件

图 2-39　复制图层

02 执行"图像"→"调整"→"色相/饱和度"命令，弹出"色相/饱和度"对话框，设置参数如图 2-40 所示，单击"确定"按钮，效果如图 2-41 所示。

图 2-40　"色相/饱和度"对话框

图 2-41　色相/饱和度调整效果

03 执行"图像"→"调整"→"照片滤镜"命令，弹出"照片滤镜"对话框，在"滤镜"下拉列表中选择"冷却滤镜（82）"，如图 2-42 所示，单击"确定"按钮，图像效果如图 2-43 所示。

图 2-42　"照片滤镜"对话框

图 2-43　添加照片滤镜效果

04 下面通过"历史记录"面板进行还原操作。当前"历史记录"面板如图 2-44 所示，面板记录了所有的操作步骤。单击"色相/饱和度"，如图 2-45 所示，即可将图像恢复到色相/饱和度的编辑状态，如图 2-46 所示。

图 2-44　"历史记录"面板

图 2-45　选择"色相/饱和度"

图 2-46　恢复至色相/饱和度的编辑状态

专家提示：按快捷键〈Ctrl+Z〉，可以还原上一次对图像所做的操作。使用〈Ctrl+Shift+Z〉（前进一步）和〈Ctrl+Alt+Z〉（后退一步）快捷键可以还原和重做多步操作。

05 若要恢复至最初的打开状态，单击"打开"按钮即可，效果如图 2-47 所示。

图 2-47　恢复至最初打开状态

2.4.5　创建快照

　　"历史记录"面板保存的操作步骤比较有限，默认为 20 步，而一些操作需要很多步骤才能完成，就无法通过"历史记录"面板还原了，这种情况下就可以使用快照还原。

　　如图 2-48 所示，"历史记录"面板记录了操作的步骤，由于步骤过多，因此无法分辨哪一步是自己需要的状态。单击"历史记录"面板中的"创建新的快照"按钮 📷 ，即可将画面的当前状态保存为一个快照，如图 2-49 所示。

创建快照后继续操作，无论操作了多少个步骤，即使面板中的新步骤已经将其覆盖了，我们都可以通过单击快照将图像恢复为快照所记录的效果，如图 2-50 所示。

图 2-48 "历史记录"面板   图 2-49 创建快照

图 2-50 使用快照还原

💡 **专家提示**：快照虽然可以建立多个，并且一直保留在整个编辑过程中，但一旦关闭图像，快照也会像历史记录一样全部被清除，不能随图像一起保存。如果要修改快照的名称，可双击它的名称，再在显示文本框中输入新名称。

💡 **专家提示**：执行面板快捷菜单中的"新建快照"命令，或按住〈Alt〉键的同时单击"创建新的快照"按钮 📷 ，在弹出的"新建快照"对话框中可设置快照名称或选择快照的内容。

2.5 图像的变换与变形操作

在"编辑"→"变换"子菜单中包含对图像进行变换的多种命令，如图 2-51 所示。执行这些命令可以对图像进行变换操作，如缩放、旋转、斜切和透视等。执行这些命令时，当前对象周围会显示出定界框，如图 2-52 所示。拖动定界框中的控制点便可以进行变换操作。

若是执行"编辑"→"自由变换"命令，或按〈Ctrl+T〉快捷键，也会显示定界框，此时在定界框内单击右键，在弹出的快捷菜单中可以选择不同的选项，如图 2-53 所示，可以对图像进行任意变换。

辑"→"变换"→"缩放"命令，移动光标至定界框上，当光标显示为双箭头形状 ↖↘ 时，拖动即可对图像进行缩放变换，如图 2-54 所示。若在按住〈Shift〉键的同时拖动，则可以等比例缩放图像，缩放完成后，按〈Enter〉键即可应用变换。

若要在操作过程中取消变换操作，可按〈Esc〉键退出变换。

图 2-54 缩放变换

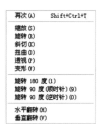

图 2-51 "变换"   图 2-52 显示定界框   图 2-53 快捷
子菜单   菜单

2.5.2 旋转

旋转命令，用于对图像进行旋转变换操作。

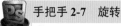 **手把手 2-7 旋转**

🎬 视频文件：视频\第 2 章\手把手 2-7.MP4

2.5.1 缩放

执行"编辑"→"自由变换"命令，或执行"编

01 执行"文件"→"打开"命令，弹出"打开"对话框，选择本书配套光盘中"源文件\第 2 章\2.5\2.5.2\苹果.psd 文件"，如图 2-55 所示。

02 选中苹果层，执行"编辑"→"变换"→"旋转"命令，移动鼠标至定界框外，当光标显示为↰形状后，拖动鼠标即可旋转图像，如图 2-56 所示。

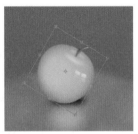

图 2-55　打开文件　　　图 2-56　旋转变换

03 若按住〈Shift〉键的同时拖动，则每次可旋转15°，如图 2-57 所示。

图 2-57　旋转变换

专家提示：旋转中心为图像旋转的固定点，若要改变旋转中心，可在旋转前将中心点⊕拖移到新位置。按住〈Alt〉键拖动可以快速移动旋转中心。

2.5.3　边讲边练——魔法天书

本练习制作合成一个魔法天书的效果，其中文字的飞舞效果是画面的主体，也是本实例最为关键的内容，主要使用了 Photoshop 的"旋转"及和"缩放"变换命令。

文件路径：源文件\第 2 章\2.5.3

视频文件：视频\第 2 章\2.5.3.MP4

01 执行"文件"→"打开"命令，弹出"打开"对话框，选择本书配套光盘中"源文件\第 2 章\2.5\2.5.3\书.jpg 文件"，如图 2-58 所示。

02 打开"光芒.psd"文件，拖入背景画面中，调好位置，如图 2-59 所示。

图 2-58　打开文件　　　图 2-59　添加光芒素材

03 选择工具箱中的横排文字工具 T ，在画面中单击，输入文字，设置文字颜色为白色，如图 2-60 所示。

04 按〈Ctrl+Enter〉键，结束文字编辑，按执行"编辑"→"变换"→"旋转"命令，移动鼠标至定界框外，当光标显示为↰形状后，拖动鼠标旋转文字，如图 2-61 所示。

05 按住〈Alt〉键，拖动文字，复制一层，按下快捷键〈Ctrl+T〉，再次旋转变换文字，如图 2-62 所示。

图 2-60　输入文字

图 2-61　旋转变换　　　图 2-62　复制并旋转

06 参照上述操作，继续复制更多文字，并相应调整大小、旋转度和不透明度，如图 2-63 所示。

图 2-63 制作其他飞舞文字

07 选中所有文字图形，按〈Ctrl+G〉键，编组图层，按〈Ctrl+J〉键复制两个，按〈Ctrl+T〉键，调整好大小，得到最终效果如图 2-64 所示。

图 2-64 最终效果

2.5.4 斜切

执行"编辑"→"自由变换"命令，或按〈Ctrl+T〉快捷键，显示定界框，在定界框内右击，在弹出的快捷菜单中选择"斜切"选项，然后在定界框的顶点上拖动鼠标即可对图像进行斜切变换，如图 2-65 所示。

图 2-65 斜切变换示例

2.5.5 扭曲

执行"编辑"→"自由变换"→"扭曲"命令，然后拖动定界框的四个角点即可对图像进行斜切变换，但定界框四边形任一角的内角角度不得大于 180°。

 手把手 2-8 扭曲
　　视频文件：视频\第 2 章\手把手 2-8.MP4

01 执行"文件"→"打开"命令，弹出"打开"对话框，选择本书配套光盘中"源文件\第 2 章\2.5\2.5.5.psd 文件"，如图 2-66 所示。

图 2-66 打开文件

02 执行"编辑"→"自由变换"→"扭曲"命令，移动鼠标至定界框的控制点上拖动，可以任意扭曲变形图像，效果如图 2-67 所示。

03 按住〈Shift〉键，可以将控制点锁定在控制线方向，如图 2-68 所示。

图 2-67 任意扭曲　　　　图 2-68 限制扭曲

 专家提示：文字图层在扭曲变换之前，需要选择"图层"→"栅格化"→"文字"命令，将文字图层转换为普通图层。

2.5.6 透视

透视命令，用于对图像进行透视操作，从而使图形产生透视效果。

 手把手 2-9 透视
　　视频文件：视频\第 2 章\手把手 2-9.MP4

01 执行"文件"→"打开"命令，弹出"打开"对话框，选择本书配套光盘中"源文件\第 2 章\2.5\2.5.6\道路.psd 文件"，如图 2-69 所示。

02 执行"编辑"→"变换"→"透视"命令，水平拖动变换框控制点，得到上下方向透视变形效果，如图 2-70 所示。

图 2-71　垂直透视变换

图 2-69　打开素材

图 2-70　水平透视变换

专家提示： 若要相对于定界框的中心点扭曲，可按住〈Alt〉键并拖移定界框角点。若要围绕中心点缩放或斜切，可在拖动时按住〈Alt〉键。若要相对于选区中心点以外的其他点扭曲，则在扭曲前将中心点拖移到选区中的新位置。

03 向垂直方向拖动控制点，得到左右透视变形的效果，如图 2-71 所示。

2.5.7　边讲边练——框中接球

下面使用"透视"变换命令，制作一幅生动、有趣的框中接球的合成图像，读者可加深对 Photoshop 变换功能的认识。

📀 文件路径：源文件\第 2 章\2.5.7

💿 视频文件：视频\第 2 章\2.5.7.MP4

01 执行"文件"→"打开"命令，弹出"打开"对话框，选择本书配套光盘中"源文件\第 2 章\2.5\2.5.7"文件夹"人物"和"相框"两个素材，如图 2-72 所示。

图 2-72　打开素材

02 单击选中"相框"图像窗口为当前窗口，选择工具箱魔棒工具，取消工具选项栏"连续"复选框勾选，在白色背景处单击，按下〈Ctrl+Shift+I〉快捷键，反选图像，按住〈Ctrl〉键，拖动相框至"人物"文件中，如图 2-73 所示。

03 执行"编辑"→"变换"→"透视"命令，拖动定界框下边控制点，如图 2-74 所示。

04 单击右键，在弹出的快捷菜单中选择"自由变换"选项，旋转-5°，按〈Enter〉键应用变换，如图 2-75 所示。

图 2-73　添加相框　　　　　图 2-74　透视变换

05 选择橡皮擦工具，擦去遮挡手部的相框，得到手从相框伸出的效果，如图 2-76 所示。

图 2-75　旋转相框　　　　　图 2-76　最终效果

2.5.8 水平和垂直翻转

按〈Ctrl+T〉快捷键，然后在定界框内单击鼠标，在弹出的快捷菜单中可以选择"水平翻转"或"垂直翻转"选项，分别以垂直线或水平线为镜像轴对图像进行镜像，如图 2-77 所示。

原图　　　　　水平翻转　　　　　垂直翻转

图 2-77　水平翻转或垂直翻转

2.5.9　内容识别比例缩放

内容识别功能在调整图像大小时能自动重排图像，在图像调整为新的尺寸时智能地保留重要区域。例如，当我们缩放图像时，图像中的人物、建筑、动物等都不会变形。

 手把手 2-10　内容识别比例缩放

　视频文件：视频\第 2 章\手把手 2-10.MP4

01 按〈Ctrl+O〉快捷键，打开素材，如图 2-78 所示。

02 由于内容识别缩放不能处理"背景"图层，所以先按〈Alt〉键双击"背景"图层，将其转换为普通图层，如图 2-79 所示。

图 2-78　打开素材文件　　　　图 2-79　转换为普通图层

03 执行"编辑"→"内容识别"命令，此时工具选项栏显示如图 2-80 所示。

图 2-80　内容识别比例工具选项栏

04 单击"保护肤色"按钮，以便系统自动对人物肤色部分进行保护。在选项栏中输入缩放值，或者拖动到变换框上的控制点进行手动缩放，如图 2-81 所示，照片在水平方向被压缩，而人物比例和结构并没有明显的变化。

05 调整完成后按〈Enter〉键确认。

图 2-81　内容识别比例缩放效果

专家提示： 如果需要进行等比例缩放，可在按住〈Shift〉键的同时拖动控制点。

图 2-82 为原图像，图 2-83 为普通变换缩放效果，图 2-84 为内容识别比例缩放效果，通过对比可以看出，内容识别比例功能可以智能地保存重要区域，保持重要内容不因缩放而比例失调。

图 2-82　原图像

图 2-83　变换缩放效果　　　　图 2-84　内容识别比例缩放效果

2.5.10　精确变换图像

变换选区时，使用工具选项栏可以精确、快速地变换图像。执行"编辑"→"自由变换"命令，工具选项栏显示如图 2-85 所示，在文本框中输入相应的数值，然后按〈Enter〉键或单击选项栏右侧的按钮，即可应用变换。

● X 坐标轴文本框：设置变换中心点横坐标。

● Y 坐标轴文本框：设置变换中心点纵坐标。

● 宽度文本框：设置变换图像的水平缩放比例。

● 高度文本框：设置变换图像的垂直缩放比例。

● 旋转角度文本框：设置旋转角度。

- 水平斜切角度文本框：设置水平斜切角度。
- 垂直斜切角度文本框：设置垂直斜切角度。

X 坐标轴文本框　宽度文本框　旋转角度文本框　垂直斜切角度文本框

〔 X: 512.00 px △ Y: 377.00 px W: 100.00% H: 100.00% △ 0.00 度 H: 0.00 度 V: 0.00 度〕

Y 坐标轴文本框　高度文本框　水平斜切角度文本框

图 2-85　选区变换选项栏

2.5.11　重复上次变换

按〈Ctrl+Alt+T〉键，可以在复制对象的同时，进入自由变换模式。

手把手 2-11　重复上次变换

视频文件：视频\第 2 章\手把手 2-11.MP4

01 打开本书配套光盘中"源文件\第 2 章\2.5\2.5.11\水果.psd 文件"，如图 2-86 所示。

02 选中草莓，按〈Ctrl+J〉键，复制一层，按〈Ctrl+T〉键，进入自由变换状态，将旋转中心点拖至白色瓷盘中心处，旋转图形，如图 2-87 所示。

图 2-86　原图　　　　图 2-87　旋转草莓

03 按〈Enter〉键应用旋转变换，执行"编辑"→"变换"→"再次"命令，或按〈Ctrl+Shift+T〉键，再次对

当前图层图像以同样的参数进行变换，变换操作的效果完全相同，如图 2-88 所示。

图 2-88　重复上次旋转

2.5.12　变形

选择"编辑"→"变换"→"变形"命令，即可进入变形模式，此时工具选项栏显示如图 2-89 所示。在工具选项栏"变形"下拉列表框中可以选择适当的形状选项，或直接在图像内部、节点或控制手柄上拖动，也可以将图像变形为所需的效果。

〔 变形: 扇形 弯曲: 50.0 % H: 0.0 % V: 0.0 % 〕

图 2-89　变形工具选项栏

- 变形：在"变形"下拉列表中包含了 15 种预设的变形选项，若选择"自定"选项则可以手动进行变形操作。
- 更改变形方向按钮🔲：单击该按钮可以在不同的角度改变图像变形的方向。
- 弯曲：在文本框中输入正或负数值可以调整图像的扭曲程度。
- H 文本框：在文本框中输入数值可以控制图像扭曲时在水平方向上的比例。
- V 文本框：在文本框中输入数值可以控制图像扭曲时在垂直方向上的比例。

2.5.13　边讲边练——思绪

本节通过一个小实例介绍"变形"命令、"透视"命令和"自由变换"命令的运用方法。

文件路径：源文件\第 2 章\2.5.13

视频文件：视频\第 2 章\2.5.13.MP4

01 按〈Ctrl+O〉快捷键，弹出"打开"对话框，选择背景图片，单击"打开"按钮，打开如图 2-90 所示图像。

02 打开"手 1.jpg"素材文件，如图 2-91 所示。

图 2-90　打开背景素材　　　　图 2-91　打开手素材

03 按下快捷键〈Alt+I+S〉，弹出"画布大小"对话框，设置参数如图 2-92 所示，单击"确定"按钮，得到白色边框效果。将"手 1"图像拖入背景画面中，并调整好大小、位置和旋转度，如图 2-93 所示。

图 2-92　画面大小参数　　　　图 2-93　复制手素材

04 执行"编辑"→"变换"→"变形"命令，调整控制点，制作出照片飘动卷曲的效果，如图 2-94 所示。

05 按〈Enter〉键应用变形，效果如图 2-95 所示。

06 参照上变形操作，打开"奔马"图形，制作飘动卷曲变形，效果如图 2-96 所示。

07 打开"手 2"素材，拖入画面中，调整好大小、位置和旋转度，单击图层面板中的"添加图层样式"按钮 **fx.**，添加相应的投影效果，如图 2-97 所示。

图 2-94　调整变形　　　　图 2-95　变形效果

图 2-96　变换其他图形　　　图 2-97　加入手 2 素材

08 打开"人物"素材，参照"手 1"制作方法，添加白色边框，拖入画面中，并进行透视变形，得到最终效果如图 2-98 所示。

图 2-98　最终效果

2.5.14　边讲边练——重复变换

"重复变换"命令可以以相同的参数对图像进行变换，如果能够灵活运用，不仅能提高操作效率，也可以制作出一些特殊的效果。

文件路径：源文件\第 2 章\2.5.14

视频文件：视频\第 2 章\2.5.14.MP4

01 按〈Ctrl+N〉快捷键，弹出"新建"对话框，设置"高度"为 2000 像素，"宽度"为 2000 像素，分辨率为 72，单击"确定"按钮确定。设置前景色为白色，背景色为灰色，选择渐变工具 ▣，在工具选项栏中按下"径向"按钮，在画布中拖动填充渐变，如图 2-99 所示。

02 按〈Ctrl+O〉快捷键，弹出"打开"对话框，选择人物图片，单击"打开"按钮打开，如图 2-100 所示。

图 2-99　新建文档

图 2-100　打开人物素材

03 选择磁性套索工具 ▣，选出人物，并拖入新建文件内，调整好大小和位置，如图 2-101 所示。

04 按快捷键〈Ctrl+Alt+T〉进入自由变换状态，将中心点移至脚底处，如图 2-102 所示。将图像旋转至适当角度，并适当缩小，按〈Enter〉键确认变换，效果如图 2-103 所示。

图 2-101　添加人物　　　　图 2-102　移动中心点

05 按〈Ctrl+Shift+Alt+T〉组合键多次，对图像进行重复变换，得到最终效果如图 2-104 所示。

图 2-103　旋转复制人物　　　图 2-104　重复变换

2.6　实战演练——制作照片的晾晒效果

本实例综合演练本章所学的打开、存储、变换等命令，通过对照片进行移动和变换，制作出有趣的照片晾晒效果。

🞿 文件路径：源文件\第 2 章\2.6

🞿 视频文件：视频\第 2 章\2.6.MP4

❶ 执行"文件"→"打开"命令，在弹出的"打开"对话框中选择背景图片，如图 2-105 所示。

❷ 单击"打开"按钮，打开背景素材文件，如图 2-106 所示。

图 2-105　"打开"对话框

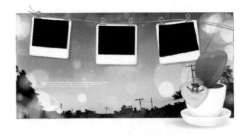

图 2-106　打开背景

❸ 按〈Ctrl+O〉快捷键，打开一张照片素材，如图 2-107 所示。

图 2-107 打开照片素材

④ 选择移动工具 ，单击并拖动鼠标，将照片添加至
文件中，如图 2-108 所示。

图 2-108 添加照片至文件中

⑤ 执行"编辑"→"自由变换"命令，将光标放置在
定界框四周的控制点上，当鼠标指针变为 时，单击并
拖动鼠标可以缩放图像，如图 2-109 所示。

图 2-109 缩放图像

⑥ 将光标放置在定界框外靠近中间位置的控制点上，
当鼠标变为 时，单击并拖动鼠标可以旋转图像，如
图 2-110 所示。调整完成后按〈Enter〉键确认，再将其
放置在适当位置，效果如图 2-111 所示。

图 2-110 旋转图像

图 2-111 变换后效果

⑦〈Ctrl+O〉快捷键，打开另一张照片素材，如图 2-112
所示。

图 2-112 打开另一张照片

专家提示：在变换过程中，若对变换结果不够满意，
可按〈Esc〉键取消操作。

⑧ 选择移动工具 ，将其添加至文件中，如图 2-113
所示。

图 2-113 添加素材照片

⑨ 运用同样的操作方法进行缩放，如图 2-114 所示。

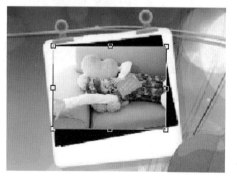

图 2-114 缩放图像

⑩ 将光标放置在定界框上，单击鼠标右键，在弹出的

快捷菜单中选择"斜切",然后将光标放置在定界框四周的控制点上,单击并拖动鼠标可以对其进行斜切变形,调整完成后单击〈Enter〉键确认,效果如图 2-115 所示。

所示。

图 2-115　斜切变换

运用同样的操作方法添加另一张照片素材至文件中,并对其进行自由变换,完成后效果如图 2-116 所示。

图 2-116　最终效果

制作完成后,执行"文件"→"存储为"命令,在弹出的"存储为"对话框中指定一个文件存储的路径,然后在"文件名"文本框中对文件进行重命名,如图 2-117

图 2-117　"存储为"对话框

完成后单击"保存"按钮,在弹出的"Photoshop 格式选项"对话框中单击"确定"按钮,存储图像文件,如图 2-118 所示。

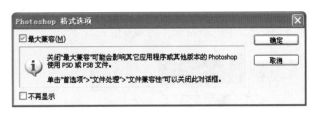

图 2-118　"Photoshop 格式选项"对话框

2.7　习题——制作时尚元素

本实例制作一幅充满时尚元素的插画,练习了图层蒙版、图层属性和移动工具的操作。

文件路径:源文件\第 2 章\2.7

视频文件:视频\第 2 章\2.7 习题

操作提示:

① 新建一个空白文件。

② 打开背景素材,并添加至文件中。

③ 添加人物照片素材,擦除多余背景。

④ 依次添加树藤、铅笔、汽车、蝴蝶等素材。

⑤ 添加文字。

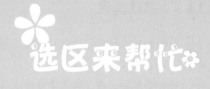

选区来帮忙
——选区的创建和编辑

选区是 Photoshop 中不可缺少的功能。绘制一个选区后，选区外的区域将受到保护，不受其他操作的影响，也可以对选区内的图像进行移动、变换等操作。

本章将介绍创建选区的常用工具，以及创建选区、编辑选区的方法。

第 3 章

3.1 选区的基本操作

在制作图像的过程中，首先接触的就是选区。选区建立之后，在选区的边界就会出现不断交替闪烁的虚线，以表示选区的范围。

如图 3-1 所示，围绕红心建立选区后，使用调整命令对其进行调色，结果只有选区内的图像发生变化，如图 3-2 所示。图 3-3 为在没有建立选区的情况下的调色的效果，图像的所有区域发生变化。

图 3-1 建立选区　图 3-2 调整选区　图 3-3 调整整体

3.1.1 全选与反选

使用"全选"命令，可以选择画布范围内的所有图像。使用"反选"命令可以取消当前选择的区域，选择未选取的区域。

手把手 3-1 全选与反选
视频文件：视频\第 3 章\手把手 3-1.MP4

01 打开本书配套光盘中"源文件\第 3 章\3.1\苹果.jpg"文件，执行"选择"→"全选"命令，或按〈Ctrl+A〉键，可以选择画布范围内的所有图像，如图 3-4 所示。

02 选择魔棒工具，在白色背景处单击，创建选区如图 3-5 所示，选择图像白色背景区域。

03 执行"选择"→"反向"命令，或按〈Ctrl+Shift+I〉快捷键，反选选区，苹果图像即被选中，如图 3-6 所示。

图 3-4 全选图像　图 3-5 创建选区　图 3-6 反选选区

3.1.2 取消与重新选择

执行"选择"→"取消选择"命令，或按

〈Ctrl+D〉快捷键，可取消所有已经创建的选区。如果当前选择的是选择工具（如选框工具、套索工具），移动光标至选区内单击鼠标，也可以取消当前选择。

Photoshop 会自动保存前一次的选择范围。在取消选区后，执行"选择"→"重新选择"命令或按〈Ctrl+Shift+D〉快捷键，便可调出前一次的选区。

3.1.3 移动选区

在绘制椭圆和矩形选区时，按下空格键拖动鼠标，即可快速移动选区。

创建选区后，在工具箱中选择选框工具、套索工具或魔棒工具，移动光标至选择区域内，待光标显示为形状时拖动，即可移动选择区域。在拖动过程中光标会显示为形状，如图 3-7 所示。

若要轻微移动选区，或要求准确地移动选区时，可以使用键盘上的〈←〉、〈→〉、〈↑〉和〈↓〉四个光标移动键来移动选区。按〈Shift〉+光标移动键，可以一次移动 10 个像素的位置。

图 3-7 移动选区

3.1.4 选区的运算

在图像的编辑过程中，有时需要同时选择多块不相邻的区域，或者增加、减少当前选区的面积。选择一个选择工具，在选项栏上可以看到如图 3-8 所示的选项按钮，使用这些选项按钮，可以通过运算生成我们需要的选区。

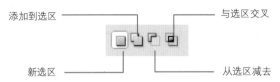

图 3-8　四种选区编辑方式选项按钮

- 新选区 ：按下该按钮后，可以在图像上创建一个新选区。如果图像上已经包含了选区，则每新建一个选区，都会替换原有选区。
- 添加到选区 ⬜：单击该按钮或按住〈Shift〉键，此时的光标下方会显示"+"标记，拖动鼠标绘制即可添加到选区。
- 从选区减去 ⬜：对于多余的选取区域，同样可以将其减去。单击该按钮或按住〈Alt〉键，此时光标下方会显示"—"标记，然后使用矩形选框工具绘制需要减去的区域即可。
- 与选区交叉 ⬜：单击该按钮或按住〈Alt+Shift〉键，此时光标下方会显示出"×"标记，新绘制的选取范围与原选区重叠的部分（即相交的区域）将被保留，产生一个新的选区，而不相交的选取范围将被删除。

手把手 3-2　选区的运算

🎬 视频文件：视频\第 3 章\手把手 3-2.MP4

01 打开本书配套光盘中"源文件\第 3 章\3.1\3.1.4.jpg"文件，选择矩形选框工具 ⬚，在画布中拉出一个矩形选区，如图 3-9 所示。

图 3-9　原选区　　　　图 3-10　新建选区

02 按下工具选项栏"新选区"按钮 ⬜，在其他位置拉出一个选区，如图 3-10 所示。

03 原选区即被替换，结果如图 3-11 所示。

图 3-11　替换原选区

04 按下选项栏中的"添加到选区"按钮 ⬜，在画布中拉出一个选区，两个选区即合并为一个新选区，如图 3-12 所示。

图 3-12　添加到选区

05 按下选项栏中的"从选区减去"按钮 ⬜，在画布中拉出一个圆形选区，结果如图 3-13 所示。

图 3-13　从选区减去

06 按下选项栏中的"与选区交叉"按钮 ⬜，在画布中拉出一个圆形选区，结果如图 3-14 所示。

按住〈Alt+Shift〉键拖动　　　交叉选区结果

图 3-14　交叉选区

3.2　基本选择工具

3.2.1　选择工具

Photoshop 提供了大量的选择工具和选择命令，分别都有各自的特点，适合选择不同类型的对象。选框工具、套索工具、魔棒工具和快速选择工具都是较为常用的创建选区的工具，如图 3-15 所示。

图 3-15　基本选择工具

3.2.2　矩形选框工具

矩形选框工具 是最常用的选框工具，用于创建矩形和正方形选区。如图 3-16 所示为矩形选框工具选项栏。

图 3-16　矩形选框工具选项栏

矩形选框工具选项栏中各选项的含义如下：

● 羽化：可以设置选区的羽化值，该值越高，羽化的范围越大。

● 样式：可以设置选区的创建方法。选择"正常"时，可以通过拖动鼠标创建需要的选区，选区的大

小和形状不受限制；选择"固定比例"后，可在该选项右侧的"宽度"和"高度"数值栏中输入数值，创建固定比例的选区。

● "宽度"和"高度"互换 🔁：单击该按钮，可以切换"宽度"和"高度"数值栏中的数值。

● 调整边缘：单击该按钮，可以打开"调整边缘"对话框，在对话框中可以对选区进行平滑、羽化处理。

选择矩形选框工具 📖，在图层中单击并拖动鼠标，创建矩形选区，如图 3-17 所示。在按住〈Shift〉键的同时拖动鼠标，即可创建正方形选区，如图 3-18 所示。按住〈Alt+Shift〉键拖动，可建立以起点为中心的正方形选区。

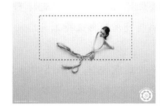

图 3-17　创建矩形选区　　　图 3-18　创建正方形选区

当需要取消选择时，执行"选择"→"取消选择"命令，或按〈Ctrl+D〉快捷键，或使用选框工具在图像窗口单击即可。

3.2.3　边讲边练——制作绚丽背景

本实例主要使用矩形选框工具、填充命令和变换工具，制作出色彩绚丽的图案背景效果。

🔹 文件路径：源文件\第 3 章\3.2.3

🔹 视频文件：视频\第 3 章\3.2.3.MP4

01 按〈Ctrl+O〉快捷键，打开一张背景素材，如图 3-19 所示。

02 新建"图层 1"图层，选择矩形选框工具 📖，在图像中单击并拖动鼠标，创建矩形选区。选择"编辑"→"填充"命令，在选区内填充洋红色（R223、G27、B124），

如图 3-20 所示。

03 按〈Ctrl+D〉键，取消选区。按〈Ctrl+T〉键，拉长并旋转图形，如图 3-21 所示。双击图层面板"图层 1"，弹出"图层样式"对话框，设置描边和投影参数，如图 3-22 所示。

图 3-19　打开背景素材　　　　图 3-20　创建选区并填色

图 3-21　变换矩形　　　　　图 3-22　图层样式参数

04 单击"确定"按钮关闭"图层样式"对话框，效果如图 3-23 所示。

05 再次使用矩形选框工具 ▣ 绘制矩形，并填充棕绿色（R159、G151、B34），旋转并拉伸图形，效果如图 3-24 所示。

06 参照上述操作，绘制更多颜色的矩形条，如图 3-25 所示。

07 选中所有矩形条，按〈Ctrl+G〉键，编组图层，重命名图层组为"大彩条"，再次绘制彩色矩形条，编组后，重命名为"小彩条"，按〈Ctrl+[〉键，调整至"大彩条"图层组下面，如图 3-26 所示。

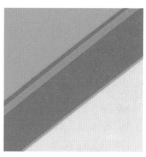

图 3-23　添加图层样式效果　　　图 3-24　绘制矩形

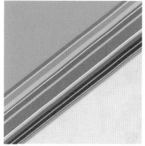
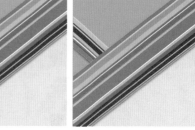

图 3-25　绘制其他矩形　　　图 3-26　绘制小彩条

08 按〈Ctrl+O〉快捷键，打开人物素材文件，拖入画面中，如图 3-27 所示。

09 最后添加星星等装饰图形，得到最终效果如图 3-28 所示。

图 3-27　添加人物素材　　　图 3-28　添加其他素材

3.2.4　椭圆选框工具

选择椭圆选框工具 ◯，在画面中单击并拖动鼠标可以建立一个椭圆选区，如图 3-29 所示。若在工具选项栏中按下从选区减去按钮 ▣，在正圆选区内拖动鼠标建立一个选区，则将创建得到圆环选区，如图 3-30 所示。

图 3-29　建立椭圆选区　　　图 3-30　建立圆环选区

专家提示：选择椭圆选框工具选项栏中的"消除锯齿"选项，可以有效消除选区的锯齿边缘。

技巧点拨：若按住〈Shift〉键拖动鼠标，则可以创建正圆选区；若按住〈Alt+Shift〉键拖动鼠标，则可以建立以起点为圆心的正圆选区。

3.2.5　单行和单列选框工具

单行选框工具和单列选框工具只能创建高度为 1 像素的行或宽度为 1 像素的列选区，常用来制作网格。如图 3-31 所示为创建的单行选区，如图 3-32 所示为创建的单列选区。

图 3-31　创建单行选区

图 3-32　创建单列选区

3.2.6 边讲边练——绘制线条装饰

本实例主要介绍如何使用单行和单列选框工具绘制装饰线条效果。

文件路径：源文件\第 3 章\3.2.6

视频文件：视频\第 3 章\3.2.6.MP4

01 执行"文件"→"打开"命令，在"打开"对话框中选择"背景"素材，单击"打开"按钮，如图 3-33 所示。

02 按下快捷键〈Alt+I+S〉，在弹出的"画面大小"对话框中设置相应的参数，如图 3-34 所示。

图 3-33　打开素材　　　　图 3-34　"画布大小"对话框

03 单击"确定"按钮，扩展画布，得到边框效果如图 3-35 所示。

04 新建一个图层，选择单列选框工具，在工具选项栏中按下"添加到选区"按钮，在画布上连续单击鼠标，创建多个单列选区，如图 3-36 所示。

05 执行"编辑"→"描边"命令，在弹出的"描边"对话框中设置"宽度"为 1 像素，颜色为蓝色（R33，G133，B200），如图 3-37 所示。

专家提示：单行和单列选框工具用于创建一个像素高度或宽度的选区，在选区内填充颜色可以得到水平或垂直直线。

图 3-35　扩展画布效果　　　　图 3-36　创建单列选区

06 新建一个图层，选择工具箱中的单行选框工具，在工具选项栏中按下"添加到选区"按钮，在画布上连续单击鼠标，创建多个单行选区，如图 3-38 所示。并描边 1 像素的白边，如图 3-39 所示。

图 3-37　描边单列选区效果　　　　图 3-38　创建单行选区

07 新建一个图层，参照上述操作，在图形左上角绘制相交的单行和单列选框，描边 1 像素的橙色边，如图 3-40 所示。

图 3-39　描边单行选区效果　　　图 3-40　绘制橙色直线

图 3-41　扩展单列选区　　　图 3-42　填充颜色

08 新建一个图层，在画布左边创建一个单列选区，执行"选择"→"修改"→"扩展"命令，在弹出的"扩展选区"中对话框中设置扩展量为 10 像素，单击"确定"按钮，效果如图 3-41 所示。

09 设置前景色为橙色，按〈Alt+Delete〉键，填充橙色，按〈Ctrl+D〉键，取消选区，如图 3-42 所示。

10 新建一个图层，运用椭圆选框工具绘制多个大小不一的椭圆，并填充相应的颜色，得到最终效果，如图 3-43 所示。

图 3-43　绘制并填充椭圆

3.2.7　套索工具

套索工具可以创建不规则形状的选区范围。在工具箱选择该工具后，按住鼠标左键不放，在图像中单击并拖动鼠标左键，绘制选区，释放鼠标，即可创建出需要的选区，如图 3-44 所示。

图 3-44　使用套索工具建立选区

专家提示：若在鼠标拖动的过程中，终点尚未与起点重合就松开鼠标，则系统会自动封闭不完整的选取区域；在未松开鼠标之前，按一下〈Esc〉键可取消刚才的选定。

3.2.8　多边形套索工具

多边形套索工具可以创建边界为直线的多边形选区。选择该工具后，在对象的各个转折点上单击鼠标，可创建直线的选区边界。

选择多边形套索工具后，移动光标至选区的起点上单击，然后沿着对象的轮廓在各个转折点上单击，

当回到起始点时，光标右下角会出现一个圆圈，此时单击鼠标即可封闭选区，如图 3-45 所示。如果在绘制过程中双击，则会将双击点与起点之间连接一条直线来封闭选区。

图 3-45　使用多边形套索工具建立选区

在选取过程中，按〈Delete〉键，可删除最近选取的一条线段，若连续按下〈Delete〉键多次，则可以不断地删除线段，直至删除所有选取的线段，与按下〈Esc〉键效果相同；若在选取的同时按下〈Shift〉键，则可按水平、垂直或 45° 方向进行选取。

3.2.9　磁性套索工具

磁性套索工具可以通过鼠标的单击和移动来指定选取的方向。磁性套索工具选项栏如图 3-46 所示，其中可设置羽化、宽度和频率等参数。

羽化：0px　消除锯齿　宽度：10 px　对比度：10%　频率：57　调整边缘...

图 3-46　磁性套索工具选项栏

● 羽化：可以设置选区的羽化值，该值越高，羽化的

范围越大。

- 宽度：可以设置磁性套索工具在选取时光标两侧的检测宽度，取值范围在 0～256 像素之间，数值越小，所检测的范围就越小，选取也就越精确，但同时鼠标也更难控制，很容易移出图像边缘。

- 对比度：用于控制磁性套索工具在选取时的敏感度，范围在 1%～100% 之间，数值越大，磁性套索

工具对颜色反差的敏感程度越低。

- 频率：用于设置自动插入的节点数，取值范围在 0～100 之间，值越大，生成的节点数也就越多。

如果选取图像的边缘非常清晰，可以使用更大的"宽度"参数和更高的"边对比度"；若是在边缘较柔和的图像上，可以使用较小的"宽度"参数和较低的"边对比度"，以更精确地跟踪边框。

3.2.10 边讲边练——制作卖萌小猫效果

Before　　　After

本实例使用磁性套索工具抠出眼镜，并将其添加至小猫图像中，以制作出戴眼镜的卖萌可爱小猫效果。

📎 文件路径：源文件\第 3 章\3.2.10

🎬 视频文件：视频\第 3 章\3.2.10.MP4

01 启动 Photoshop，执行"文件"→"打开"命令，在"打开"对话框中选择猫和人物素材，单击"打开"按钮，如图 3-47 和图 3-48 所示。

图 3-47　素材照片

图 3-48　人物素材

02 选择工具箱中的磁性套索工具 📐，移动光标至眼镜边缘，单击以确定起点，然后沿着眼镜边缘移动鼠标（非拖动），建立如图 3-49 所示的选区。

图 3-49　建立选择

03 单击工具选项栏中的从选区中减去按钮 📐，沿着眼镜内框，移动鼠标，减去对镜片的选择，如图 3-50 所示。

图 3-50　减去选区

04 选择移动工具 ➤，将选区图像拖至小猫素材图像中，按〈Ctrl+T〉快捷键开启自由变换，适当调整位置、大小和角度，效果如图 3-51 所示。

05 选择套索工具 📐，套出左边镜架，按〈Ctrl+J〉

键，复制一层，拖至右边，按〈Ctrl+T〉键进入自由变换状态，单击右键，在弹出的快捷菜单中选择"水平翻转"选项，单击图层面板中的添加图层蒙版按钮 ，选中蒙版缩览图，选择画笔工具 ，设置前景色为黑色，在画面中涂抹，使图形融合自然，修补眼镜右边缺损部分，得到最终效果如图 3-52 所示。

💡 技巧点拨：在使用套索工具或多边形套索工具时，按住〈Alt〉键可以在这两个工具之间相互切换。

图 3-51 添加眼镜　　　图 3-52 完成效果

3.3 魔棒工具

魔棒工具 是根据图像的饱和度、色度或亮度等信息来选择对象，通过调整容差值来控制选区的精确度，适合于快速选择颜色变化不大，且色调接近的区域。

如图 3-53 所示为魔棒工具的工具选项栏。

图 3-53 魔棒工具选项栏

魔棒工具选项栏中各选项含义如下：

- 取样大小：对取样点范围大小进行设定。
- 容差：在此文本框中可输入 0~255 之间的数值来确定选取的颜色范围。该值越小，选取的颜色范围与鼠标单击位置的颜色就越相近，选取的范围也就越小；该值越大，选取的范围就越广，如图 3-54 所示。

容差=10　　　容差=32

容差=70

图 3-54 不同容差值选择效果

- 消除锯齿：选中该选项可消除选区的锯齿边缘。
- 连续：选中该选项，在选取时仅选择位置邻近且颜色相近的区域。否则，会选择整幅图像中与选中区域颜色相近的区域选择，如图 3-55 所示。
- 对所有图层取样：选中该选项，将在所有可见图层中应用颜色选择。否则，该选项只对当前图层有效。

选中"连续"选项

未选中"连续"选项

图 3-55 "连续"选项对选择的影响

💡 专家提示：若选中"连续"选项，可以按住〈Shift〉键单击选择不连续的多个颜色相近区域。

3.4 快速选择工具

3.4.1 快速选择工具原理

　　快速选择工具 结合了魔棒工具和画笔工具的特点，利用可调整的圆形画笔笔尖快速绘制选区，在移动鼠标的过程中，它能够快速选择多个颜色相似的区域，适用于颜色反差较大的图像。

　　图 3-56 所示为快速选择工具的工具选项栏。快速选择工具默认选择光标周围与光标范围内的颜色类似且连续的图像区域，因此光标的大小决定着选取的范围。

图 3-56　快速选择工具选项栏

3.4.2 边讲边练——云海独舞

Before　　　After

　　本练习介绍如何使用快速选择工具 抠出人物图像，并更换背景的操作方法，制作出云海独舞的合成效果。

　　文件路径：源文件\第 3 章\3.4.2

　　视频文件：视频\第 3 章\3.4.2.MP4

01 启动 Photoshop，打开素材图像，如图 3-57 所示。

图 3-57　素材图像

　　专家提示：按下〈Ctrl〉+〈+〉键，可放大图像显示比例。按下〈[〉和〈]〉键可放大和缩小光标的大小。

02 选择快速选择工具 ，在工具选项栏中适当调整笔尖大小，在人物上单击鼠标，与光标范围内颜色相似的图像即被选择。如果图像中有些背景也被选中，如图 3-58 所示，按住〈Alt〉键，此时光标由 ⊕ 形状变为 ⊖ 形状，表示当前处于减去选择模式，在多选的图像区域上拖动鼠标，即可将该图像区域从选区中减去，如图 3-59 所示。

　　专家提示：创建一个选区后，按住〈Shift〉键可以添加到选区；按住〈Alt〉键可以从选区减去；按住〈Shift+Alt〉键可以与选区交叉。

图 3-58　建立选区　　　图 3-59　减去多余的选区

03 选择移动工具 ，将人物拖移至背景图像中，按下快捷键〈Ctrl+T〉键对其进行自由变换，适当调整好大小和位置，按〈Enter〉键确认，完成效果如图 3-60 所示。

图 3-60　完成效果

3.5 色彩范围命令

3.5.1 色彩范围对话框

"色彩范围"命令可根据图像的颜色范围创建选区，与魔棒工具有着很大的相似之处，但该命令提供了更多的控制选项，使用方法也更为灵活，选择更为精确。执行"选择"→"色彩范围"命令，可以打开"色彩范围"对话框，如图 3-63 所示。

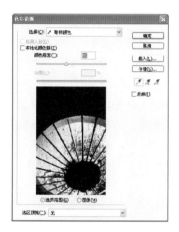

图 3-61 "色彩范围"对话框

"色彩范围"对话框中名选项含义如下：

- 选择：用来设置选区的创建依据。选择"取样颜色"时，使用对话框中的吸管工具拾取的颜色为样本创建选区。在"选择"下拉列表中，Photoshop CS6 新增了"肤色"选项，在面对皮肤颜色选择时更便捷，如图 3-62 所示。

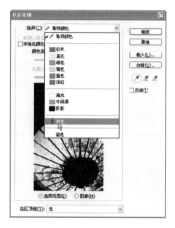

图 3-62 "肤色"选项

- 检测人脸：此选项只有在"选择"下拉列表中选中"肤色"选项才能被激活使用，选择此项，可以自动检测与肤色相近的脸部肤色。
- 颜色容差：用来控制颜色的范围，该值越高，包含的颜色范围越广。
- 选择范围/图像：若选中"选择范围"单选按钮，在预览区的图像中，白色代表了被选择的部分，黑色代表未被选择的区域，灰色则代表了被部分选择的区域（带有羽化效果）；若选中"图像"，则预览区内会显示彩色图像。
- 载入：单击"载入"按钮，可以载入存储的选区预设文件。
- 存储：单击"存储"按钮，可以将当前设置状态保存为选区预设。
- 反相：选中该选项，可以反转选区。

3.5.2 边讲边练——制作鱼跃水鞋合成效果

Before

After

使用"色彩范围"命令可以对需要选择的对象进行选取，并且一边预览选择区域一边进行动态调整。

📁 文件路径：源文件\第 3 章\3.5.2

🎬 视频文件：视频\第 3 章\3.5.2.MP4

01 启动 Photoshop，执行"文件"→"打开"命令，在"打开"对话框中选择素材图像，单击"打开"按钮，如

图 3-63 和图 3-64 所示。

图 3-63　金鱼素材

图 3-64　鞋子素材

02 执行"选择"→"色彩范围"命令，弹出"色彩范围"对话框，按下对话框右侧的吸管按钮 ，移动光标至图像窗口中金鱼上方单击鼠标。当需要增加选取区域或其他颜色时，按下带有"＋"号的吸管 ，然后在图像窗口或预览框中单击以添加选取范围；若要减少选取范围，可按下带有"－"号的吸管 ，在图像窗口或预览框中单击以减少选取范围，参数设置如图 3-65 所示。

03 设置完成后单击"确定"按钮，建立金鱼图像选区，保留选区，按〈Ctrl+J〉键，复制一层，此时发现鱼中间部分未复制完全，如图 3-66 所示。

图 3-65　"色彩范围"对话框

图 3-66　金鱼选取效果

04 运用多边形套索工具 ，在背景图层上套选出中

间部分，如图 3-67 所示。

05 按〈Ctrl+J〉键复制一层，与原来选取的金鱼图层合并，此时金鱼图像被完全选取，如图 3-68 所示。

图 3-67　建立多边形选区

图 3-68　合并图层

06 运用套索工具 ，套出需要的金鱼，选择移动工具 ，将金鱼拖至背景素材图像中，适当调整位置和大小，如图 3-69 所示。

07 参照上述操作，抠出水珠，并拖入鞋子画面中，运用橡皮擦工具，将多余的水珠擦去，最终效果如图 3-70 所示。

图 3-69　移动复制

图 3-70　完成效果

3.6　编辑选区

在 Photoshop 中，创建选区后，我们往往需要再次对选区进行编辑，才能得到所需的选择区域。选区与图像一样，也可以移动、旋转、翻转和缩放，以调整选区的位置和形状，最终得到所需的区域。

3.6.1　创建边界选区

"边界"命令可以基于创建的选区来创建双重选区。创建选区之后，执行"选择"→"修改"→"边界"命令，弹出"边界选区"对话框，设置"宽度"值可将选区的边界向内部或外部扩展，"宽度"值越大，则创建的边界越宽，如图 3-71 所示。

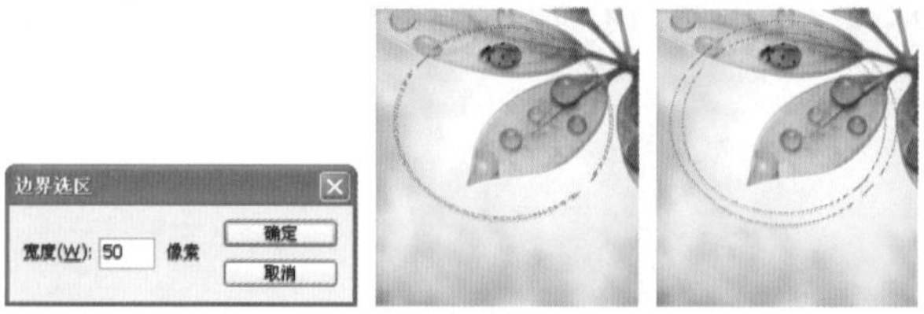

"边界选区"对话框　　宽度=5 像素　　宽度=20 像素

图 3-71　边界选区

3.6.2　扩大选取和选取相似

创建选区之后，使用"扩大选取"和"选取相似"都可以扩展选区。

使用"扩大选取"命令可以将原选区扩大，所扩大的范围是与原选区相邻且颜色相近的区域，扩大的范围由魔棒工具选项栏中的"容差"值决定，魔棒工具的"容差"值越高，选区的扩展范围越广。

使用"选取相似"命令可以将整个图像，包括与原选区没有相邻的像素全部选取。

 手把手 3-3　扩大选取和选取相似

　视频文件：视频\第 3 章\手把手 3-3.MP4

01 执行"文件"→"打开"命令，弹出"打开"对话框，选择本书配套光盘中"源文件\第 3 章\3.6\3.6.2.jpg"文件，单击"打开"按钮，如图 3-72 所示。

02 选择魔棒工具 ，在红色处单击，建立选区，如图 3-73 所示。

图 3-72　打开素材　　　　　图 3-73　建立选区

03 执行"选择"→"扩大选取"命令，如图 3-74 所示，与原选区相邻且颜色相近的区域添加到选区。

04 单击右键，在弹出的快捷菜单中选择"选取相似"，如图 3-75 所示，图像中所有颜色相近的区域全部被选择。

图 3-74　扩大选取　　　　　图 3-75　选取相似区域

3.6.3　平滑选区

"平滑"命令可以针对粗糙的不规则选区进行平滑处理，可使选区边缘变得连续和平滑。其中"平滑选区"对话框中的"取样半径"用于控制选区的平滑度。参数值越大，选区越平滑。

 手把手 3-4　平滑选区

　视频文件：视频\第 3 章\手把手 3-4.MP4

01 执行"文件"→"打开"命令，弹出"打开"对话

框，选择本书配套光盘中"源文件\第 3 章\3.6\3.6.3.jpg"，单击"打开"按钮，选择魔棒工具 ，在白色背景处单击，建立选区，设置前景色为绿色，按〈Alt+Delete〉键，填充绿色，如图 3-76 所示。

02 执行"选择"→"修改"→"平滑"命令，设置取样半径为 80 像素，单击"确定"按钮，填充绿色，效果如图 3-77 所示。

图 3-76　建立选区　　　　　图 3-77　平滑选区

3.6.4　扩展选区

"扩展"命令用于在保持选区原有形状的基础上向外扩大选区范围。执行"选择"→"修改"→"扩展"命令，弹出"扩展选区"对话框，其中"扩展量"参数值越大，选区向外扩展的范围就越大。

 手把手 3-5　扩展选区

　视频文件：视频\第 3 章\手把手 3-5.MP4

01 执行"文件"→"打开"命令，弹出"打开"对话框，选择本书配套光盘中"源文件\第 3 章\3.6\3.6.4.jpg"文件，单击"打开"按钮。选择魔棒工具 ，在黄色背景处单击，建立选区，按〈Shift+Ctrl+I〉键反选人物，如图 3-78 所示。

02 执行"选择"→"修改"→"扩展"命令，打开"扩展选区"对话框，设置扩展量为 30 像素，单击"确定"按钮关闭对话框，扩展选区结果如图 3-79所示。

图 3-78　建立选区　　　　　图 3-79　扩展选区

图 3-82　建立选区　　　　　　图 3-83　收缩选区

3.6.5　羽化选区

"羽化"命令用于对选区进行羽化，常用来制作晕边艺术效果。羽化命令可对选区边缘进行柔化处理，产生朦胧感。

手把手 3-6　羽化选区

　视频文件：视频\第 3 章\手把手 3-6.MP4

01 执行"文件"→"打开"命令，弹出"打开"对话框，选择本书配套光盘中"源文件\第 3 章\3.6\3.6.5.jpg"文件，单击"打开"按钮，运用椭圆选框工具，建立椭圆选区，如图 3-80 所示。

02 执行"选择"→"修改"→"羽化"命令，设置羽化半径为 50 像素，单击"确定"按钮，按〈Shift+Ctrl+I〉键，反选图形，填充黑色，效果如图 3-81 所示。

图 3-80　建立选区　　　　　图 3-81　羽化效果

　专家提示：在创建选区后设置"羽化半径"比创建选区前设置选区的羽化值要更适应实际的操作，因为这样既能根据图像的需要设置合适的羽化值，又可连续执行多次羽化。

3.6.6　收缩选区

"收缩"命令是与扩展选区相反的操作，用于缩小当前选区范围。执行"选择"→"修改"→"收缩"命令，打开"收缩选区"对话框，"收缩量"用来设置选区的收缩范围，参数值越大，选区向内收缩的范围就越大。

手把手 3-7　收缩选区

　视频文件：视频\第 3 章\手把手 3-7.MP4

01 执行"文件"→"打开"命令，弹出"打开"对话框，选择本书配套光盘中"源文件\第 3 章\3.6\3.6.6.jpg"，单击"打开"按钮，运用魔棒工具，在白色背景色处单击，按〈Shift+Ctrl+I〉键，反选图形，如图 3-82 所示。

02 执行"选择"→"修改"→"收缩"命令，设置收缩量为 20 像素，单击"确定"按钮，效果如图 3-83 所示。

3.6.7　变换选区

创建选区之后，执行"选择"→"变换选区"命令，选区的四周将出现由八个控制点组成的变换编辑框，移动光标至变换框内，光标变成（▶）形状，此时拖动鼠标即可移动选区；移动光标至变换框外侧，当光标显示为 ↕ 、↔ 或 ⤢ 形状时拖动鼠标可水平方向或垂直方向缩放选区；移动光标至变换框四角，当光标显示为 ↻ 形状时拖动鼠标可旋转选区。

手把手 3-8　变换选区

　视频文件：视频\第 3 章\手把手 3-8.MP4

01 执行"文件"→"打开"命令，弹出"打开"对话框，选择本书配套光盘中"源文件\第 3 章\3.6\3.6.7.jpg"文件，单击"打开"按钮打开素材，选择矩形选框工具，建立选区，如图 3-84 所示。

图 3-84　建立选区

02 执行"选择"→"变换选区"命令，旋转并调整选框大小，如图 3-85 所示。

03 按〈Enter〉键，应用选区变换，执行"图像"→"裁剪"命令，效果如图 3-86 所示。

图 3-85　旋转选区　　　　　图 3-86　裁剪选区

在变换编辑框内单击鼠标右键，弹出的快捷菜单中还包括了"斜切"、"扭曲"、"透视"、"旋转 180 度"、"水平翻转"等变换命令。

专家提示：变换选区时对选区内的图像没有任何影响，如果使用"编辑"菜单中的"变换"命令进行变换，选区及选中的图像将会同时产生变换，初学者应注意区分。

3.6.8 存储选区

创建选区之后，为了防止操作失误而造成的选区丢失，或者想要重复使用，可将选区长久保存。执行"选择"→"存储选区"命令，或单击"通道"面板中的 按钮，可将选区保存在 Alpha 通道中，如图 3-87 所示。

"存储选区"对话框中各项参数含义如下：

- 文档：可以设定保存选区的文档，在"文档"下拉列表中可选择当前文档、新建文档或当前打开的与当前文档的尺寸大小相同的其他图像。
- 通道：可以选择保存选区的目标通道，Photoshop 默认新建一个 Alpha 通道保存选区，也可以从下拉列表中选择其他现有的通道。
- 名称：可以设置新建的 Alpha 通道的名称。
- 操作：可以设定保存的选区与原通道中的选区的运算操作，其他三种运算操作只有在通道列表框中选择了已经保存的 Alpha 通道时才有效。

建立选区

"存储选区"对话框

通道面板

图 3-87 存储选区

专家提示：将文件保存为 PSD、PSB、PDF、TIFF 格式，可存储多个选区。

3.6.9 载入选区

存储选区之后，可执行"选择"→"载入选区"命

令，将选区载入到图像中。执行该命令时可打开"载入选区"对话框，设置好相关的载入参数，如图 3-88 所示，单击"确定"按钮完成选区载入。

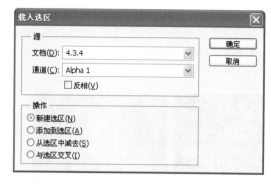

图 3-88 载入选区

技巧点拨：按住〈Ctrl〉键击通道面板 Alpha 通道，可以快速载入通道保存的选区。

3.6.10 调整选区边缘

通过设置"调整边缘"选项可以对选区进行细化，从而精确选择对象。

在图像窗口中创建选区后，工具选项栏"调整边缘"选项即被激活，此时单击该选项按钮或执行"选择"→"调整边缘"命令，即可打开"调整边缘"对话框，如图 3-89 所示。

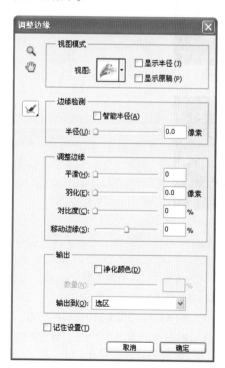

图 3-89 "调整边缘"对话框

专家提示：打开"调整边缘"对话框时，将光标放在某个选项的文本框中，此时按住〈Ctrl〉键，光标变为形，通过左右拖动鼠标可递减或递增参数值。

"调整边缘"对话框中各选项含义如下:

- 视图:可以边调整边实时预览选区效果。单击下拉按钮,在弹出的下拉菜单中包含 7 个用于设置选区的预览模式:闪烁虚线、叠加(半透明的红色区域为非选择区域)、黑底、白底、黑白(白色为选择区域,黑色为非选择区域)、背景图层和显示图层,效果如图 3-90 所示。

闪烁虚线　　　　　　　叠加

黑底　　　　　　　　　白底

黑白　　　　　　　　　背景图层

显示图层

图 3-90　7 种选区预览模式

- 显示半径:选择该复选框,可显示半径。
- 显示原稿:选择该复选框,可显示原稿。
- 缩放工具:选择工具按钮可以在图像窗口中缩放图像。
- 抓手工具:选择工具按钮可以在图像窗口中移动图像。
- 画笔工具:选择工具按钮后可以在图像窗口中进行绘画涂抹。
- 半径:设置选区的半径大小,即选区边界内、外扩展的范围,在边界的半径范围内,将得到羽化的柔和边界效果,如图 3-91 所示为矩形选区在不同的

"半径"参数设置下的效果。

- 平滑:用于设置选区边缘的光滑程度,"平滑"参数值越大,得到的选区边缘越光滑,与"选择"→"修改"→"平滑"命令类似。

半径为 5　　　　半径为 50　　　　半径为 150

图 3-91　"半径"参数设置示例

> 专家提示:设置半径值,可以得到类似"羽化"的效果。与"羽化"效果不同的是,设置"半径"参数时,得到的是选区内侧和外侧同时扩展的柔化效果,而"羽化"效果是向内收缩柔化。

- 羽化:用于调整羽化参数的大小,在调整的同时可以在图像窗口预览羽化的效果。

> 专家提示:平滑选区和羽化选区在对选区边缘进行调整时,从标准预览来看没有明显的区别,但实际上在白底预览模式下可看到两者具有本质的区别,其中平滑选区创建平滑且边缘清晰的轮廓,而羽化选区在平滑的同时创建了边缘柔化的轮廓。

- 对比度:该参数用于设置选区边缘的对比度,对比度参数值越高,得到的选区边界越清晰,对比度参数值越小,得到的选区边界越柔和。
- 移动边缘:向左拖动滑块,或设置介于 0～100% 之间的值,可减小百分比值,收缩选区边缘;向右拖动滑块或者设置介于 0～100% 之间的值,可以增大百分比值,扩展选区边缘。
- 净化颜色:选中该复选框后,可调整"数量"参数。
- 输出到:在该选项的下拉列表中可选择输出选项,可将选区输出为"选区"、"图层蒙版"、"新建图层"、"新建带有图层蒙版的图层"、"新建文档"或"新建带有图层蒙版的文档"。
- 记住设置:选中该复选框,可在下次打开对话框时保持现有的设置。
- 智能半径:选择该复选框,可在调整半径参数时更加智能化。
- 选区边界调整完成后,单击"确定"按钮关闭对话框,可以应用当前参数至选区,单击"默认"按钮可以恢复选区至默认设置。

> 专家提示:在创建任意选区后,执行"选择"→"调整边缘"命令,或按下〈Ctrl+Alt+R〉快捷键,也可以打开"调整边缘"对话框。

本实例综合练习了本章所学的多种选择工具和方法，以制作一幅趣味图像合成效果。同时还使用了图层蒙版、魔棒工具、画笔工具等工具和功能。

🔘 文件路径：源文件\第 3 章\3.7

🎬 视频文件：视频\第 3 章\3.7.MP4

① 执行"文件"→"新建"命令，弹出"新建"对话框，设置参数如图 3-92 所示，单击"确定"按钮。

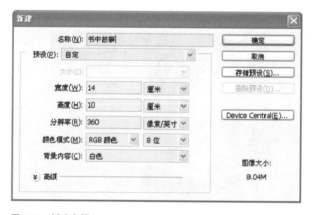

图 3-92　新建文档

② 打开本书配套光盘"第 3 章\3.7\人物.jpg"文件，选择移动工具 ▶+，将其拖至新建图像，如图 3-93 所示。

图 3-93　打开人物素材

③ 打开三个"云"素材，拖入当前编辑文件中，调整好大小和位置，新建一个图层，设置前景色为淡蓝色（R204，G229，B227），选择画笔工具 ✏，在选项栏中设置不透明度为 30%，在书侧面涂抹，如图 3-94 所示。

④ 打开"水滴"素材，运用魔棒工具去除白底，按〈Shift+Ctrl+U〉键，去色处理，放置到书侧面，设置图层混合模式为"滤色"，不透明度为 60%，按〈Ctrl+T〉键，进入自由变换状态，单击右键，选择"变形"选项，

变化图形，单击工具箱中的模糊工具，对图形进行模糊处理，再拖入"海洋"素材，并添加图层蒙版，在图层面板中设置"填充"为 37%，运用画笔工具隐去不要的部分，效果如图 3-95 所示。

图 3-94　添加云朵及画笔涂抹

图 3-95　添加流水及海洋素材

⑤ 打开两个章鱼须图片，选择工具箱中的快速选择工具 ✍，在章鱼须上单击，选择上面的部分，如图 3-96 和图 3-97 所示。

图 3-96　图片 1 建立选区　　　　图 3-97　图片 2 建立选区

⑥ 拖动选择的章鱼须图像至画面中，并调整好位置和

大小。选择快速选择工具 ，选取部分图形，执行"编辑"→"操控变形"命令，变化图形形状，制作出章鱼从书中跃出的效果，如图 3-98 所示。

图 3-98　组合图形

⑦　单击"创建新的填充或调整图层"按钮 ，选择"色彩平衡"选项，设置相关参数后，按〈Ctrl+Alt+G〉键建立剪切蒙版，对触须进行调色，如图 3-99 所示。

图 3-99　色彩平衡参数及效果

⑧　创建"色相饱和度"调整层，设置相关参数，建立剪切蒙版，再创建"亮度/对比度"调整层，设置亮度为-19，对比度为 39，并建立剪切蒙版，如图 3-100 所示。

图 3-100　色相/饱和度参数及效果

⑨　复制触须图层，命名为"黏液"，放置到最顶层，执行"滤镜"→"艺术效果"→"塑料包装"命令，设置参数如图 3-101 所示。

⑩　单击"确定"按钮，按〈Ctrl+Alt+2〉键，载入高光选区，按〈Shift+Ctrl+I〉键进行反选，按〈Shift+F6〉键，设置羽化值为 2 像素，按〈Delete〉键，删除不要的部分，按〈Ctrl+D〉键，取消选区，再进行 2 像素的高斯模糊，给触须添加黏液效果，如图 3-102 所示。

图 3-101　塑料包装参数　　图 3-102　制作黏液高光效果

⑪　新建一个名为"黑色渐变"的图层，单击渐变工具 ，在选项栏中设置颜色为从黑色到透明的渐变，在图像上拖动创建一条黑色渐变，效果如图 3-103 所示。

图 3-103　渐变填充效果

⑫　新建一个名为"云层颜色"的图层，选择画笔工具，设置画笔大小 1200 像素，不透明度为 50%，设置不同的前景色进行涂抹，设置图层混合模式为"强光"，效果如图 3-104 所示。

图 3-104　画笔涂抹

⑬　新建图层，命名为"星空"，放置到最顶层，选择矩形选框工具，绘制一个黑色矩形，执行"滤镜"→"杂色"→"添加杂色"命令，设置数量为 40，按〈Ctrl+L〉键，弹出"色阶"对话框，设置参数如图 3-105 所示。

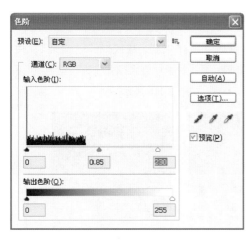

图 3-105　色阶参数

14　按〈Ctrl+J〉键，复制一层，添加图层蒙版，按住〈Ctrl〉键，单击星空图层，载入选区，回到"星空副本"蒙版层，执行"滤镜"→"渲染"→"分层云彩"命令，设置图层混合模式为"叠加"，如图 3-106 所示。

图 3-106　复制图层

15　选中星空和星空副本图层，按〈Ctrl+G〉键，编组图层，命名为"星空制作"，将图层组的混合模式改为"滤色"，并添加图层蒙版，设置前景色为黑色，选择画笔工具，将盖在人物身上的星星擦除，效果如图 3-107 所示。

图 3-107　编组及画笔涂抹

16　添加"鱼钩"素材，运用魔棒工具在背景白色处单击，按〈Ctrl+Shift+I〉键，反选图形，如图 3-108 所示。

17　使用移动工具拖动复制钩图像，放置到合适位置，设置不透明度为 48，按住〈Ctrl+J〉键，复制一个，放置到右边，使用画笔工具绘制两条细线，如图 3-109 所示。

图 3-108　选出鱼钩　　图 3-109　拖入画面

18　打开帆船素材，如图 3-110 所示。

图 3-110　帆船素材

19　执行"选择"→"色彩范围"命令，弹出"色彩范围"对话框，运用吸管在白色背景处单击，并设置容差为30，如图 3-111 所示。

图 3-111　色彩范围参数

20　单击"确定"按钮，选择工具箱中的矩形选框工具[□]，在工具选项中单击中"相交"按钮[回]，框选出左边的帆船，按住〈Ctrl〉键，拖入画面中，调整好位置和大小，如图 3-112 所示。

图 3-112　组合图形

㉑ 为帆船添加图层蒙版，设置前景色为黑色，运用画笔工具涂抹帆船下边，渐隐帆船，如图 3-113 所示。

图 3-113　添加图层蒙版

㉒ 参照上述操作，添加其他船只、气球和飞机，丰富画面，如图 3-114 所示。

图 3-114　添加船只、气球和飞机素材

㉓ 打开水母素材，运用磁性套索工具 ，套出水母大

体轮廓，运用移动工具，拖入画面中，如图 3-115 所示。

㉔ 在图层面板中设置"混合模式"为"滤色"。按〈Ctrl+J〉键复制一层，设置"混合模式"为"柔光"，设置不透明度为 75%，如图 3-116 所示。

图 3-115　添加水母素材　　　图 3-116　更改图层属性

㉕ 复制水母，调整好位置和大小，打开月亮素材，拖入画面中，设置"混合模式"为"滤色"，得到最终效果如图 3-117 所示。

图 3-117　最终效果

3.8　习题——音乐与自然

本实例主要使用移动工具和磁性套索工具等多种工具，制作一幅音乐与自然的公益海报。

文件路径：源文件\第 3 章\3.8

视频文件：视频\第 3 章\3.8 习题

操作提示：

① 新建一个空白文件。

② 打开背景素材。

③ 复制图层、执行去色命令、更改混合模式。

④ 运用磁性套索工具建立选区，抠出动物。

⑤ 添加其他素材。

我的色彩地带
——图像的颜色和色调调整

在 Photoshop 中提供了大量的色彩和色调调整工具，对我们处理图像和数码照片非常有帮助。例如，使用"曲线"、"色阶"等命令可以轻松调整图像的色相、饱和度、对比度和亮度，修正色偏、曝光不足或过度等缺陷，让我们得到完美的数码照片。

本章主要介绍基本的色彩理论，并结合 Photoshop 的颜色模式、颜色调整命令，来介绍如何使用恰当的工具调出美丽和谐的色彩。

第 4 章

4.1　图像的颜色模式

颜色模式是用来提供将颜色翻译成数字数据的一种方法，从而使颜色能在多种媒体中得到一致的描述。Photoshop 支持的颜色模式主要包括 CMYK、RGB、灰度、双色调、Lab、多通道和索引颜色模式，较常用的是 CMYK、RGB、Lab 颜色模式等，不同的颜色模式有其不同的作用和优势。

颜色模式不仅影响可显示颜色的数量，还影响图像的通道数和图像的文件大小。下面我们将对图像的颜色模式进行详细介绍。

4.1.1　查看图像的颜色模式

查看图像的颜色模式，了解图像的属性，可以方便用户对图像进行各种操作。执行"图像"→"模式"命令，在打开的子菜单中已勾选的选项，即为当前图像的颜色模式，如图 4-1 所示。另外，在图像的标题栏中可直接查看图像的颜色模式，如图 4-2 所示。

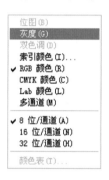 

图 4-1　颜色模式　　　图 4-2　图像的标题栏

4.1.2　位图模式

位图模式又叫像素图，使用两种颜色值（黑色或白色）来表示图像的色彩，适合制作艺术样式或用于创作单色图像。彩色图像转换为该模式后，色相和饱和度信息将会被删除，只保留亮度信息，因此仅适用于一些黑白对比强烈的黑白图像。

在 Photoshop 中，可以将图像从原来的模式转换为另一种模式。执行"图像"→"模式"命令，然后从子菜单中选择要转换的模式即可。例如，要将图像转换为位图模式，首先将图像转换为灰度模式，再转换为位图模式。

首先执行"图像"→"模式"→"灰度"命令，弹出"信息"对话框，如图 4-3 所示。单击"扔掉"按钮，将 RGB 模式转换为灰度模式。

再执行"图像"→"模式"→"位图"命令，会弹出"位图"对话框，如图 4-4 所示，在该对话框中可设置分

辨率的输出像素和使用方法。

图 4-3　"信息"对话框　　　图 4-4　"位图"对话框

知识链接：将彩色图像转换为位图模式时，首先要将其转换为灰度模式，删除像素中的色相和饱和度信息，而只保留亮度值。由于位图模式图像的编辑选项很少，通常先在灰度模式下编辑图像，然后再将其转换为位图模式。

4.1.3　灰度模式

灰度模式的图像由 256 级的灰度组成，不包含颜色。彩色图像转换为该模式后，Photoshop 将删除原图像中所有颜色信息，而留下像素的亮度信息。

灰度模式图像的每一个像素能够用 0～255 的亮度值来表现，因而其色调表现力较强，0 代表黑色，255 代表白色，其他值代表了黑、白中间过渡的灰色。在 8 位图像中，最多有 256 级灰度，在 16 位和 32 位图像中，图像中的级数比 8 位图像要大得多。如图 4-5 所示为将 RGB 模式图像转换为灰度模式图像效果。

图 4-5　RGB 模式转换为灰度模式

4.1.4　索引模式

索引模式最多可使用 256 种颜色的 8 位图像文件。当转换为索引颜色时，Photoshop 将构建一个颜色查找表（CLUT），以存放图像中的颜色。如果原图像中的某种颜

色没有出现在该表中，则程序会选取最接近的一种，或使用仿色以现有颜色来模拟该颜色，如图 4-6 所示。

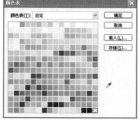

图4-6　索引颜色模式图像及其颜色表

💡 知识链接：在索引颜色模式下只能进行有限的图像编辑。若要进一步编辑，需临时转换为 RGB 模式。

4.1.5　双色调模式

在 Photoshop 中可以分别创建单色调、双色调、三色调和四色调。其中双色调是用两种油墨打印的灰度图像。在这些图像中，使用彩色油墨来重现色彩灰色，而不是重现不同的颜色。彩色图像转换为双色调模式时，必须首先转换为灰度模式。

4.1.6　边讲边练——制作双色调效果

Before　　　After

本实例主要介绍如何通过在"双色调选项"对话框中控制"油墨 1"和"油墨 2"来制作图像的双色调效果。

📁 文件路径：源文件\第 4 章\4.1.6

🎬 视频文件：视频\第 4 章\4.1.6.MP4

01 按〈Ctrl+O〉快捷键，打开一张照片素材，如图 4-7 所示。

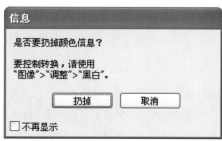

图4-7　打开照片素材

02 执行"图像"→"模式"→"灰度"命令，弹出"信息"对话框，如图 4-8 所示。单击"扔掉"按钮，将 RGB 模式转换为灰度模式，如图 4-9 所示。

信息
是否要扔掉颜色信息？
要控制转换，请使用"图像">"调整">"黑白"。
[扔掉]　[取消]
□不再显示

图4-8　"信息"对话框

图4-9　转换为灰度模式

03 执行"图像"→"模式"→"双色调"命令，弹出"双色调选项"对话框，在"类型"下拉列表中选择"双色调"，激活"油墨 1"和"油墨 2"，如图 4-10 所示。

图4-10　"双色调选项"对话框

04 单击"油墨 1"色块，弹出"选择油墨颜色"对话框，单击"颜色库"按钮，弹出"颜色库"对话框，然后在"色库"中选择一种色系，拖动面板中的颜色条至红色区域，选择 PANTONE 212 C，如图 4-11 所示。完成后单击"确定"按钮，回到"双色调选项"对话框。

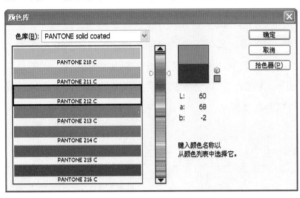

图 4-11 选择颜色

💡 知识链接：在"颜色库"对话框中，可以直接输入数值来设置颜色，如输入 210，颜色将自动转换为 PANTONE 210 C。如果输入不连续，则"颜色库"对话框将开始新的设置。

05 单击"油墨 1"的曲线缩览图，在弹出的"双色调曲线"对话框中单击并拖动曲线，右方的数值随之发生变化，如图 4-12 所示，适当调整后单击"确定"按钮，回到"双色调选项"对话框。

06 运用同样的操作方法设置"油墨 2"参数，如图 4-13 所示，完成后单击"确定"按钮，效果如图 4-14 所示。

4.1.7 RGB 模式

RGB 色彩模式是工业界的一种颜色标准，是通过对红（R）、绿（G）、蓝（B）三个颜色通道的变化以及它们相互之间的叠加来得到各式各样的颜色，RGB 即是代表红、绿、蓝三个通道的颜色，在这三种颜色的重叠处产生青色、洋红、黄色和白色，如图 4-15 所示。

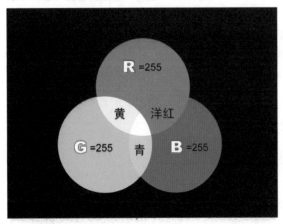

图 4-15 RGB 彩色模式示意图

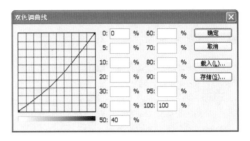

图 4-12 调整"曲线"

图 4-13 设置"油墨 2"参数

图 4-14 完成效果

在 RGB 模式下，每种 RGB 成分都可使用从 0（黑色）到 255（白色）的值。例如，亮红色使用 R 值 255、G 值 0 和 B 值 0。当所有三种成分值相等时，产生灰色阴影。当所有成分的值均为 255 时，结果是纯白色；当该值为 0 时，结果是纯黑色。

4.1.8 CMYK 模式

CMYK 也称作印刷色彩模式，是一种依靠反光呈现的色彩模式。CMYK 颜色模式中：C 代表了青色（Cyan）、M 代表了洋红色（Magenta）、Y 代表了黄色（Yellow）、K 代表了黑色（black）。CMYK 模式为每个像素的每种印刷油墨指定一个百分比值。为最亮（高光）颜色指定的印刷油墨颜色百分比较低，而为较暗（阴影）颜色指定的百分比较高。

💡 知识链接：CMYK 模式用于印刷色打印的图像，将常用的 RGB 图像转换为 CMYK 模式即可产生分色。通常情况下，先在 RGB 模式下编辑，然后再转换为 CMYK 模式，如图 4-16 所示。

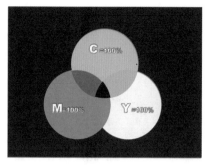

图 4-16　CMYK 模式示意图

4.1.9　Lab 模式

Lab 色彩模型是由明度（L）和有关色彩的 a，b 三个要素组成。L 表示明度（Luminosity），相当于亮度，范围

为 0～100，a 表示从红色至绿色的范围，b 表示从黄色至蓝色的范围，两者范围都是-120～+120。如果只需要改变图像的亮度而不影响其他颜色值，可以将图像转换为 Lab 颜色模式，然后在 L 通道中进行操作。通过观察"通道"面板中的 Lab 通道，可直观地查看 Lab 颜色模式的特点，如图 4-17 所示。

图 4-17　LAB 模式

4.1.10　边讲边练——Lab 照片调色

本实例介绍通过在 Lab 颜色模式下调整图像色调，调出照片的蓝色调。

文件路径：源文件\第 4 章\4.1.10

视频文件：视频\第 4 章\4.1.10.MP4

01 执行"文件"→"打开"命令，在"打开"对话框中选择素材照片，单击"打开"按钮，如图 4-18 所示。

图 4-18　打开素材照片

02 按〈Ctrl+J〉键，复制一层，执行"图像"→"模式"→"Lab 模式"，弹出警示对话框，单击"确定"按钮，将图像转换为 Lab 模式。进入通道面板，选择 a 通道，如图 4-19 所示。

03 按下快捷键〈Ctrl+A〉选择画布，按下快捷键〈Ctrl+C〉复制选区图像，选择 b 通道，按下快捷键〈Ctrl+V〉粘贴，将 a 通道图像复制到 b 通道中，选择 Lab 通道，回到图层面板，按下〈Ctrl+D〉快捷键取消选择，图像效果如图 4-20 所示。

04 执行"图像"→"模式"→"RGB 模式"命令，在图层面板中单击"创建新的填充和调整图层"按钮，选择

"可选颜色"选项，在属性面板中设置参数，如图 4-21 所示。效果如图 4-22 所示。

图 4-19　通道面板　　　　图 4-20　复制通道效果

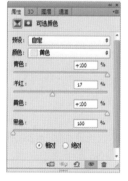

图 4-21　可选颜色参数　　　图 4-22　可选颜色效果

05 创建"色相/饱和度"调整图层,参数设置,如图 4-23 所示。

06 此时发现图像的饱和度明显降低,如图 4-24 所示。

图 4-23　色相/饱和度参数　　图 4-24　色相/饱和度效果

07 创建"曲线"调整图层,参数设置如图 4-25 所示 (其中第一个节点值为 0 和 47),效果如图 4-26 所示。

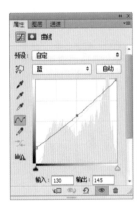

图 4-25　曲线参数　　图 4-26　曲线调整效果

08 按〈Shift+Ctrl+Alt+E〉键,盖印图层,设置图层 混合模式为"柔光"不透明度为 40%,效果如图 4-27 所示。

图 4-27　更改图层属性

09 创建"可选颜色"调整图层,参数设置如图 4-28 所 示。将不透明度设为 36%,效果如图 4-29 所示。

图 4-28　可选颜色参数　　图 4-29　可选颜色调整效果

10 创建"自然饱和度"调整图层,参数设置如图 4-30 所示,调整效果如图 4-31 所示。

图 4-30　自然饱和度参数　　图 4-31　自然饱和度调整效果

11 按〈Shift+Ctrl+Alt+E〉快捷键,盖印图层,执行 "滤镜"→"锐化"→"USM 锐化"命令,设置"数 量"为 15,"半径"为 1 像素,单击"确定"按钮,得到 最终效果,如图 4-32 所示。

图 4-32　锐化图像

知识链接:Lab 模式在照片调色中有着非常特别的优 势,通过处理明度通道,可以在不影响色相饱和度的情 况下轻松修改图像的明暗信息;通过处理 a 和 b 通道, 也可以在不影响色调的情况下修改颜色。

4.2 百变的图像色彩

在 Photoshop 中经常需要为图像调整颜色，在"图像"→"调整"下拉菜单中，包含了"亮度/对比度"、"色阶"、"曲线"等众多命令，不同的命令有各自独特的选项和操作特点，都是针对图像的色阶和色调进行调整。

4.2.1 亮度/对比度命令

使用"亮度/对比度"命令可以快速增强或减弱图像的亮度和对比度。

执行"图像"→"调整"→"亮度/对比度"命令，可打开"亮度/对比度"对话框，如图 4-33 所示，向左拖动滑块可降低亮度和对比度，向右拖动滑块则可增加亮度和对比度。

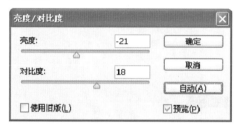

图 4-33　"亮度/对比度"对话框

"亮度/对比度"对话框各选项含义如下。

- 亮度：拖动滑块或在文本框中输入数字（范围为 $-100 \sim 100$），以调整图像的明暗。当数值为正时，将增加图像的亮度，当数值为负时，将降低图像的亮度。
- 对比度：用于调整图像的对比度，当数值为正数时，将增加图像的对比度，当数值为负数时，将降低图像的对比度。
- 使用旧版：对亮度/对比度的调整算法进行了改进，在调整亮度和对比度的同时，能保留更多的高光和细节。若需要使用旧版本的算法，则可以勾选"使用旧版"复选框。

下面通过实例讲解"亮度/对比度"命令的用法。

手把手 4-1　亮度/对比度命令

视频文件：视频\第 4 章\手把手 4-1.MP4

01 打开本书配套光盘中"源文件\第 4 章\4.2\4.2.1.jpg"，如图 4-34 所示。

02 执行"图像"→"调整"→"亮度/对比度"命令，在对话框设置相关参数，如图 4-35 所示。

03 单击中"确定"按钮，调整结果如图 4-36 所示，图

像亮度和对比度得到显著加强。

04 如果勾选"使用旧版"复制框，得到的效果如图 4-37 所示，在调整的同时，图像丢失了大量的细节。

图 4-34　原图　　　　　　　图 4-35　"亮度/对比度"参数

图 4-36　新算法调整效果　　　图 4-37　旧算法调整效果

4.2.2 色阶命令

使用"色阶"命令可以调整图像的阴影、中间调和高光的强度级别，从而校正图像的色调范围和色彩平衡。执行"图像"→"调整"→"色阶"命令，或按下〈Ctrl+L〉快捷键，可以打开"色阶"对话框如图 4-38 所示。在该对话框中可利用滑块或直接输入数值的方式，来调整输入及输出色阶。

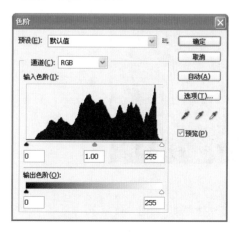

图 4-38　"色阶"对话框

"色阶"命令常用于修正曝光不足或过度的图像，也可以调节图像的对比度。

通过直方图显示图像的色阶信息，并且通过拖动黑、灰、白滑块或输入参数值来调整图像的暗调、中间调和亮调。

手把手 4-2　色阶命令

视频文件：视频\第 4 章\手把手 4-2.MP4

01 打开本书配套光盘中"源文件\第 4 章\4.2\4.2.2.jpg"文件，如图 4-39 所示。

图 4-39　打开素材

02 执行"图像"→"调整"→"色阶"命令，打开"色阶"对话框，将暗调滑块向右移动，参数设置如图 4-40 所示。单击"确定"按钮关闭对话框，调整效果如图 4-41 所示。

图 4-40　向右调整暗调

图 4-41　调整色阶

03 将中间调滑块往右移，如图 4-42 所示。

04 将亮调滑块向左移，如图 4-43 所示。

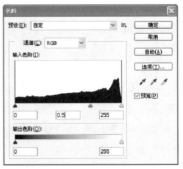

图 4-42　调整中间调

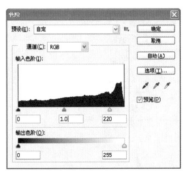

图 4-43　调整亮调

专家提示： 通常情况下，若色阶的像素集中在右边，则说明该图像的亮部所占区域较多；若色阶的像素集中在左边，则说明该图像的暗部所占的区域较多，如图 4-44 所示。

色阶的像素集中分布在右边　　色阶的像素集中分布在左边

图 4-44　色阶的像素集中分布

4.2.3 边讲边练——调出照片靓丽色彩

Before   After

下面我们运用色阶为照片调色，调出灰暗照片的靓丽色彩。

文件路径：源文件\第 4 章\4.2.3

视频文件：视频\第 4 章\4.2.3.MP4

01 执行"文件"→"打开"命令，在"打开"对话框中选择素材照片，单击"打开"按钮，如图 4-45 所示。

图 4-45　素材照片

02 单击"创建新的填充或调整图层"按钮 ，在弹出的快捷菜单中选择"色阶"，图层面板生成"色阶 1"调整图层，如图 4-46 所示。

图 4-46　图层面板

03 在调整面板中设置"RGB"通道参数如图 4-47 所示。

04 在通道下拉列表中选择"红"通道，设置参数如图 4-48 所示；选择"绿"通道，设置参数如图 4-49 所示；选择"蓝"通道，设置参数如图 4-50 所示。

05 完成后图像效果如图 4-51 所示。

 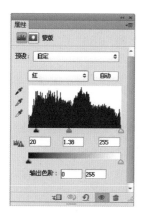

图 4-47　"RGB"通道参数　　　图 4-48　"红"通道参数

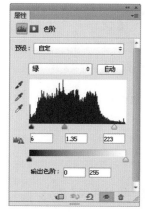 

图 4-49　"绿"通道参数　　　图 4-50　"蓝"通道参数

图 4-51　最终效果

4.2.4 曲线命令

"曲线"是 Photoshop 中最强大的调整工具，它具有"色阶"、"阈值"、"亮度/对比度"等多个命令的功能。曲线上可以添加 14 个控制点，这意味着我们可以对色调进行非常精确的调整。

 手把手 4-3 曲线命令

视频文件：视频\第 4 章\手把手 4-3.MP4

01 打开本书配套光盘中 "源文件\第 4 章\4.2\4.2.4.jpg"。执行 "图像" → "调整" → "曲线" 命令，或者按下快捷键〈Ctrl+M〉，打开 "曲线" 对话框，在 "通道" 下拉列表中选择 "RGB" 通道，参数设置如图 4-52 所示，整体调亮图像。

02 选择 "红" 通道，设置参数如图 4-53 所示，压暗红色。

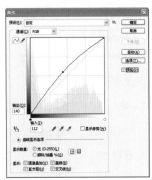 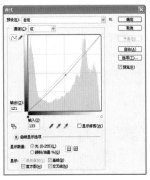

图 4-52 调整 "RGB" 通道　　图 4-53 调整 "红" 通道

03 选择 "绿" 通道，设置参数如图 4-54 所示，调亮绿色。选择 "蓝" 通道，设置参数如图 4-55 所示，调亮蓝色。

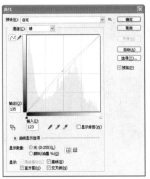 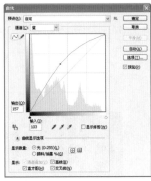

图 4-54 调整 "绿" 通道　　图 4-55 调整 "蓝" 通道

04 单击 "确定" 按钮，照片的偏色得到纠正，效果如图 4-56 所示。

原图　　　　　　　　"曲线" 调整效果

图 4-56　"曲线" 调整前后对比效果

技巧点拨： 在调整曲线时可以单击调整面板中的 "自动" 按钮，通过快速调整各个通道的色阶得到自动调整效果。

4.2.5 边讲边练——调出照片明亮色彩

Before　　　　　After

本实例介绍结合使用 "色阶" 和 "曲线" 命令，将照片的色调调亮，得到色彩鲜艳、明亮的效果。

文件路径：源文件\第 4 章\4.2.5

视频文件：视频\第 4 章\4.2.5.MP4

01 启动 Photoshop，按下〈Ctrl+O〉快捷键，打开素材照片，如图 4-57 所示。

02 执行 "图像" → "调整" → "曲线" 命令，或者按下快捷键〈Ctrl+M〉，弹出 "曲线" 对话框，在曲线上单击增加锚点，拖动锚点调整曲线，如图 4-58 所示。

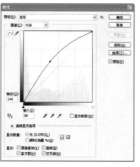

图 4-57　素材照片　　　　图 4-58　调整"RGB"通道

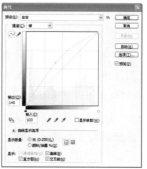
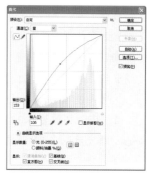

图 4-61　调整"绿"通道　　图 4-62　调整"蓝"通道

技巧点拨：按住〈Ctrl〉键的同时在图像的某个位置单击，曲线上会出现一个节点，调整该点可以调整指定位置的图像。

03 在"通道"下拉列表中，选择"红"通道，调整曲线如图 4-59 所示，此时图像效果如图 4-60 所示。

图 4-63　调整后效果

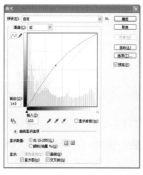

图 4-59　调整"红"通道　　图 4-60　调整曲线后效果

04 在"通道"下拉列表中，选择"绿"通道，调整曲线如图 4-61 所示。

05 在"通道"下拉列表中，选择"蓝"通道，调整曲线如所示，调整完成后，单击"确定"按钮，效果如图 4-63 所示。

06 执行"图像"→"调整"→"色阶"命令，或按下〈Ctrl+L〉快捷键，弹出"色阶"对话框，设置参数如图 4-64 所示，单击"确定"按钮，效果如图 4-65 所示。

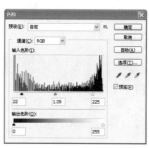

图 4-64　"色阶"对话框　　图 4-65　完成效果

4.2.6　曝光度命令

"曝光度"命令用于调整 HDR 图像的色调，也常用于调整曝光不足或曝光过度的数码照片。

执行"图像"→"调整"→"曝光度"命令，打开如图 4-66 所示"曝光度"对话框。

图 4-66　"曝光度"对话框

- 曝光度：向右拖动滑块或在文本框内输入正值可以增加数码照片的曝光度，向左拖动滑块或在文本框内输入负值可以降低数码照片的曝光度，如图 4-67 所示。

曝光度=0　　　　曝光度=-2　　　　曝光度=2

图 4-67　曝光度调整

- 位移：调整"位移"将使阴影和中间调变暗，对高光的影响很轻微。

- 灰度系数校正：使用简单的乘方函数调整图像灰度系数。

- 吸管工具：使用该工具可以调整图像的亮度值（与影响所有颜色通道的"色阶"吸管工具不同）。"设置黑场"吸管工具将设置"位移"，同时将吸管选取的像素颜色设置为黑色；"设置白场"吸管工具将设置"曝光度"，同时将吸管选取的像素设置为白色（对于 HDR 图像为 1.0）；"设置灰场"吸管工具将设置"曝光度"，同时将吸管选取的像素设置为中度灰色。

4.2.7　自然饱和度命令

"自然饱和度"是用于调整色彩饱和度的命令，可以在增加饱和度的同时防止颜色过于饱和而出现溢色，适合处理人像照片。执行"图像"→"调整"→"自然饱和度"命令，可以打开"自然饱和度"对话框，如图 4-68 所示。

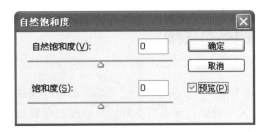

图 4-68　"自然饱和度"对话框

"自然饱和度"还可以对皮肤肤色进行一定的保护，确保不会在调整过程中变得过度饱和。

 手把手 4-4　自然饱和度命令

　　视频文件：视频\第 4 章\手把手 4-4.MP4

01 打开本书配套光盘中"源文件\第 4 章\4.2\4.2.7.jpg"文件，如图 4-69 所示。

图 4-69　打开照片

02 执行"图像"→"调整"→"自然饱和度"命令，在对话框中设置"自然饱和度"为 100，如图 4-70 所示。

03 设置"饱和度"为 100，效果如图 4-71 所示，人物皮肤颜色因过度饱和而变得不真实。

图 4-70　自然饱和度调整

图 4-71　饱和度调整

4.2.8　色相/饱和度命令

"色相/饱和度"命令可以对色彩的三大属性：色相、饱和度（纯度）、明度进行调整。执行"图像"→"调整"→"色相/饱和度"命令，可以打开"色相/饱和度"对话框，如图 4-72 所示。

图 4-72　"色相/饱和度"对话框

"色相/饱和度"对话框中各选项的含义如下。

- 编辑：在该选项下拉列表可以选择要调整的颜色。选择"全图"，可调整图像中所有的颜色；选择其他选项，则可以单独调整红色、黄色、绿色或青色等颜色的色相、饱和度和明度。
- 色相：拖动该滑块可以改变图像的色相。
- 饱和度：向右侧拖动滑块可以增加饱和度，向左侧拖动滑块可以减少饱和度。
- 明度：向右侧拖动滑块可以增加亮度，向左侧拖动滑块可以降低亮度。
- 着色：选中该复选框后，可以将图像转换成为只有一种颜色的单色图像。变为单色图像后，拖动"色相"滑块可以调整图像的颜色。

- 吸管工具：如果在"编辑"选项中选择了一种颜色，便可以用吸管工具拾取颜色。使用吸管工具在图像中单击可选择颜色范围；使用"添加到取样"工具在图像中单击可以增加颜色范围；使用"从取样中减去"工具在图像中单击可减少颜色范围。设置了颜色范围后，可以拖动滑块来调整颜色的色相、饱和度或明度。

- 颜色条：在对话框底部有两个颜色条，上面的颜色条是显示调整前的颜色，下面的颜色条显示调整后的颜色。

"色相/饱和度"命令既可以调整单一颜色（包括红、黄、绿、蓝、青、洋红等）的色相、饱和度、明度，也可以同时调整图像中所有颜色的色相、饱和度、明度。还可以将图像转换成为只有一种颜色的单色图像，再拖动"色相"滑块调整图像的颜色。

手把手 4-5 色相/饱和度命令
视频文件：视频\第 4 章\手把手 4-5.MP4

01 打开本书配套光盘中"源文件\第 4 章\4.2\4.2.8.jpg"文件，如图 4-73 所示。

图 4-73 打开图像

02 执行"图像"→"调整"→"色相/饱和度"命令，在对话框中设置"色相"为 8，"饱和度"为 40，效果如图 4-74 所示。

03 设置"色相"为-104，"饱和度"为 60，效果如图 4-75 所示。

图 4-74 调整色相、饱和度 1　　图 4-75 调整色相、饱和度 2

04 勾选"着色"复选框，效果如图 4-76 所示。

05 勾选"着色"复选框，并调整"色相"为 254，"饱和度"为 65，效果如图 4-77 所示。

图 4-76 着色效果　　　　图 4-77 调整色相和饱和度 3

4.2.9 色彩平衡命令

"色彩平衡"命令通过调整各种色彩的色阶平衡来校正图像中出现的偏色现象，更改图像的总体颜色混合。执行"图像"→"调整"→"色彩平衡"命令，可以打开"色彩平衡"对话框，如图 4-78 所示。

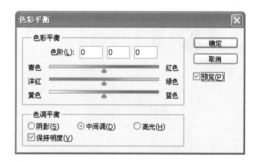

图 4-78 "色彩平衡"对话框

"色彩平衡"对话框中各选项含义如下。

- 色彩平衡：在"色阶"数值框中输入数值，或拖动滑块可向图像中增加或减少颜色。例如，如果将最上面的滑块移向"红色"时，将在图像中增加红色，减少青色；如果将滑块移向"青色"时，则增加青色，减少红色。

- 色调平衡：可选择一个色调范围来进行调整，包括"阴影"、"中间调"和"高光"三个选项。如果选中"保持明度"复选框，可防止图像的亮度值随着颜色的更改而改变，时而保持图像的色调平衡。

专家提示：图像只有在通道面板处于复合通道时，才可以执行"色彩平衡"命令的调整。

手把手 4-6 色彩平衡命令
视频文件：视频\第 4 章\手把手 4-6.MP4

01 打开本书配套光盘中"源文件\第 4 章\4.2\4.2.9.jpg"文件，如图 4-79 所示。

图 4-79 打开照片

02 执行"图像"→"调整"→"色彩平衡"命令，在对话框中将青色滑块拖至最左边青色处，减少红色，增加青色，效果如图 4-80 所示。

图 4-80 减少红色

03 将青色滑块拖至最右边红色处，增加红色，减少青色，效果如图 4-81 所示。

图 4-81 增加红色

04 将洋红滑块拖至最左边洋红色处，增加洋红色，减少绿色，效果如图 4-82 所示。

图 4-82 增加洋红色

05 将洋红滑块拖至最右边绿色处，增加绿色，减少洋红色，效果如图 4-83 所示。

图 4-83 增加绿色

06 将黄色滑块拖至最左边黄色处，增加黄色，减少蓝色，效果如图 4-84 所示。

图 4-84 增加黄色

07 将黄色滑块拖至最右边蓝色处，增加蓝色，减少黄色，效果如图 4-85 所示。

图 4-85　增加蓝色

4.2.10　黑白命令

　　"黑白"命令主要通过调整各种颜色，将彩色照片转换为层次丰富的灰色图像。执行"图像"→"调整"→"黑白"命令，或按下快捷键〈Alt+Shift+Ctrl+B〉，可以打开"黑白"对话框，如图 4-86 所示。

　　"黑白"对话框中各选项含义如下：

● 预设：在该选项的下拉列表中可以选择一个预调的调整设置，如图 4-87 所示。如果要存储当前的调整设置结果，单击选项右侧的"预设选项"按钮 ，在弹出的下拉菜单中选择"存储预设"命令即可。

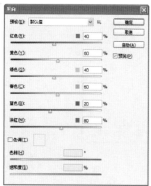

图 4-86　"黑白"对话框　　图 4-87　"预设"下拉列表

● 颜色滑块：拖动滑块可调整图像中特定颜色的灰色调。将滑块向左拖动时，可以使图像的原色的灰色调变暗；向右拖动则使图像的原色的灰色调变亮。

● 色调：如果要对灰度应用色调，可选中"色调"复选框，再调整"色相"滑块和"饱和度"滑块。单击色块可以打开拾色器并调整色调颜色。

● 自动：单击"自动"按钮，可设置基于图像的颜色值的灰度混合，并使灰度值的分布最大化，自动混合通常会产生最佳的效果，并可以用做使用颜色滑块调整灰度的起点。

手把手 4-7　黑白命令
视频文件：视频\第 4 章\手把手 4-7.MP4

01 打开本书配套光盘中"源文件\第 4 章\4.2\4.2.10.jpg"文件，如图 4-88 所示。

02 执行"图像"→"调整"→"黑白"命令，在对话框中设置色相为 35，效果如图 4-89 所示。

03 在对话框中设置饱和度为 40%，效果如图 4-90 所示。

图 4-88　原图　　图 4-89　设置色相为 35　　图 4-90　设置饱和度为 40%

4.2.11　照片滤镜命令

　　"照片滤镜"功能相当于传统摄影中滤光镜的功能，可以模拟彩色滤镜，调整通过镜头传输的光的色彩平衡和色温，以便调整到达镜头光线的色温与色彩的平衡，从而使胶片产生特定的曝光效果。

手把手 4-8　照片滤镜命令
视频文件：视频\第 4 章\手把手 4-8.MP4

01 打开本书配套光盘"源文件\第 4 章\4.2\4.2.11.jpg"文件，如图 4-91 所示。

02 执行"图像"→"调整"→"照片滤镜"命令，打开"照片滤镜"对话框，如图 4-92 所示。

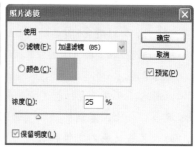

图 4-91　原图　　图 4-92　"照片滤镜"对话框

03 在"滤镜"下拉列表中选择"加温滤镜（81）"选项，效果如图 4-93 所示。

04 在"滤镜"下拉列表中选择"冷却滤镜（82）"选项，效果如图 4-94 所示。

图 4-93 加温滤镜（81）

图 4-94 冷却滤镜（82）

4.2.12 通道混合器命令

在"通道"面板中，各个颜色通道（红、绿、蓝通道）保存着图像的色彩信息。"通道混合器"利用存储颜色信息的通道混合通道颜色，从而改变图像的颜色。执行"图像"→"调整"→"通道混合器"命令，可以打开"通道混合器"对话框，如图 4-95 所示。

图 4-95 "通道混合器"对话框

"通道混合器"对话框中各选项含义如下：

- 预设：在"预设"下拉列表中包含多个预设的调整设置文件，可以用来创建各种黑白效果。
- 输出通道：在"输出通道"下拉列表中可以选择要调整的通道。
- 源通道：可以设置红色、绿色、蓝色 3 个通道的混合百分比。若调整"红"通道的源通道，调整的效果将反映到图像和通道面板中对应的"红"通道。
- 常数：可以调整输出通道的灰度值。
- 单色：选中该选项，图像将从彩色转换为单色图像。

应用"通道混合器"命令可以将彩色图像转换为单色图像，或者将单色图像转换为彩色图像。

手把手 4-9 通道混合器命令

视频文件：视频\第 4 章\手把手 4-9.MP4

01 打开本书配套光盘"源文件\第 4 章\4.2\4.2.12.jpg"文件，如图 4-96 所示。

图 4-96 原图

02 执行"图像"→"调整"→"通道混合器"命令，打开"通道混合器"对话框，设置参数如图 4-97 所示。

图 4-97 "通道混合器"对话框

03 单击"确定"按钮，得到黑白效果如图 4-98 所示。

图 4-98 调整效果

4.2.13 边讲边练——调出荷花别样色调

本练习通过添加"通道混合器"调整图层，调出荷花的别样色调。

文件路径：源文件\第 4 章\4.2.13

视频文件：视频\第 4 章\4.2.13.MP4

01 按下〈Ctrl+O〉快捷键，打开素材照片，如图 4-99 所示。

02 单击"创建新的填充或调整图层"按钮 ，在弹出的快捷菜单中选择"通道混合器"，在"输出通道"下拉列表中选择"蓝"通道，设置参数如图 4-100 所示。

图 4-99 打开素材照片　　图 4-100 "通道混合器"参数

03 编辑图层蒙版，选择渐变工具 ，在工具选项栏中单击渐变条 ，打开"渐变编辑器"对话框，设置为灰色到白色的渐变，单击"确定"按钮，关闭"渐变编辑器"对话框。按下径向渐变按钮 ，在图像中单击并由左下角至右上角拖动鼠标，填充渐变，效果如图 4-101 所示。

图 4-101 "通道混合器"效果

04 按快捷键〈Ctrl+J〉组合键，将"通道混合器 1"图层复制一层，并设置其"混合模式"为"柔光"。

05 在工具箱中选择横排文字工具 ，在图像中输入文字，完成后效果如图 4-102 所示。

图 4-102 完成效果

4.2.14 反相命令

"反相"命令可以反转图像中的颜色，可以将一个正片黑白图像变成负片，或从扫描的黑白负片得到一个正片，创建彩色负片效果。

"反相"命令可以单独对层、通道、选取范围或者整个图像进行调整，执行"图像"→"调整"→"反相"命令，或者按下〈Ctrl+I〉快捷键即可，如图 4-103 所示。

图 4-103 反相

 专家提示：使用"反相"命令除了可以创建一个负相的外形外，还可以将蒙版反相，使用这种方式，可对同一个图像中的不同部分的颜色进行调整。

4.2.15 边讲边练——运用反相命令制作淡雅艺术效果

Before　　　　　After

本练习通过运用"反相"命令制作人物照片的淡雅艺术效果。

🌀 文件路径：源文件\第 4 章\4.2.15

🎬 视频文件：视频\第 4 章\4.2.15.MP4

01 打开本书配套光盘中"源文件\第 4 章\4.2\4.2.15\人物.jpg"文件，如图 4-104 所示。

02 按〈Ctrl+J〉键两次，复制两层，选中图层面板中的"图层副本 1"图层，单击前面的眼睛图标，隐藏"图层副本 1"，如图 4-105 所示。

图 4-104　原图　　　　　图 4-105　隐藏图层

03 选中"图层 1"，按〈Ctrl+I〉键，反相图像，图像效果如图 4-106 所示。

04 将图层混合模式改为"颜色"，图像效果如图 4-107 所示。

05 显示"图层副本 1"，将图层混合模式改为"强光"，此时图像效果如图 4-108 所示。

06 按〈Ctrl+J〉快捷键再次复制一层，混合模式改为"柔光"，不透明为 40%，得到最终效果如图 4-109 所示。

图 4-106　反相效果　　　　图 4-107　更改图层模式

图 4-108　更改图层模式　　图 4-109　最终效果

4.2.16　色调分离命令 🌸

"色调分离"命令可以按照指定的色阶数减少图像的颜色（或灰度图像中的色调），从而简化图像内容。

执行"图像"→"调整"→"色调分离"命令，打开"色调分离"对话框，如图 4-110 所示。

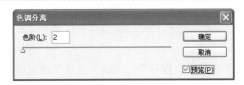

图 4-110　"色调分离"对话框

在对话框中输入 2～255 之间想要的色调色阶数或拖动滑块，单击"确定"按钮即可。值越大，色阶数越多，保留的图像细节越多。反之，值越小，色阶数越小，保留的图像细节越少。

 手把手 4-10   色调分离命令

视频文件：视频\第 4 章\手把手 4-10.MP4

01 打开本书配套光盘"源文件\第 4 章\4.2\4.2.16.jpg"文件，如图 4-111 所示。

图 4-111   原图像

02 执行"图像"→"调整"→"色调分离"命令，在对话框中设置"色阶"为 4，效果如图 4-112 所示。

03 在对话框中设置"色阶"为 20，如图 4-113 所示。

图 4-112   色阶=4   图 4-113   色阶=20

4.2.17   色调均化命令

"色调均化"命令可以重新分布图像中像素的亮度值，以便它们能够更均匀地呈现所有范围的亮度级别。使用此命令时，Photoshop 会将最亮的值调整为白色，最暗的值调整为黑色，在整个灰度中均匀分布中间像素值。执行"图像"→"调整"→"色调均化"命令即可，如图 4-114 所示。

图 4-114   "色调均化"示例

4.2.18   渐变映射命令

"渐变映射"命令将相等图像灰度范围映射到指定的渐变填充色，可产生特殊的效果。默认设置下，渐变的每一个色标映射到图像的阴影，后面的色标映射到图像中的中间调、高光等。

执行"图像"→"调整"→"渐变映射"命令，打开"渐变映射"对话框，如图 4-115 所示。

图 4-115   "渐变映射"对话框

"渐变映射"对话框中各选项含义如下：

- 灰度映射所用的渐变：单击渐变条右侧的下拉按钮，在渐变列表框中可以选择所需的渐变。
- 仿色：选中"仿色"复选框可添加随机杂色，使渐变填充的外观减少带宽效果，从而产生平滑渐变。
- 反向：选中"反向"复选框可翻转渐变映射的颜色。

 手把手 4-11   渐变映射命令

视频文件：视频\第 4 章\手把手 4-11.MP4

01 打开本书配套光盘"源文件\第 4 章\4.2\4.2.18.jpg"文件，如图 4-116 所示。

02 执行"图像"→"调整"→"渐变映射"命令，打开"渐变映射"对话框，设置参数如图 4-117 所示。

图 4-116   打开素材   图 4-117   "渐变映射"对话框

03 单击"确定"按钮，效果如图 4-118 所示。

04 勾选对话框中的"仿色"和"反向"复选框，效果如图 4-119 所示。

图 4-118　原图像

图 4-119　偏色和反向效果

以减少或增加各油墨的含量。如图 4-121 所示为在"青色"中增加青色的效果和减少黑色的效果。

增加青色效果

减少黑色效果

图 4-121　调整颜色

4.2.19　可选颜色命令

"可选颜色"调整命令可以对图像进行校正或调整，主要针对 RGB、CMYK 和黑、白、灰等主要颜色的组成进行调节。在校正过程中，可以选择性地在图像某一主色调成分中增加或减少印刷颜色含量，而不影响该印刷色在其他主色调中的表现，从而对图像的颜色进行校正。

执行"图像"→"调整"→"可选颜色"命令，可以打开"可选颜色"对话框，如图 4-120 所示。

图 4-120　"可选颜色"对话框

- 颜色：在"颜色"下拉列表中可以选择要进行操作的颜色种类，然后分别拖动对话框中的四个颜色滑块，

- 相对：选中"相对"选项，可以按照总量的百分比更改现有的青色、洋红、黄色或黑色的含量。例如，图像中洋红含量为 50%，在"颜色"下拉列表框中选择洋红，并将洋红滑块拖至 10%，则将有 5%添加到洋红，结果图像将含有 50%×10%+50%=55%的洋红。

- 绝对：选中"绝对"选项，可以用绝对值调整特定颜色中增加或减少百分比数值。若在洋红含量为 50%的图像中添加 10%，图像将含有 50%+10%=60%的洋红。

4.2.20　边讲边练——打造清纯甜美的蓝色美女

Before

After

本实例介绍结合使用可调整图层和"可选颜色"命令，为照片调色。

文件路径：源文件\第 4 章\4.2.20

视频文件：视频\第 4 章\4.2.20.MP4

01 按下〈Ctrl+O〉快捷键，打开人物素材照片，如图 4-122 所示。

02 在图层面板中单击选中"背景"图层，按住鼠标将其拖动至"创建新图层"按钮 上，复制得到"背景副本"图层。

03 创建"色相/饱和度"调整图层,在属性面板中设置参数,如图 4-123 所示。回到图层面板,选中图层蒙版,设置前景色为黑色,运用画笔工具,涂抹人物,还原人物,图像效果如图 4-124 所示。

图 4-122 素材照片

图 4-123 色相/饱和度参数

04 按〈Shift+Ctrl+Alt+E〉快捷键,盖印图层,执行"图像"→"调整"→"可选颜色"命令,弹出"可选颜色"对话框,选择"绿色"通道,设置参数如图 4-125 所示。

图 4-124 调整效果

图 4-125 可选颜色参数

05 单击"确定"按钮,效果如图 4-126 所示。

06 按〈Ctrl+J〉键复制一层,执行"图像"→"调整"→"可选颜色"命令,设置与图 4-125 一样的参数,加强颜色效果如图 4-127 所示。

图 4-126 可选颜色调整效果

图 4-127 加强调整效果

07 按〈Ctrl+J〉键复制一层,再次执行"可选颜色"命令,设置相关参数,如图 4-128 所示。

图 4-128 可选颜色参数

08 单击"确定"按钮,图像效果如图 4-129 所示。

09 按〈Ctrl+J〉键复制一层,再次执行"可选颜色"命令,设置与图 4-128 一样的参数,单击图层面板中的"添加蒙版"按钮,选中蒙版层,运用画笔工具涂抹人物头发,还原头发颜色,如图 4-130 所示。

图 4-129 可选颜色调整效果　　图 4-130 编辑图层蒙版

10 创建"曲线"调整图层,参数如图 4-131 所示。单击"确定"按钮,提亮图像,如图 4-132 所示。

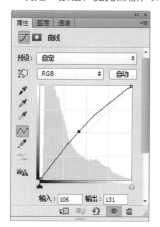

图 4-131 曲线参数　　　　图 4-132 曲线效果

11 盖印图层,执行"可选颜色"命令,参数设置如图 4-133 所示。

12 按住〈Alt〉键,单击图层面板中的"添加蒙版"按

77

钮 🔲，选中蒙版层，设置前景色为白色，运用画笔工具涂抹人物头发，还原头发颜色，如图 4-134 所示。

图 4-133　可选颜色参数　　　　图 4-134　可选颜色效果

13 创建"曲线"调整层，选择"蓝色"通道，参数设置如图 4-135 所示（其中第二个节点值为 255 和 235），图像效果如图 4-136 所示。

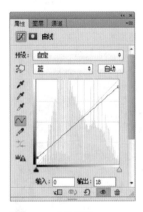 

图 4-135　曲线参数　　　　图 4-136　曲线效果

14 新建一个图层，设置前景色为蓝色（R53，G182，B224），单击渐变工具 🔲，在属性栏中选择从前景色到透明的渐变，在图像左上角，拖出渐变色，设置图层混合模式为"滤色"，不透明度为 70%，如图 4-137 所示。

15 按〈Ctrl+J〉键复制一层，按〈Ctrl+T〉键向左上角缩小图形，设置图层混合模式为"颜色减淡"，不透明度为 50%，增强光效，如图 4-138 所示。

图 4-137　渐变填充　　　　图 4-138　复制图层

16 盖印图层，执行"图像"→"调整"→"色彩平衡"命令，参数设置如图 4-139 所示。

17 按住〈Alt〉键，单击图层面板中的"添加蒙版"按钮 🔲，选中蒙版层，设置前景色为白色，使用画笔工具涂抹人物的嘴唇，还原嘴唇颜色，得到最终效果如图 4-140 所示。

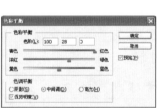 

图 4-139　色彩平衡参数　　　　图 4-140　最终效果

4.2.21　匹配颜色

　　"匹配颜色"命令可以将一个图像与另一个图像的颜色相匹配。除了匹配两张不同图像的颜色，"匹配颜色"命令也可以统一同一幅图像不同图层之间的色彩。

　　执行"图像"→"调整"→"匹配颜色"命令，可以打开"匹配颜色"对话框，如图 4-141 所示。

　　"匹配颜色"对话框中各选项含义如下：

● **目标图像**：显示被修改的图像的名称和颜色模式。

● **图像选项**：设置目标图像的色调和明度。其中"明亮度"可以增加或减少图像的亮度；"颜色强度"可以调整色彩的饱和度；"渐隐"可以控制匹配颜色在目标中的渐隐程度；选中"中和"选项可以消除图像出现的色偏。

图 4-141　"匹配颜色"对话框

● **图像统计**：在该选项中可以定义源图像或目标图像中的选区进行颜色的计算，以及定义源图像和具体对哪个图层进行计算。

4.2.22 边讲边练——调出黄昏情调

Before

After

本练习通过制作照片的黄昏情调，讲解使用"匹配颜色"命令调整颜色的操作方法和步骤。

文件路径：源文件\第 4 章\4.2.22

视频文件：视频\第 4 章\4.2.22.MP4

01 执行"文件"→"打开"命令，在"打开"对话框中选择素材照片，单击"打开"按钮，或按下〈Ctrl+O〉快捷键，打开人物和夕阳素材照片，如图 4-142 和图 4-143 所示。

图 4-142　人物素材照片

图 4-143　夕阳素材照片

02 选择人物照片图像窗口，使之成为当前图像窗口，执行"图像"→"调整"→"匹配颜色"命令，弹出"匹配颜色"对话框。在"源"列表框中，选择夕阳照片作为源图像，如果源图像具有多个图层，则还需在"图层"列

表框中选择颜色匹配的图层，如图 4-144 所示。

03 设置源图像之后，勾选对话框中的"预览"复选框，便可以一边观察目标图像颜色匹配效果，一边拖动"亮度"、"颜色强度"和"渐隐"滑块，直至得到满意的效果，如图 4-145 所示。

图 4-144　"匹配颜色"对话框

图 4-145　最终效果

4.2.23 替换颜色命令

"替换颜色"命令可以选中图像中的特定颜色，然后修改其色相、饱和度和明度。该命令包含了颜色选择和颜色调整两种选项，颜色选择方式与"色彩范围"命令基本相同，颜色调整方式则与"色相/饱和度"命令非常相似。

执行"图像"→"调整"→"替换颜色"命令，可以打开"替换颜色"对话框，如图 4-146 所示。选择对话框中的吸管工具 ，单击图像中要选择的颜色区域，使该图像中所有与单击处相同或相近的颜色被选中。如果需要选择不同的几个颜色区域，可以在选择一种颜色后，单击"添加到取样"吸管工具 ，在图像中单击其他需要选择的颜色区域。如果需要在已有的选区中去除某部分选区，可以单击"从取样中减去"吸管工具 ，在图像中单击需去除的颜色区域。拖动颜色容差滑块，调整颜色区域的大小。拖动"色相"、"饱和度"和"明度"滑块，更改所选颜色直至得到满意效果。

图 4-146　"替换颜色"对话框

4.2.24 边讲边练——改变衣服颜色

Before   After

本练习为照片中人物的衣服更换颜色，介绍"替换颜色"命令的使用方法和技巧。

文件路径：源文件\第 4 章\4.2.24

视频文件：视频\第 4 章\4.2.24.MP4

01 按〈Ctrl+O〉快捷键，打开人物照片，如图 4-147 所示。

02 执行"图像"→"调整"→"替换颜色"命令，弹出"替换颜色"对话框，选择对话框中的吸管工具，单击图像中的蓝色衣服和帽子部分，单击"添加到取样"吸管工具，添加其他需要的部分，如图 4-148 所示。

图 4-147　人物素材照片　　　图 4-148　"替换颜色"对话框

03 拖动"色相"、"饱和度"和"明度"滑块，更改所

选颜色，如图 4-149 所示。

04 单击"确定"按钮，得到最终效果如图 4-150 所示。

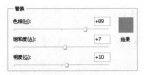 

图 4-149　设置替换参数　　　图 4-150　最终效果

技巧点拨：使用替换颜色对话框中的吸管工具吸取图像颜色时，如果需要将吸管工具暂时切换到"添加到取样"工具，就按住〈Shift〉键不放；如果需要切换到"从取样中减去"工具，就按住〈Alt〉键不放。

4.2.25 阴影/高光命令

"阴影/高光"调整特别适合于由于逆光摄影而形成剪影的照片，针对图片中明显的曝光不足或者曝光过度的区域进行细节调整。

与"亮度/对比度"调整不同，如果使用"亮度/对比度"命令直接进行调整，高光区域会随着阴影区域同时增加亮度而出现曝光过度的情况。而"阴影/高光"可以分别对图像的阴影和高光区域进行调节，既不会损失高光区域的细节，也不会损失阴影区域的细节。

执行"图像"→"调整"→"阴影/高光"命令，可以打开"阴影/高光"对话框，如图 4-151 所示。

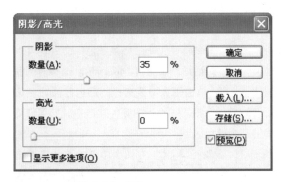

图 4-151　"阴影/高光"对话框

拖动"阴影"和"高光"两个滑块就可以分别调整图像高光区域和阴影区域的亮度，调整"阴影/高光"示例如图 4-152 所示。

原照片

阴影/高光调整结果

图 4-152 "阴影/高光"调整

专家提示：在打开的"阴影/高光"对话框中，其"数量"文本框的默认设置为 50%，在调整图像使其黑色主体变亮时，如果中间调或较亮的区域更改得太多，可以尝试减小阴影的"数量"，使图像中只有最暗的区域变亮，但是如果需要既加亮阴影又加亮中间调，则需将阴影的"数量"增大到 100%。

4.2.26 阈值命令

"阈值"命令将灰度或彩色图像转换为高对比度的黑白图像，用户可以指定某个色阶作为阈值，所有比阈值色阶亮的像素转换为白色，而所有比阈值暗的像素转换为黑色，从而得到纯黑白图像。

执行"图像"→"调整"→"阈值"命令，打开"阈值"对话框。该对话框中显示了当前图像像素亮度的直方图，如图 4-153 所示。

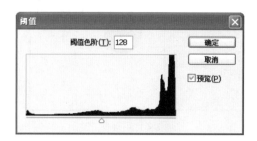
图 4-153 "阈值"对话框

以中间值 128 为基准，亮于该值的颜色越接近白色，暗于该值的颜色越接近黑色。"阈值色阶"越小，图像接近白色的区域越多；反之，图像接近黑色的区域越多。

手把手 4-12 阈值命令

视频文件：视频\第 4 章\手把手 4-12.MP4

01 打开本书配套光盘"源文件\第 4 章\4.2\4.2.26.jpg"文件，如图 4-154 所示。

02 执行"图像"→"调整"→"阈值"命令，打开"阈值"对话框。设置"阈值色阶"为 120，效果如图 4-155 所示。

03 设置"阈值色阶"为 190，效果如图 4-156 所示。

图 4-154 原图像　图 4-155 阈值=120　图 4-156 阈值=190

4.2.27 边讲边练——制作个人图章

Before

After

本实例通过添加"阈值"和"纯色"调整图层，将照片转换成图章效果。

文件路径：源文件\第 4 章\4.2.27

视频文件：视频\第 4 章\4.2.27.MP4

01 启动 Photoshop，执行"文件"→"新建"命令，在"新建"对话框中设置参数如图 4-157 所示，单击"确定"按钮。

02 新建"图层 1"图层，选择椭圆选框工具，在图像窗口中绘制一个正圆，并填充为黑色，如图 4-158 所示，所示，按下〈Ctrl+D〉快捷键取消选择。

图 4-157　新建文件

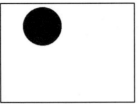
图 4-158　绘制正圆

03 双击"图层 1"图层，弹出"图层样式"对话框，选择"描边"选项，设置参数如图 4-159 所示，单击"确定"按钮，效果如图 4-160 所示。

图 4-159　"描边"参数

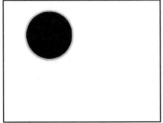
图 4-160　描边效果

04 按下快捷键〈Ctrl+O〉键打开照片素材文件，选择移动工具，将其添加至图像中，并适当调整大小和位置，如图 4-161 所示。

05 按下〈Alt+Ctrl+G〉组合键创建剪贴蒙版，效果如图 4-162 所示。

图 4-161　添加照片素材

图 4-162　创建剪贴蒙版

06 单击"创建新的填充或调整图层"按钮，在弹出的快捷菜单中选择"阈值"，设置参数如图 4-163 所示，并按下〈Alt+Ctrl+G〉组合键创建剪贴蒙版，效果如图 4-164 所示。

图 4-163　"阈值"参数

图 4-164　阈值调整效果

07 单击"创建新的填充或调整图层"按钮，在弹出的快捷菜单中选择"纯色"，在弹出的"拾取实色"对话框中设置颜色为粉红色（RGB 参考值分别为 240、196、216），单击"确定"按钮，设置图层"混合模式"为"滤色"，并按下〈Alt+Ctrl+G〉组合键创建剪贴蒙版，效果如图 4-165 所示。

08 按照同样的操作方法制作另外几张照片的图章效果，完成后效果如图 4-166 所示。

图 4-165　效果图

图 4-166　效果

09 单击图层面板中的"创建新图层"按钮，新建一个图层，并将其移动至"背景"图层的上方，选择画笔工具，设置前景色为粉红色，按〈F5〉键，打开画笔面板，选择"颜色动态"选项，设置参数如图 4-167 所示。设置完成后在图像窗口中单击鼠标，绘制如图 4-168 所示圆点。在绘制的时候，可通过按〈[〉键和〈]〉键调整画笔的大小，以便绘制出不同大小的圆点。

图 4-167　"画笔"面板

图 4-168　绘制圆点

10 设置图层"不透明度"为 78%。添加文字素材和花纹素材至图像中，放置在适当位置。至此，本实例制作完成，最终效果如图 4-169 所示。

图 4-169　最终效果

4.2.28 去色命令

"去色"命令可以对图像进行去色,将彩色图像转换为灰度效果,如图 4-170 所示,但不改变图像的颜色模式。它会指定给 RGB 图像中的每个像素相等的红色、绿色和蓝色值,从而得到去色效果。此命令与在"色相/饱和度"对话框中将"饱和度"设置为-100 有相同的效果。

图 4-170 去色

知识链接:"去色"命令只对当前图层或图像中的选区进行转化,不改变图像的颜色模式。

4.2.29 边讲边练——制作唯美古典风格照片

Before　　　　After

本练习通过使用"LAB 模式"命令、"可选颜色"和"曲线"等调整图层调整图像的操作方法,制作照片古典风格效果。

文件路径:源文件\第 4 章\4.2.29

视频文件:视频\第 4 章\4.2.29.MP4

01 启动 Photoshop CS6,执行"文件"→"打开"命令,打开如图 4-171 所示的人物素材。按〈Ctrl+J〉快捷键,将"背景"图层复制一份,在图层面板中生成"背景副本"图层。

02 选择背景副本,执行"图像"→"模式"→"Lab 模式"命令,进入通道面板,选择 b 通道,如图 4-172 所示。

图 4-171 人物素材　　　图 4-172 通道面板

03 执行"图像"→"应用图像"命令,弹出"应用图像"对话框,参数设置如图 4-173 所示。

04 单击"确定"按钮,图像效果如图 4-174 所示。

图 4-173 "应用图像"对话框　　图 4-174 应用图像效果

05 执行"图像"→"模式"→"RGB 模式"命令,单击"创建新的填充或调整图层"按钮,在弹出的快捷菜单中选择"可选颜色"选项,在属性面板中设置参数如图 4-175 所示。图像效果如图 4-176 所示。

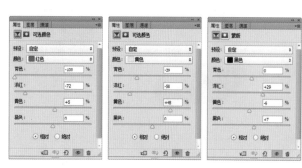

图 4-175 "可选颜色"参数

06 创建"曲线"调整层，参数设置如图 4-177 所示。图像效果如图 4-178 所示。

图 4-176　可选颜色　图 4-177　曲线参数　图 4-178　曲线效果
效果

07 创建"色相/饱和度"调整图层，参数设置如图 4-179 所示。图像效果如图 4-180 所示。

图 4-179　色相/饱和度参数　　　　　图 4-180　色相/饱
和度效果

08 创建"色彩平衡"调整图层，参数设置如图 4-181 所示。图像效果如图 4-182 所示。

09 创建"曲线"调整图层，参数设置如图 4-183 所示（其中右边节点值为 255 和 219）。图像效果如图 4-184 所示。

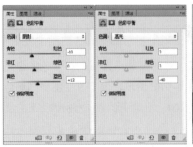

图 4-181　色彩平衡参数　　　　图 4-182　色彩平衡
效果

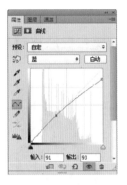

图 4-183　曲线参数　　　　　图 4-184　曲线效果

10 创建"色相/饱和度"调整图层，参数设置如图 4-185 所示。完成最后效果如图 4-186 所示。

图 4-185　色相/饱和度参数　　　图 4-186　最终效果

4.3　实战演练——打造水边唯美少女

Before　　　　　After

本实例将介绍如何应用多种调整图层，调出照片的淡蓝色调。

文件路径：源文件\第 4 章\4.3

视频文件：视频\第 4 章\4.3.MP4

① 按下〈Ctrl+O〉快捷键，打开人物照片，如图 4-187 所示。

图 4-187　打开人物素材

② 创建"曲线"调整图层，参数设置如图 4-188 所示。

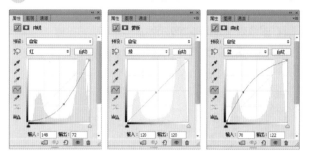

图 4-188　曲线参数

③ 回到图层面板，选中蒙版层，设置前景色为黑色，运用画笔工具涂抹人物脸部和衣服，还原脸部和衣服颜色，效果如图 4-189 所示。

图 4-189　编辑图层蒙版

④ 创建"色彩平衡"调整层，设置参数如图 4-190 所示。图像效果如图 4-191 所示。

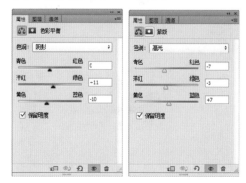

图 4-190　色彩平衡参数

图 4-191　色彩平衡效果

⑤ 创建"色彩平衡"调整层，参数如图 4-192 所示。图像效果如图 4-193 所示。

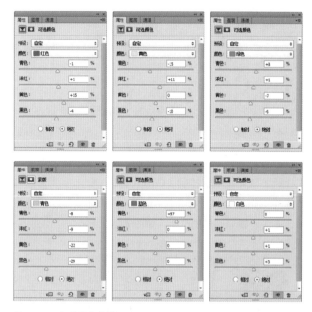

图 4-192　色彩平衡参数

图 4-193　色彩平衡效果

⑥ 按〈Shift+Ctrl+Alt+E〉键，盖印图层，执行"滤镜"→"其他"→"高反差保留"命令，设置"半径"为 10 像素，将图层混合模式改为"柔光"增强人物清晰度，如图 4-194 所示。盖印图层。

⑦ 按〈Ctrl+N〉键，新建一个 2000×13000 像素，分辨率为 100 像素/英寸文档，设置前景色为青色（R6，G181，B217），将人物拖入画面中，调整好大小和位置，单击图层面板中的添加图层蒙版按钮 🔲。选中蒙版层，设置前景色为黑色，运用画笔工具涂抹人物右下角，渐隐图像，如图 4-195 所示。

图 4-194　更改图层属性

图 4-195　添加蒙版

⑧　打开水素材，拖入画面中，按〈Ctrl+T〉键，调整好大小和位置。按下快捷键〈Ctrl+Alt+2〉，载入高光选区，选择矩形选框工具，按住〈Alt〉键，框选水面以外的图形，减去水以外图形的选择，如图 4-196 所示。

图 4-196　添加水素材

⑨　新建一个图层，命名为"泛光"，设置前景色为白色，按〈Alt+Delete〉键，填充白色，按〈Ctrl+D〉键，取消选区，将混合模式改为"滤色"，按〈Ctrl+T〉键，压窄水面，添加图层蒙版，选择蒙版图层，单击工具箱中的渐变工具，在选项栏中选择"铜色渐变"，在水面上拖出渐变，如图 4-197 所示。

图 4-197　添加泛光效果

⑩　选择水图层，设置混合模式为"滤色"，不透明度为70%，效果如图 4-198 所示。

图 4-198　更改图层属性

⑪　创建"色彩平衡"调整图层，参数设置如图 4-199 所示。单击属性面板下面的"从调整剪切到此图层"按钮，图像效果如图 4-200 所示。

图 4-199　色彩平衡参数

图 4-200　色彩平衡效果

⑫　创建"亮度/对比度"调整图层，参数设置如图 4-201 所示。单击属性面板下面的"从调整剪切到此图层"按钮，增加水的对比度。图像效果如图 4-202 所示。

图 4-201　亮度/对比度参数　　图 4-202　亮度/对比度效果

⑬ 按住〈Ctrl〉键，单击水图层缩览图，将水图层载入选区，新建一个图层，命名为"暗调"，按〈Ctrl+Sihft+]〉键，放置到最顶层，设置前景色为蓝色（R21，G141，B208），运用柔角画笔，在水面上涂抹，设置图层混合模式为"正片叠底"，不透明度为 50%，如图 4-203 所示。

图 4-203　增强水面暗调

⑭ 打开花底素材，拖入画面中，调整好大小放置到画面右上角，添加图层蒙版，运用画笔工具，渐隐图形，设置混合模式为"滤色"，不透明度为 50%，如图 4-204 所示。

图 4-204　添加花底素材

⑮ 创建"亮度/对比度"调整层，参数如图 4-205 所示，并单击属性面板下面的"从调整剪切到此图层"按钮，同样的方法，建立"色彩平衡"调整层，参数如图 4-206 所示。

图 4-205　亮度/对　　图 4-206　色彩平衡参数
比度参数

⑯ 创建"曲线"调整层，参数如图 4-207 所示。将花底素材颜色与画面色调统一，图像效果如图 4-208 所示。

⑰ 打开婚纱素材，拖入画面右上角，调整好大小和位置，并添加图层蒙版，运用画笔工具渐隐图形，使之与画面融合，如图 4-209 所示。

图 4-207　曲线参数　　　图 4-208　调色效果

图 4-209　添加婚纱素材

⑱ 新建一个名为"光斑"的图层，运用柔角画笔工具，按〈[〉或〈]〉键，调整画笔大小，在图形右上角绘制光斑，如图 4-210 所示。

图 4-210　绘制光斑

⑲ 新建一个图层，运用矩形选框工具，在中间位置，框选出一个矩形，填充蓝色（R21，G141，B208），设置混合模式为"正片叠底"，添加图层蒙版，运用画笔工具在画面中涂抹，加深水面的暗调，如图 4-211 所示。

图 4-211　增加暗调

⑳ 盖印图层，设置图层混合模式为"正片叠底"，不透明度为 15%，如图 4-212 所示。

图 4-212　增加暗调

㉑ 打开帆船、鸟和星光素材，如图 4-213 所示。

图 4-213　打开素材

㉒ 运用磁性套索工具，套出船和鸟，拖入画面中，并调整好大小和位置，统一色调，将星光拖入画面中，调整好位置，图像效果如图 4-214 所示。

图 4-214　添加素材

㉓ 盖印图层，按〈Ctrl+T〉键，进入自由变换状态，单击右键，选择"垂直翻转"选项，添加图层蒙版，选择蒙版层按〈Ctrl+I〉键进行反相，设置前景色为白色，运用画笔涂抹人物头部和头发，还原人物，将图层放置到水图层下面，如图 4-215 所示。

图 4-215　添加倒影

㉔ 在鸟和帆船图层下面，新建一个图层，命名为"加深"，设置前景色为蓝色，图层混合模式为正片叠底，运用画笔工具涂抹倒影和水面与婚纱相接的位置，加深水面暗调，得到最终效果，如图 4-216 所示。

图 4-216　最终效果

4.4　习题——制作变色六连拍

本实例中将为照片添加不同参数的"色彩平衡"调整图层，并分别添加剪贴蒙版，制作出变色六连拍。

文件路径：源文件\第 4 章\4.4

视频文件：视频\第 4 章\4.4 习题

操作提示：

① 新建一个空白文件。

② 添加照片素材。

③ 添加"色彩平衡"调整图层。

④ 创建剪贴蒙版。

百变路径

——矢量工具与路径

Photoshop 中的钢笔和形状等矢量工具可以创建不同类型的对象，包括形状图层、工作路径和像素图形。路径可以非常容易地转换为选区、填充颜色或图案、描边等，也是在抠图中常用到的工具。

本章将详细介绍创建和编辑路径的方法，以及路径在图像处理中的应用方法和技巧。

第 5 章

5.1 了解路径和路径面板

通过路径可以创建复杂的直线段和曲线段，它常常用于辅助抠图和绘制矢量图形。下面首先介绍路径和路径面板，以及它们之间的关系。

5.1.1 认识路径

路径是可以转换为选区或者使用颜色填充和描边的轮廓，按照形态分为开放路径、闭合路径以及复合路径。

如图 5-1 所示为开放路径，即起始锚点和结束锚点未重合的路径。

如图 5-2 所示为闭合路径，即起始锚点和结束锚点重合为一个锚点，呈闭合状态的路径。

如图 5-3 所示为复合路径，是由两个独立的路径相交、相减等模式创建为一个新的复合状态路径。

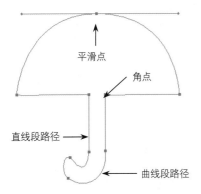

图 5-1 开放路径　　图 5-2 闭合路径　　图 5-3 复合路径

> **专家提示：**路径是矢量对象，它不包含像素，因此，没有进行填充或描边处理的路径是不能被打印出来的。

首先来熟悉路径的组成部分，路径是由一个或多个直线路径段或者曲线路径段组成的，而用来连接这些路径段的对象便是锚点。锚点分为两种：一种是平滑点，另外一种是角点。平滑点连接可以形成平滑的曲线，而角点连接则可以形成直线或者转角曲线，如图 5-4 所示。

图 5-4 绘制路径

曲线路径段上的锚点都包含有方向线，方向线的端点为方向点，如图 5-5 所示。方向线和方向点的位置决定了曲线的曲率和形状，移动方向点能够改变方向线的长度

和方向，从而改变曲线的形状。当移动平滑点上的方向线时，要同时调整平滑点两侧的曲线路径段，如图 5-6 所示；而移动角点上的方向线时，则只调整与方向线同侧的曲线路径段，如图 5-7 所示。

图 5-5 方向线和方向点　　图 5-6 移动平滑点上的方向线　　图 5-7 移动角点上的方向线

5.1.2 认识路径面板

路径面板用于保存和管理路径，在面板中显示了当前工作路径、存储的路径和当前矢量蒙版的名称和缩览图。执行"窗口"→"路径"命令，可以打开路径面板，如图 5-8 所示。在图像中绘制路径后，在路径面板中会自动生成一个临时的工作路径，可以对其进行填充、描边、转换为选区等各项操作。

图 5-8 路径面板

路径面板中各选项含义如下：

- 路径：当前文件中包含的路径。
- 工作路径：当前文件中包含的临时路径。工作路径是出现在路径面板中的临时路径，如果没有存储便取消了对它的选择（在路径面板空白处单击可取消对工具路径的选择），再绘制新的路径时，原工作路径将被新的工作路径替换。
- 矢量蒙版：当前文件中包含的矢量蒙版。
- 用前景色填充路径 ：用前景色填充路径区域。
- 用画笔描边路径：用画笔工具对路径进行描边。
- 将路径作为选区载入：将当前选择的路径转换为选区。

- 从选区生成工作路径 ⬙：从当前选择的选区中生成工作路径。
- 创建新路径 ▯：单击路径面板"创建新路径"按钮 ▯，可以创建新的路径。
- 删除当前路径 🗑：单击删除当前路径按钮 🗑，可以删除当前选择的路径。

通过路径面板的面板菜单也可实现这些操作，面板菜单如图 5-9 所示。

图 5-9　面板菜单

5.2　绘制路径

钢笔工具是 Photoshop 中非常强大的绘图工具，它主要用于绘制矢量图形和选取对象。Photoshop 路径工具组包括五个工具：钢笔工具、自由钢笔工具、添加锚点工具、删除锚点工具、转换点工具，如图 5-10 所示，分别用于绘制路径、增加、删除锚点及转换锚点类型。

图 5-10　路径工具组

- 🖊 钢笔工具：最常用的路径工具，可以创建光滑而复杂的路径。
- 🖊 自由钢笔工具：可以在单击并拖动鼠标时创建路径。
- 🖊 添加锚点工具：可以为已经创建的路径添加锚点。
- 🖊 删除锚点工具：可以将路径中的锚点删除。
- 🖊 转换点工具：用于转换锚点的类型，可以将路径的圆角转换为尖角，或将尖角转换为圆角。

5.2.1　钢笔工具

钢笔工具 🖊 是绘制和编辑路径的主要工具，它主要用于绘制矢量图形和选取对象。对路径的编辑通常也可以使用各种路径工具添加或者删除锚点，以及将当前类型的锚点通过编辑转换为其他类型的锚点。

钢笔工具选项栏如图 5-11 所示。

图 5-11　钢笔工具选项栏

选择钢笔工具后，可以在工具选项栏中设置各项参数。单击 ⚙ 按钮，可以打开钢笔选项下拉面板。面板中有一个"橡皮带"选项，如图 5-12 所示。

图 5-12　"橡皮带"选项

选择"橡皮带"选项后，在绘制路径时，可以预先看到将要创建的路径段，从而可以判断出路径的走向，如图 5-13 所示。

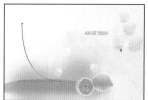 

未选择"橡皮带"选项　　　　选择"橡皮带"选项

图 5-13　"橡皮带"选项

选择"路径操作"选项，弹出"路径操作"下拉菜单，如图 5-14 所示。

图 5-14　路径操作

路径操作各选项如下：

- 新建图层 ▯：按下该按钮，可以创建新的路径层。
- 合并形状 ▯：在原路径区域的基础上添加新的路径区域。
- 减去顶层形状 ▯：在原路径区域的基础上减去路径区域。
- 与形状区域相交 ▯：新路径区域与原路径区域交叉区域为新的路径区域。
- 排除重叠形状 ▯：原路径区域与新路径区域不相交

的区域为最终的路径区域。

● 合并形状组件 ：按下该按钮，可以合并重叠的路径组件。

手把手 5-1　钢笔工具

　视频文件：视频\第 5 章\手把手 5-1.MP4

01 打开本书配套光盘中"源文件\第 5 章\5.2\5.2.1\背景.psd"文件，如图 5-15 所示。

02 在工具箱中选择钢笔工具，在选项栏路径操作列表中选择合并形状选项，在画布中绘制闭合路径，如图 5-16 所示。

 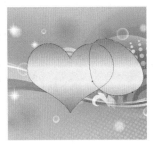

图 5-15　打开文件　　　　图 5-16　合并形状

03 在选项栏中选择减去顶层形状选项，如图 5-17 所示。

04 选择与形状区域相交选项，效果如图 5-18 所示。

 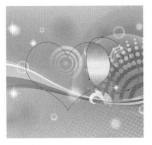

图 5-17　减去顶层形状　　　图 5-18　与形状区域相交

05 选择排除重叠形状，绘制效果如图 5-19 所示。

06 选择合并形状组件，绘制效果如图 5-20 所示。

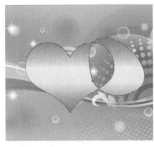  

图 5-19　排除重叠形状　　　图 5-20　合并形状组件

5.2.2　绘制直线和曲线路径

选择钢笔工具后，选择选项栏"路径"选项，依次在图像窗口单击以确定路径各个锚点的位置，锚点之间将自动创建一条直线型路径。

手把手 5-2　绘制直线和曲线路径

　视频文件：视频\第 5 章\手把手 5-2.MP4

01 打开本书配套光盘中"源文件\第 5 章\5.2\5.2.2.jpg"文件，如图 5-21 所示。

02 在工具箱中选择钢笔工具，在选项栏中选择"路径"选项，在画面中绘制直线路径，如图 5-22 所示。

图 5-21　打开背景图　　　图 5-22　绘制直线路径

03 如果在单击添加路径锚点时按住鼠标并拖动，可绘制曲线型路径，如图 5-23 所示。

04 继续绘制曲线路径，完成图形，如图 5-24 所示。

图 5-23　绘制曲线路径　　　图 5-24　完成图形

技巧点拨：在建立直线路径的过程中，按住〈Shift〉键，可以绘制水平线段、垂直线段或 45 度倍数的斜线段。

5.2.3 边讲边练——可爱的橘子笑脸

本实例使用钢笔工具、铅笔工具、绘制直线和曲线，制作以形状和符号为主的个性可爱橘子笑脸。

文件路径：源文件\第 5 章\5.2.3

视频文件：视频\第 5 章\5.2.3.MP4

01 按〈Ctrl+O〉快捷键，弹出"打开"对话框，选择本书配套光盘"源文件\第 5 章\5.2\5.2.3\素材 1.jpg"文件，单击"打开"按钮打开素材。选择魔棒工具，单击白色背景区域，按〈Ctrl+Shift+I〉快捷键，反选选区，选择橘子图像，如图 5-25 所示。

02 打开一张草地素材，将抠出来的橘子放入草地中，调整好位置以及大小，如图 5-26 所示。

03 选择钢笔工具，在工具选项栏中选择"路径"选项，绘制如图 5-27 所示路径。

图 5-25 抠出橘子　　图 5-26 添加草地　　图 5-27 绘制笑脸

04 选择钢笔工具，在钢笔工具选项栏中选择"形状"选项，分别绘制出嘴巴和手部分，效果如图 5-28 和图 5-29 所示。

图 5-28 绘制嘴巴　　　图 5-29 绘制手

05 单击工具选项栏"填充"图标，为嘴巴填充（R65，G4，B4）颜色，为舌头填充（R152，G18，B18）颜色，为手填充白色。选择路径选择工具，

选中路径并按住〈Alt〉键拖动复制一份，按〈Ctrl+T〉快捷键，进入自由变换状态，执行"编辑"→"变换"→"水平翻转命令"。调整好大小以及位置，效果如图 5-30 所示。

06 选择铅笔工具，在工具选项栏中设置大小为 2 像素，硬度 100%，颜色为黑色。在图像中选中路径，单击右键弹出快捷菜单，选择"描边路径"选项，如图 5-31 所示。

图 5-30 填充效果　　　　图 5-31 描边路径

07 在弹出的"描边路径"对话框中，选择"铅笔"为描边工具，单击"确定"按钮。完成后效果如图 5-32 所示。

08 打开添加耳机素材，调整耳机大小和位置，最终效果如图 5-33 所示。

图 5-32 描边效果　　　　图 5-33 最后效果

5.2.4 自由钢笔工具

自由钢笔工具 以徒手绘制的方式建立路径。在工具箱中选择该工具，移动光标至图像窗口中进行拖动，如使用画笔般创建路径，释放鼠标后，光标所移动的轨迹即为路径。在绘制路径的过程中，系统自动会根据曲线的走向添加适当的锚点和设置曲线的平滑度。

选择自由钢笔工具 ，在选项栏的自由钢笔选项面板中可以定义自由钢笔绘制路径的磁性选项和钢笔压力等，如图 5-34 所示。

图 5-34　自由钢笔工具选项面板

手把手 5-3　自由钢笔工具

视频文件：视频\第 5 章\手把手 5-3.MP4

01 打开本书配套光盘中 "源文件\第 5 章\5.2\5.2.4.jpg" 文件，如图 5-35 所示。

02 选择自由钢笔工具 ，在画面中沿着灯泡边绘制路径，如图 5-36 所示。

03 选中选项栏中的 "磁性的" 复选框，自由钢笔工具也具有了和磁性套索工具 一样的磁性功能，在单击确定路径起始点后，沿着图像边缘移动光标，系统会自动根据颜色反差建立路径，如图 5-37 所示。

图 5-35　打开素材　　图 5-36　绘制路径　　图 5-37　选中 "磁性的" 复选框后建立路径

 技巧点拨： 在绘制路径的过程中，按下〈Delete〉键可删除上一个添加的锚点。

5.3　编辑路径

使用钢笔工具绘制图像或者临摹对象的轮廓时，有时不能一次就绘制精确，因此，需要在绘制完成后，通过对锚点和路径的编辑来达到满意的效果。

5.3.1　选择与移动路径

Photoshop 提供了两个路径选择工具：路径选择工具 和直接选择工具 。

路径选择工具 用于选择整条路径。移动光标至路径区域内任意位置单击鼠标，路径所有锚点即被全部选中（以黑色实心显示），此时在路径上方拖动鼠标可移动整个路径。如果当前的路径有多条子路径，可按住〈Shift〉键依次单击，以连续选择各子路径。或者拖动鼠标拉出一个虚框，与框交叉和包围的所有路径都将被选择。

手把手 5-4　选择路径

视频文件：视频\第 5 章\手把手 5-4.MP4

01 打开本书配套光盘中 "源文件\第 5 章\5.3\5.3.1\水果.psd" 文件，如图 5-38 所示。

02 选择工具箱中的路径选择工具 ，单击较大的藤叶形状，即选择整条藤叶路径，如图 5-39 所示。

03 拖动拉出选择框，可选择多条子路径如图 5-40 所示。

图 5-38　打开文件　　　图 5-39　选择整条路径

04 按〈Ctrl+Enter〉键，将路径转换为选区，填充渐变色，如图 5-41 所示。

图 5-40　框选多条子路径　　图 5-41　填充渐变色

在选择多条子路径后，使用工具选项栏对齐和分布按钮可对子路径进行对齐和分布操作，单击"组合"按钮则可按照各子路径的相互关系进行组合。

专家提示： 按住〈Alt〉键移动路径，可在当前路径内复制子路径。如果当前选择的是直接选择工具 ，按住〈Ctrl〉键，可切换为路径选择工具 。

使用直接选择工具 可以对路径中某个或某几个锚点进行调整。选择直接选择工具 ，移动光标至该锚点所在路径上单击，以激活该路径，激活路径的所有锚点都会以空心方框显示。然后再移动光标至锚点上单击，即可选择该锚点，此时若拖动鼠标即可移动该锚点。

专家提示： 按住〈Shift〉键，可连续单击选择多个锚点。若拖动鼠标拉出一个虚框，可选择框内的所有锚点。按下〈Alt〉键拖动，可复制路径。

使用直接选择工具 选择路径段并拖动，可移动路径中的路径段，按下〈Delete〉键可删除该路径段。

手把手 5-5　移动路径

视频文件：视频\第 5 章\手把手 5-5.MP4

01 打开本书配套光盘中"源文件\第 5 章\5.3\5.3.1\心.psd"文件，如图 5-42 所示。

02 选择工具箱中的直接选择工具 ，选中心形路径，如图 5-43 所示。

03 选中下方的锚点，拖动至合适位置，如图 5-44 所示。

图 5-42　打开文件　　图 5-43　选中路径　　图 5-44　移动锚点

04 拖动锚点之间的控制柄，可以改变曲线弧度，如图 5-45 所示。

05 选中下方的锚点，按下〈Delete〉键，可以删除此路径段，效果如图 5-46 所示。

图 5-45　调整曲线形状　　　图 5-46　删除路径段

5.3.2　添加和删除锚点

使用添加锚点工具 和删除锚点工具 ，可添加和删除锚点。

手把手 5-6　添加和删除锚点

视频文件：视频\第 5 章\手把手 5-6.MP4

01 打开本书配套光盘中"源文件\第 5 章\5.3\5.3.2\雪.psd"文件，如图 5-47 所示。

图 5-47　打开素材

02 选择工具箱中的添加锚点工具 ，在星形路径上添加锚点，并拖动，效果如图 5-48 所示。

03 选择工具箱中的删除锚点工具 ，在图形路径上的锚点处单击，可删除锚点，效果如图 5-49 所示。

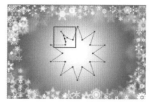 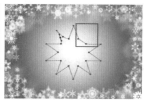

图 5-48　添加锚点　　　　　图 5-49　删除锚点

使用钢笔工具 时，移动光标至路径上的非锚点位置，钢笔工具会自动切换为添加锚点工具 ；若移动光标至路径锚点上方，钢笔工具则自动切换为删除锚点工具 。

专家提示： 使用删除锚点工具 删除锚点和直接按〈Delete〉键删除是完全不同的，使用删除锚点工具 删除锚点不会切断路径，而按〈Delete〉键会同时删除锚点两侧的线段，从而切断路径。

5.3.3　转换锚点类型

使用转换点工具 可轻松完成平滑点和角点之间的相互转换。锚点共有两种类型：平滑点和角点。平滑曲线由平滑锚点组成，其锚点两侧的方向线在同一条直线上。角点则组成带有拐角的曲线。

在工具箱中选择转换点工具 ，然后移动光标至平滑点上单击，即可将该平滑点转换为没有方向线的角点，如图 5-50 所示。若要将角点转换为平滑点，只需移动光标至角点上单击并拖动鼠标即可，如图 5-51 所示。

图 5-50　转换平滑点为角点

图 5-51　转换角点为平滑点

技巧点拨：使用钢笔工具 时，按住〈Alt〉键可切换为转换点工具 。

5.3.4　复制路径

1. 在面板中复制

将需要复制的路径拖动至"新建路径"按钮 ，或用鼠标右键单击该路径，从弹出菜单中选择"复制路径"命令即可。

2. 在路径上复制

选择直接选择工具 ，在按住〈Alt〉键的同时拖动路径，可以复制路径。

3. 通过剪切板复制

用路径选择工具选择画面中的路径后，执行"编辑"→"拷贝"命令，可以将路径复制到剪贴板中。复制路径后，执行"编辑"→"粘贴"命令，可粘贴路径。如果在其他打开的图像中执行粘贴命令，则可将路径粘贴到其他图像中。

手把手 5-7　通过剪切板复制路径

视频文件：视频\第 5 章\手把手 5-7.MP4

01 打开本书配套光盘中"源文件\第 5 章\5.3\5.3.4\红

花.psd"文件，选择路径面板，单击工作路径，将其路径激活，按〈Ctrl+C〉键复制路径，如图 5-52 所示。

图 5-52　打开并激活路径

02 打开白花素材，切换到路径面板，单击面板新建路径按钮，按〈Ctrl+V〉键，粘贴路径，如图 5-53 所示。

03 按〈Ctrl+Enter〉键，载入选区，按〈Ctrl+Shift+I〉快捷键，反选选区，并填充白色，结果如图 5-54 所示。

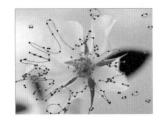

图 5-53　粘贴路径　　　　图 5-54　填充颜色

5.3.5　保存路径

使用钢笔工具或形状工具创建路径时，新的路径作为"工作路径"出现在路径面板中。工作路径是临时路径，必须进行保存，否则当再次绘制路径时，新路径将代替原工作路径。

保存工作路径方法如下：

首先在路径面板中单击选择"工作路径"为当前路径。然后执行下列操作之一以保存工作路径：

- 拖动工作路径至面板底端"创建新路径"按钮 。
- 单击面板右上角 按钮，从弹出面板菜单中选择"存储路径"命令。
- 双击工作路径。

工作路径保存之后，在路径面板中双击该路径名称位置，可为新路径命名。

5.3.6　删除路径

在路径面板中选择需要删除的路径后，单击"删除当前路径"按钮 ，或者执行面板菜单中的"删除路径"命令，即可将其删除。也可将路径直接拖至该按钮上删除。用路径选择工具 选择路径后，按下〈Delete〉键也可以将其删除。

5.3.7　路径与选区转换

路径与选区可以相互转换，即路径可以转换为选区，选区也可以转换为路径。

无论是使用套索工具、多边形套索工具，还是磁性套索工具，都不能建立光滑的选区边缘，而且选区范围建立后很难再进行调整。而路径则不同，它由各个锚点组成，可随时进行调整，使用方向线可控制各曲线段的平滑度。所用路径在制作复杂、精密的图像选区方面具有无可比拟的优势。

要将当前选择的路径转换为选择区域，单击路径面板底部的将路径作为选区载入按钮 ⬡ 即可。

此外，选区也可以转换为路径，建立选区后，单击面板右上角 ▦ 按钮，从弹出面板菜单中选择"建立工作路径"命令，可以在弹出的"建立工作路径"对话框"容差"文本框中设置路径的平滑度，如图 5-55 所示，取值范围为 0.5～10 像素之间，单击"确定"按钮即可得到所需的路径。

图 5-55　"建立工作路径"对话框

5.3.8　关闭与隐藏路径

路径面板和图层面板一样，以分组的形式显示各个路径。选择路径选择工具 ▶，单击选择其中的某个路径，该路径即成为当前路径而显示在图像窗口中，未显示的路径处于关闭状态，任何编辑路径的操作将只对当前路径有效。这时如果在图像窗口中继续添加路径，那么新增路径将成为当前路径的子路径（一条路径可以有多条子路径）。

若想关闭当前路径，单击路径面板空白处即可，路径关闭后即从图像窗口中消失。

💡 专家提示：按下〈Ctrl+H〉快捷键，可隐藏图像窗口中显示的当前路径，但当前路径并未关闭，编辑路径操作仍对当前路径有效。

5.3.9　边讲边练——制作个性广告海报

本实例使用钢笔工具、路径选择工具、直接选择工具等工具绘制和编辑路径，制作以形状和符号为主的个性广告海报。

📀 文件路径：源文件\第 5 章\5.3.9

📀 视频文件：视频\第 5 章\5.3.9.MP4

01 按〈Ctrl+N〉快捷键，弹出"新建"对话框，设置宽度 15 厘米，高 10 厘米，分辨率为 200 像素/英寸，单击"确定"按钮，新建图像。

02 选择渐变工具 ▣，在工具选项栏中单击渐变条，打开"渐变编辑器"对话框，设置左端色标（R247\G202\B66）、中间色标（R241\G115\B36）与右端色标（R243\G86\B80），填充径向渐变，如图 5-56所示。

03 选择钢笔工具 ✎，在工具选项栏中选择"形状"选项，绘制如图 5-57 所示形状，设置填充颜色为黑色。

04 按〈Ctrl+O〉快捷键打开"树"素材，执行"选择"→"色彩范围"命令，打开"色彩范围"对话框，用吸管工具选择素材白色部分，设置色容差为 95。关闭对话框后按〈Ctrl+I〉快捷键反选，按住〈Ctrl〉键，拖入到文件中。运用同样的方法添加其他素材如图 5-58所示。

图 5-56　填充径向渐变

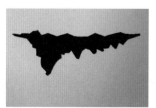

图 5-57　绘制形状

图 5-58　添加素材

05 新建一个图层，选择画笔工具，按〈F5〉快捷键，弹出"画笔"对话框，设置大小抖动为 100%，角度抖动为 15%，散布 56%，数量为 4，关闭画笔对话框，在画面中绘制草，如图 5-59 所示。

06 选择工具箱自定义形状工具，在工具栏选项中选择相应形状，绘制如图 5-60 所示的图形，按〈Ctrl+Enter〉将其转换为选区，填充黑色，调整好位置和大小，最后绘制直线完成效果。

图 5-59 绘制草地

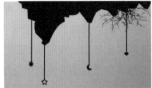
图 5-60 绘制挂饰

07 单击钢笔工具，在工具栏选项中单击形状按钮，绘制扇形轮廓如图 5-61 所示，并填充相应的颜色绘制彩色光圈。

08 运用同样的方法绘制出所有彩色扇形，并填充相应的颜色。新建一个图层，选择画笔工具，颜色设置为白色，为彩色扇形添加光点，调整笔触和大小绘制不同的光点，如图 5-62 所示。

图 5-61 绘制扇形

图 5-62 绘制彩色扇形

09 绘制心形自定义形状，填充为白色，复制一份，填充为绿色（R95\G212\B94），移动至中间。再复制一份，填充颜色为浅绿（R52\G245\B70），双击图层弹出图层样式对话框，勾选描边，设置大小为 1 像素，完成效果如图 5-63 所示。

10 打开"彩带"素材，拖入画面，放置到背景图层上面，得到最终效果，如图 5-64 所示。

图 5-63 绘制心形

图 5-64 最终效果

5.4 使用形状工具

Photoshop 提供了矩形工具、圆角矩形工具、椭圆工具、多边形工具、直线工具和自定义形状，使用这些工具可以创建各种基本形态和复杂形态的任意形状。

5.4.1 矩形工具

使用矩形工具可绘制出矩形、正方形的形状、路径或填充区域，使用方法也比较简单。选择工具箱中的矩形工具，在选项栏中适当地设置各参数，移动光标至图像窗口中拖动，即可得到所需的矩形路径或形状。

矩形工具选项栏如图 5-65 所示，在使用矩形工具前应适当地设置绘制的内容和绘制方式。

图 5-65 形状工具组

此外，单击选项栏"几何选项"下拉按钮，可以打开如图 5-66 所示的"矩形选项"选项栏，在该选项栏中可控制矩形的大小和长宽比例。

图 5-66 矩形工具选项栏

❶ 矩形选项：定义矩形的创建方式。

❷ 从中心：从中心绘制矩形。

❸ 对齐边缘：将边缘对齐像素边缘。

专家提示："固定大小"选项用于约束形状路径的长度或宽度，"比例"选项用于约束形状路径的相对比例。例如在右图中，通过"固定大小"选项创建 W 为 4cm，H 为 5cm 的矩形路径，通过"比例"选项创建 W：H 为 4：5 的矩形路径。

创建"固定大小"和"比例"矩形

手把手 5-8 矩形工具

视频文件：视频\第 5 章\手把手 5-8.MP4

01 打开本书配套光盘中 "源文件\第 5 章\5.4\花纹.jpg" 文件，如图 5-67 所示。

02 选择工具箱中的矩形工具 □ ，在画面中绘制矩形，如图 5-68 所示。

图 5-67　打开背景图　　　　图 5-68　创建不受约束矩形

03 若在画布中单击，则会弹出 "创建矩形" 对话框，在对话框中设置矩形的长和宽为 178 像素，单击 "确定" 按钮，可创建如图 5-69 所示的正方形。

04 选择 "填充" 选项，在弹出的填充下拉面板中设置填充色为渐变，选择 "描边" 选项，设置描边颜色为黑色，效果如图 5-70 所示。

5.4.2　圆角矩形工具

圆角矩形工具 □ 用于绘制圆角的矩形，选择该工

具后，在画面中单击并拖动鼠标，可以创建圆角矩形，按住〈Shift〉键拖动鼠标可创建正圆角矩形。

图 5-69　创建正方形　　　　图 5-70　填充渐变色

在绘制之前，可在选项栏 "半径" 框中设置圆角的半径大小，如图 5-71 所示。图 5-72 为分别设置半径为 5 像素、10 像素和 20 像素时创建的圆角矩形，圆角矩形的半径值越大，得到的矩形边角就越圆滑。

图 5-71　圆角矩形工具选项栏

图 5-72　圆角矩形

5.4.3　边讲边练——制作水晶按钮

本实例通过使用圆角矩形工具和图层样式功能，制作网页和界面设计中常用的水晶按钮。

文件路径：源文件\第 5 章\5.4.3

视频文件：视频\第 5 章\5.4.3.MP4

01 新建一个空白文件，设置参数如图 5-73 所示。

02 选择圆角矩形工具 □ ，在工具选项栏中选择 "形状" 选项，设置填充色为灰绿（R176，G193，B185），"半径" 为 25 像素，在画布中绘制一个圆角矩形。

03 右键单击图层，在弹出的快捷菜单中选择 "混合选项" 选项，在弹出的 "图层样式" 对话框中选择 "斜面

和浮雕"，设置深度 100%，大小为 6 像素，角度 127。单击 "投影"，设置距离为 5 像素，扩展为 0，大小为 5，如图 5-74 所示。

04 运用同样的方法绘制第二层，填充深绿色（R12，G99，B0），右键单击图层，在弹出的快捷菜单中选择 "混合选项" 选项，在弹出的 "图层样式" 对话框中选择 "斜面和浮雕"，设置样式为 "外斜面"，深度为 260%，

大小 6 像素。单击 "描边" 选项，设置大小为 30 像素，颜色为黑色。再绘制一个圆角矩形，填充颜色设置为绿色（R102，G192，B90），完成后效果如图 5-75 所示。

图 5-73　新建文件参数

图 5-74　斜面浮雕效果

05 新建一个图层绘制按钮高光效果。选择画笔工具 ，笔触设置为 "柔边圆"，绘制一个光点，移动至左上角调整好位置。按住〈Ctrl〉键单击第一个图层建立选区，按〈Ctrl+Shift+I〉快捷键反选，回到光点图层按〈Delete〉键，删除多余部分，如图 5-76 所示。

图 5-75　绘制图形

图 5-76　绘制光效果

06 用同样的方法绘制出其他渐隐效果，并用画笔绘制出光点如图 5-77 所示。

07 新建一个图层，选择钢笔工具 ，选择工具栏选项中的 "路径" 选项，绘制出如图 5-78 所示形状，按〈Ctrl+Enter〉快捷键转换为选区，填充颜色为（R251，G245，B205），用橡皮擦擦出渐隐效果。

图 5-77　绘制光点

图 5-78　绘制形状

08 输入文字 "ahwin"，字体设置为 "Swis721 Blk BT"，大小 30 点，颜色为(R6，G98，B4)，双击图层缩览图打开 "混合选项面板"，单击 "斜面和浮雕"，设置参数如图 5-79 所示，完成后复制一份，按〈Ctrl+T〉快捷键进入自由变换状态，执行 "编辑" → "变换" → "垂直翻转" 命令，移动至合适位置，用橡皮擦擦出渐隐效果，制作完成最终效果如图 5-80 所示。

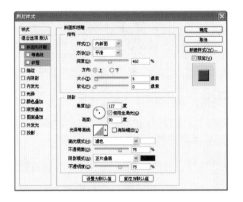

图 5-79　设置斜面浮雕参数

图 5-80　最终效果

5.4.4　椭圆工具

椭圆工具 可以建立圆形或椭圆的形状或路径。选择该工具后，在画面中单击并拖动鼠标，可创建椭圆形，按住〈Shift〉键拖动鼠标则可以创建正圆形，椭圆工具选项栏与矩形工具选项栏基本相同，可以选择创建不受约束的椭圆形和圆形，也可以选择创建固定大小和比例的图像。如图 5-81 所示为使用椭圆工具创建的椭圆形和正圆形。

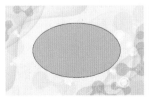

图 5-81　使用椭圆工具绘制椭圆和正圆

5.4.5　多边形工具

使用多边形工具 可绘制多边形、三角形、五角星等图形。选择该工具后，可在工具选项栏中设置多边形的参数，如图 5-82 所示。

图 5-82　多边形工具选项栏

- 边：设置多边形的边的数量，系统默认为 5，取值范围为 3 ~ 100。
- 半径：该选项用于设置多边形半径的大小，系统默认以像素为单位。
- 平滑拐角：选中此复选框，可平滑多边形的尖角。
- 星形：选中 "星形" 复选框，可绘制星形。

- 缩进边依据：可以设置星形边缩进的大小，系统默认为 50%。
- 平滑缩进：选中"平滑缩进"复选框，可平滑星形凹角。

手把手 5-9　多边形工具

　　视频文件：视频\第 5 章\手把手 5-9.MP4

01 打开本书配套光盘中"源文件\第 5 章\5.4\5.4.5\背景.jpg"文件，如图 5-83 所示。

02 选择工具箱中的多边形工具 ⬡，在选项栏中单击 ⚙ 按钮，弹出"多边形选项"面板，设置半径为 50 像素，在画布中绘制多边形，如图 5-84 所示。

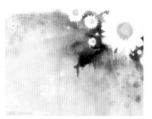
图 5-83　打开文件

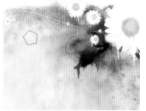
图 5-84　绘制多边形

03 勾选"平滑拐角"复选框，按住〈Shift〉键，绘制图角多边形，如图 5-85 所示。

04 勾选"星形"复选框，按住〈Shift〉键，绘制星形，如图 5-86 所示。

图 5-85　平滑拐角

图 5-86　绘制星形

05 勾选"平滑缩进"复选框，按住〈Shift〉键，绘制星形，如图 5-87 所示。

06 按〈Ctrl+Enter〉快捷键，将形状载入选区，按〈Shift+F6〉快捷键，羽化 4 像素，新建一个图层，填充绿色，如图 5-88 所示。

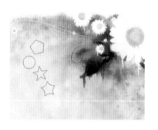
图 5-87　平滑缩进

图 5-88　填充颜色

5.4.6　边讲边练——绘制可爱 QQ 表情

　　本实例介绍如何使用矩形工具，椭圆工具绘制可爱 QQ 表情。

📀 文件路径：源文件\第 5 章\5.4.6

📀 视频文件：视频\第 5 章\5.4.6.MP4

01 按〈Ctrl+N〉快捷键，新建一个空白文件，设置参数如图 5-89 所示。

02 选择椭圆工具 ⬭，选择工具选项栏中的"形状"选项，绘制一个圆。在工具选项栏中单击 **填充：** ▇，在弹出的下拉面板中选择"渐变"，并设置渐变颜色为深黄（R243，G196，B52）和浅黄（R240，G229，B41），填充方式选择"径向"，效果如图 5-90 所示。

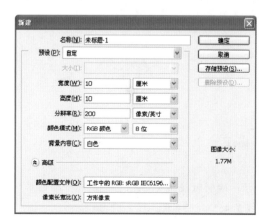
图 5-89　新建文件参数

03 用同样的方法绘制出眼睛和眉毛，选中眉毛，单击工具箱中的直接选择工具 ，将椭圆调整成眉毛形状。选择矩形工具 ，设置填充色为黑色，在眼中画出 X 的形状，运用椭圆工具在下面绘制一个从黑色到白色的径向渐变椭圆，执行"图层"→"栅格化"→"形状"命令，〈Ctrl+T〉键，拉宽椭圆，制作阴影，如图 5-91 所示。

状，通过相同方法画出舌头形状，填充色为鲜红色（R230，G16，B16）。选择矩形工具 ，绘制一个矩形，调整好位置和大小。单击直接选择工具 ，调整矩形形状，按照同样的方法绘制砖头的另外两个面，调整好大小和位置，效果如图 5-92 所示。

图 5-90　填充径向渐变　　　图 5-91　绘制眼睛

04 选择钢笔工具 ，选择工具选项栏中的"形状"，设置填充色为红色（R180，G17，B17），画出嘴巴的形

图 5-92　最终效果

5.4.7　直线工具

直线工具 除了可以绘制直线形状或路径以外，还可以绘制箭头形状或路径。

手把手 5-10　直线工具

视频文件：视频\第 5 章\手把手 5-10.MP4

01 选择直线工具 ，在工具选项栏中的"粗细"文本框中输入线段宽度，如图 5-93 所示，然后移动光标至图像窗口拖动鼠标即可绘制一条直线，如图 5-94 所示。

图 5-93　直线工具选项栏

02 选择直线工具 ，在工具选项栏中的"箭头"选项栏中设置箭头的位置和形状，然后移动光标至图像窗口拖动鼠标即可绘制箭头，如图 5-95 所示。

 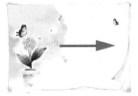

图 5-94　绘制线条　　　图 5-95　绘制箭头

专家提示：绘制时按住〈Shift〉键，即可绘制水平、垂直或呈 45° 角的直线。

5.4.8　自定形状工具

使用自定形状工具 可以绘制 Photoshop 预设的各种形状，以及自定义形状。

首先在工具箱中选择该工具，然后单击选项栏"形状"下拉列表按钮 ，从形状列表中选择所需的形状，最后在图像窗口中拖动鼠标即可绘制相应的形状，如图 5-96 所示。

图 5-96　自定形状工具选项栏

单击下拉面板右上角的 按钮，可以打开面板菜单，如图 5-97 所示。在菜单的底部包含了 Photoshop 提供的预设形状库，选择一个形状库后，可以打开一个提示对话框，如图 5-98 所示。

图 5-97　面板菜单

单击"确定"按钮，可以用载入的形状替换面板中原有的形状；单击"追加"按钮，可在面板中原有形状的基础上添加载入的形状；单击"取消"按钮，则取消替换。如图 5-98 所示为载入的其他预设形状。

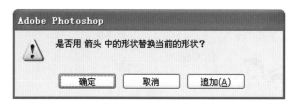

图 5-98　提示对话框

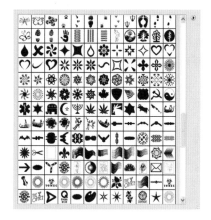

图 5-99　全部预设形状

5.4.9　边讲边练——制作可爱儿童写真模板

下面通过一个小练习介绍运用自定形状工具绘制形状，并创建矢量蒙版的操作，制作可爱写真模板。

文件路径：源文件\第 5 章\5.4.9

视频文件：视频\第 5 章\5.4.9.MP4

01 启动 Photoshop，执行"文件"→"打开"命令，打开一张背景图，如图 5-100 所示。

图 5-100　打开背景素材

图 5-101　添加婴儿图片

02 打开一张婴儿照片，拖入背景画面中，按〈Ctrl+T〉键，调整好大小和旋转度，如图 5-101 所示。

03 进入"路径"面板，单击路径面板中的"创建新路径"按钮，新建一个路径，选择自定形状工具，然后单击选项栏"形状"下拉列表按钮，从形状列表中选择"云彩 1"形状，在图像窗口中拖动鼠标绘制形状，如图 5-102 所示。

图 5-102　绘制形状

04 在婴儿图层下面新建一个图层，按〈Ctrl+Enter〉键，转换为选区，填充白色，在图层面板中双击白色图层缩览图，弹出"图层样式"对话框，设置参数如图 5-103 所示。

图 5-103 图层样式参数

05 单击"确定"按钮，效果如图 5-104 所示。

图 5-104 图层样式效果

06 选中婴儿照片层，按〈Ctrl+Alt+G〉键，建立剪贴蒙版，效果如图 5-105 所示。

图 5-105 创建剪贴蒙版

07 选择自定形状工具，在选项栏中选择其他形状，并设置不同的填充色，在画面中绘制装饰小花，得到最终效果如图 5-106 所示。

图 5-106 最终效果

5.5 实战演练——制作多彩电器广告

本实例介绍使用钢笔工具、椭圆工具、多边形工具等工具绘制路径和形状，并对路径进行复制和编辑，结合使用填充工具，制作绚烂夺目的家用电器广告。

文件路径：源文件\第 5 章\5.5

视频文件：视频\第 5 章\5.5.MP4

1 启用 Photoshop 后，执行"文件"→"新建"命令，弹出"新建"对话框，在对话框中设置参数如图 5-107 所示，单击"确定"按钮新建一个空白文件。

2 设置前景色为黄色（R245，G242，B160），按〈Alt+Delete〉键填充。选择画笔工具，分别设置前景色为黄色（R240，G245，B70）和绿色（R58，G120，

B20），绘制背景暗角效果。选择钢笔工具，在工具选项栏中选择"形状"选项，绘制条形，填充颜色为黄色（R255，G255，B0），单击图层面板下方的"添加蒙版"按钮 为图层添加蒙版，在蒙版中用画笔工具擦出渐隐效果，效果如图 5-108 所示。

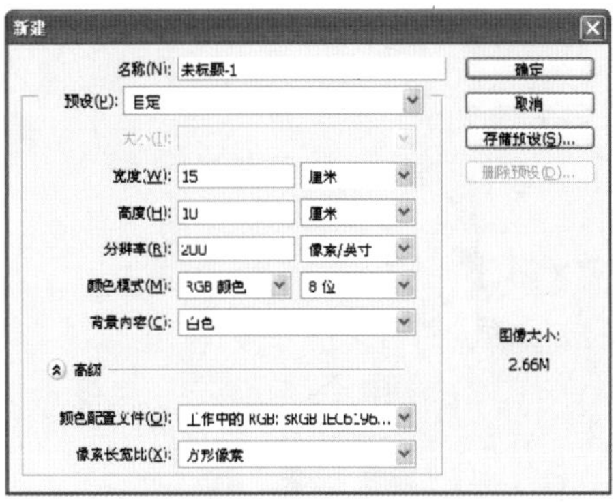

图 5-107　新建图像参数

图 5-108　擦出渐隐效果

③ 按下〈Ctrl+O〉快捷键，打开冰箱和花朵素材，用磁性套索工具⌦选出冰箱和花朵，并添加至图像中，将花朵复制多份，并调整好位置和大小，如图 5-109 所示。

图 5-109　添加冰箱

④ 选择钢笔工具⌦，在工具选项栏中选择"形状"选项，绘制如图 5-110 所示的水滴形状，填充红色（R218，G7，B110）。运用同样的方法，绘制出所有的形状并填充相应颜色，如图 5-111 所示。

图 5-110　绘制图形

图 5-111　填充颜色

⑤ 选择画笔⌦，调整合适大小，颜色设置为白色，在相应的地方绘制白色光点，效果如图 5-112 所示。

图 5-112　绘制白光

⑥ 使用钢笔工具绘制出水滴形状，新建一图层，使用画笔⌦为它添加渐变效果，颜色设置为白色，不透明度为 30%，在形状上涂抹，按住〈Ctrl〉键的同时单击形状图层缩览图，载入选区，按〈Ctrl+Shift+I〉键反选，按〈Delete〉键删除多余的光点部分，如图 5-113 所示。

图 5-113　绘制水滴

⑦ 绘制电视机。用钢笔工具绘制出电视轮廓如图 5-114 所示，填充颜色为（R64，G234，B36），双击图层缩览图，打开"图层样式"对话框，选择"斜面浮雕"复选框，设置参数如图 5-115 所示。

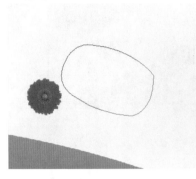

图 5-114 绘制电视机

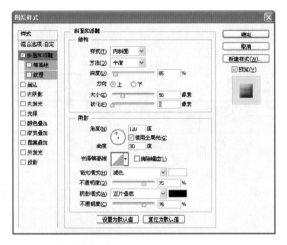

图 5-115 斜面浮雕参数

⑧ 完成后效果如图 5-116 所示，再次画出电视外形，填充颜色为灰色（R209，G209，B209），作为底部，双击图层缩览图，在打开对话框中设置参数如图 5-117 所示。

图 5-116 斜面浮雕效果

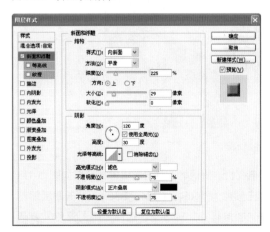

图 5-117 设置参数

⑨ 按照同样的方法为电视机添加其他部件，效果如图 5-118 所示。

图 5-118 电视机效果 1

⑩ 将电视机复制一份，改变颜色、位置和大小，单击工具箱中的直接选择工具 图 调整形状，参照制作电视机的操作，制作字母 "e" 的浮雕效果，如图 5-119 所示。最终效果如图 5-120 所示。

图 5-119 电视机效果 2

图 5-120 整体效果

⑪ 为背景添加星光效果。新建一个图层，选择画笔工具 图 绘制一个柔边圆，大小为 600 像素，按〈Ctrl+T〉快捷键进入自由变换，拖动四个控制点变成光条，复制一份并旋转 90° 形成十字形，在中间绘制一个光点效果，如图 5-121 所示。

⑫ 绘制圆形泡泡，选择画笔工具 ✐，设置笔触为
"硬边圆"，大小 60 像素，用画笔绘制一个白点，选
择橡皮擦工具 ✐，设置为柔边圆，大小 60 像素，在中
间涂抹一下，得到泡泡效果，加上星光效果如图 5-122
所示。

⑮ 绘制多个彩色光圈，选择直线工具绘制出直线，调
整好颜色和位置，效果如图 5-125 所示。

图 5-125　添加彩色光圈

图 5-121　绘制星光　　　图 5-122　泡泡

⑬ 将星光和泡泡复制多份，调整好大小和位置，效果
如图 5-123 所示。

⑯ 单击图层面板下的"创建新的填充或调整图层"按
钮 ◑，选择"曲线"选项，在属性面板中设置参数如图
5-126 所示。最终效果如图 5-127 所示。

图 5-123　添加泡泡效果

⑭ 绘制不同颜色的光圈。新建一个图层，选择画笔
✐，设置大小为 600 像素、硬边圆、颜色为橘红
（R253，G128，B2），绘制一个圆，然后选择另一种颜
色，按〈[〉或〈]〉键调整画笔大小，重复绘制多次之后
获得彩色光圈，如图 5-124 所示。

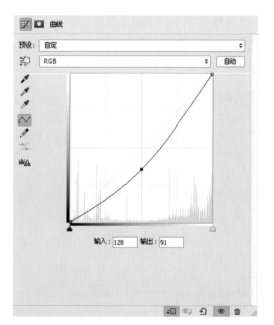

图 5-126　曲线参数

图 5-124　彩色光圈

图 5-127　最终效果

5.6 习题——奇异世界

本实例主要使用钢笔工具绘制路径，制作星光环绕效果，并添加其他素材，制作一幅奇异世界的场景。

文件路径：源文件\第 5 章\5.6
视频文件：视频\第 5 章\5.6 习题

操作提示：

① 新建一个空白文件。

② 添加背景素材。

③ 添加汽车素材。

④ 绘制路径、描边路径。

⑤ 绘制星光。

⑥ 添加其他素材。

用画笔与颜色来作画
——图像的绘制

　　绘图工具是 Photoshop 中十分重要的工具，具有强大的绘图功能，主要包括四种工具：画笔工具、铅笔工具、渐变工具和油漆桶工具。使用这些绘图工具，再配合画笔面板、混合模式、图层等 Photoshop 其他功能，可以模拟出各式各样的笔触效果，从而绘制出各种图像效果。

　　本章详细讲解了 Photoshop 绘图工具的使用方法和应用技巧。

第 6 章

6.1 如何设置颜色

在 Photoshop 中，最基本的作画工作就是设置前景色和背景色。工具箱中包含前景色和背景色的设置选项，由设置前景色、设置背景色、切换前景色和背景色以及默认前景色和背景色等部分组成。

6.1.1 设置前景色与背景色

默认情况下，前景色为黑色，背景色为白色，如图6-1 所示。

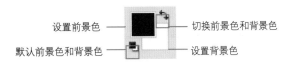

设置前景色 —— 切换前景色和背景色
默认前景色和背景色 —— 设置背景色

图 6-1 设置前景色和背景色

1. 设置前景色和背景色

单击工具箱前/背景色图标，在打开的"拾色器"对话框中选择所需的颜色。

2. 切换前景色和背景色

单击按钮，或按〈X〉快捷键，可切换当前前景色和背景色。

3. 默认前景色和背景色

单击工具箱图标，或按〈D〉快捷键，可以恢复系统颜色为默认的黑/白颜色。

前景色决定了我们使用绘画工具绘制线条和图案、使用文字工具创建文字时的颜色；背景色则决定了使用橡皮擦工具擦除图像时，被擦除区域所呈现的颜色和增加画布大小时，新增画布的填充颜色，如图 6-2 所示。

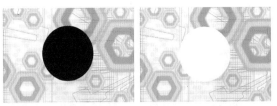

使用画笔工具绘制图形　　使用橡皮擦工具擦除图像

图 6-2 使用画笔工具绘制和橡皮擦工具擦除的区别

6.1.2 "拾色器"对话框

单击设置前景色或背景色按钮，打开"拾色器"对话框。在对话框中可以拖动颜色滑块以确定颜色色相，也可以在编辑框中单击或拖动到某个色域，定义颜色的亮度和饱和度，如图 6-3 所示。

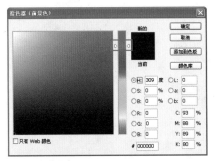

设置颜色的色相

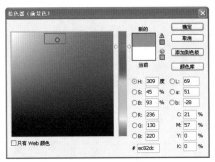

设置颜色的亮度和对比度

图 6-3 设置颜色

单击"颜色库"按钮，切换至"颜色库"对话框，在"色库"下拉列表中选择一个颜色系统，然后在光谱上选择颜色范围，在颜色列表中单击需要的颜色的编号，可将其设置为当前颜色，如图 6-4 所示。

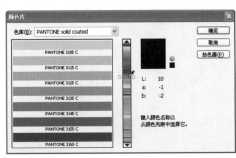

选择颜色范围

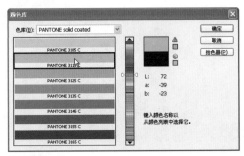

选择颜色

图 6-4 选择颜色

单击"添加到色板"按钮，将颜色以色块形式存储到"色板"面板中，如图 6-5 所示，可以方便下次调用。

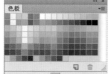

"色板名称"对话框　　　　存储到"色板"面板中

图 6-5　添加到色板

6.1.3　吸管工具

使用吸管工具 ✐ 可以快速从图像中直接选取颜色，如图 6-6 所示为吸管工具选项栏。

图 6-6　吸管工具选项栏

选择吸管工具 ✐，将光标移至图像上，如图 6-7 所示，单击鼠标，可拾取单击处的颜色并将其作为前景色，如图 6-8 所示。

按住〈Alt〉键的同时，在图像上单击鼠标，可拾取单击处的颜色并将其作为背景色，如图 6-9 所示。

图 6-7　素材　　　图 6-8　拾取前景色　　　图 6-9　拾取背景色

6.1.4　运用颜色面板设置颜色

颜色面板中显示了前景色和背景色的颜色值，可以使用前景色块和背景色块对其进行编辑。

 手把 6-1　运用颜色面板设置颜色

视频文件：视频\第 6 章\手把手 6-1.MP4

01 执行"窗口"→"颜色"命令，打开颜色面板，如图 6-10 所示。

图 6-10　颜色面板

02 如果要编辑前景色，可单击前景色块，如图 6-11 所示；如果要编辑背景色，则应单击背景色块，如图 6-12 所示。

图 6-11　单击前景色块　　　图 6-12　单击背景色块

03 在 RGB 数值栏中输入数值，或者拖动滑块可以调整颜色，如图 6-13 所示。

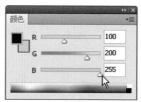

输入数值　　　　　　拖动滑块

图 6-13　调整颜色

04 将光标移至面板下方四色曲线图上，光标呈吸管形状 ✐，单击鼠标可拾取当前位置的颜色，如图 6-14 所示。

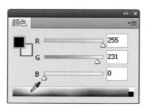
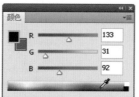

图 6-14　拾取颜色

6.1.5　色板面板

色板面板用于存储用户经常使用的颜色。可以在该面板中添加或删除颜色，或者为不同的项目显示不同的颜色库，如图 6-15 所示。

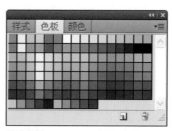

默认色板　　　　　　选择 ANPA 颜色

图 6-15　色板面板

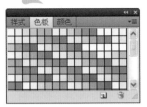

ANPA 颜色色板

图 6-15　色板面板（续）

6.2　画笔面板

画笔面板是非常重要的面板，主要包括"画笔预设"和"画笔笔尖形状"选项。单击某个选项可以切换至相应的选项面板，选中选项组左侧的复选框可在不查看选项的情况下启用或停用选项。

6.2.1　画笔工具设置面板

执行"窗口"→"画笔"命令，或按〈F5〉键，打开"画笔"面板，如图 6-16 所示。

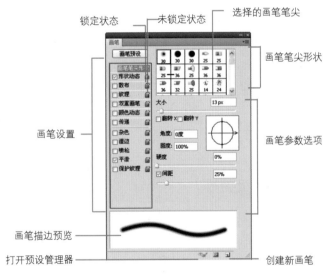

图 6-16　"画笔"面板

- 画笔预设：单击选择该选项，进入"画笔预设"面板，可以浏览、选择 Photoshop 提供的预设画笔。
- 锁定状态/未锁定状态：显示为图标 时，表示该选项处于可用状态。图标 表示锁定该选项，单击该标志可取消锁定。
- 画笔设置：可以定义画笔笔尖形状以及形状动态、散布、纹理等预设。
- 选择的画笔笔尖：显示当前选择的画笔笔尖。
- 画笔笔尖形状：显示了 Photoshop 提供的预设画笔笔尖，选择某一笔尖后，在画笔描边预览选项中可预览该笔尖的形状。

- 画笔选项：用来设置画笔的参数。
- 画笔参数选项：可以用来调整画笔的各项参数。
- 画笔描边预览：可预览当前设置的画笔效果。
- 打开预设管理器：单击该按钮，可以打开"预设管理器"。
- 创建新画笔：如果某一画笔样本进行了调整，可单击该按钮，打开画笔名称对话框，为画笔设置一个新的名称。单击"确定"按钮，可将当前设置的画笔创建为一个新的画笔样本。

6.2.2　"形状动态"选项

选择尖角画笔，画笔面板如图 6-17 所示，画笔"形状动态"用于设置绘画过程中画笔笔迹的变化，包括大小抖动、最小直径、角度抖动、圆点抖动以及翻转抖动，使笔尖形状产生规则的变换，如图 6-18 所示。

- 大小抖动：拖动滑块或输入数值，以控制绘制过程中画笔笔迹大小的波动幅度。数值越大，变化幅度就越大。
- 控制：用于选择大小抖动变化产生的方式。选择"关"，则在绘图过程中画笔笔迹大小始终波动，不予另外控制；选择"渐隐"，然后在其右侧文本框中输入数值可控制抖动变化的渐隐步长，数值越大，画笔消失的距离越长，变化越慢，反之则距离越短，变化越快。
- 最小直径：用来控制画笔尺寸在发生波动时画笔的最小尺寸，数值越大，直径能够变化的范围也就越小。
- 角度抖动：用来控制画笔角度波动的幅度，数值越大，抖动的范围也就越大。
- 圆度抖动：用来控制在绘画时画笔圆度的波动幅度，数值越大，圆度变化的幅度也就越大。
- 最小圆度：用来控制画笔在圆度发生波动时画笔的最小圆度尺寸值。该值越大，发生波动的范围越小，波动的幅度也会相应变小。

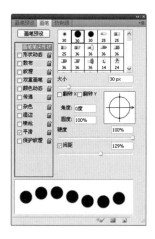

图 6-17　画笔面板

图 6-18　形状动态

6.2.3　"散布"选项

"散布"用于控制画笔的散布方式和散布数量，以产生随机性的散布变化，如图 6-19 所示。

- 散布：用来控制画笔偏离绘画路线的程度，数值越大，偏离的距离越大，若选中"两轴"复选框，则画笔将在 X、Y 两个方向分散，否则仅在一个方向上发生分散。
- 数量：用来控制画笔点的数量，数值越大，画笔点越多，变化范围为 1～16。
- 数量抖动：用来控制每个空间间隔中画笔点的数量变化。

6.2.4　"纹理"选项

"纹理"用于在画笔上添加纹理效果，可控制纹理的叠加模式、缩放比例和深度，如图 6-20 所示。

图 6-19　散布

图 6-20　纹理动态设置

- 选择纹理：单击纹理下拉列表按钮，从纹理列表中可选择所需的纹理。选中"反相"复选框，相当于

对纹理执行了"反相"命令。

- 缩放：可以设置纹理的缩放比例。
- 为每个笔尖设置纹理：用来确定是否对每个画笔点都分别进行渲染。若不选择此项，则"深度"、"最小深度"及"深度抖动"参数无效。
- 模式：用于选择画笔和图案之间的混合模式。
- 深度：用来设置图案的混合程度，数值越大，纹理越明显。
- 最小深度：控制图案的最小混合程度。
- 深度抖动：控制纹理显示浓淡的抖动程度。

6.2.5　"双重画笔"选项

"双重画笔"指的是使用两种笔尖形状创建的画笔。首先在"模式"列表中选择两种画尖的混合模式，接着在下面的笔尖形状列表框中选择一种笔尖作为画笔的第二个笔尖形状，如图 6-21 所示。

6.2.6　"颜色动态"选项

"颜色动态"用于控制画笔的颜色变化，包括前景色/背景抖动、色相和饱和度等颜色基本组成要素的随机性设置，如图 6-22 所示。

- 前景/背景抖动：设置画笔颜色在前景色和背景色之间变化。例如在使用草形画笔绘制草地时，可设置前景色为浅绿色，背景色为深绿色，这样就可以得到颜色深浅不一的草丛效果。
- 色相抖动：指定画笔绘制过程中画笔颜色色相的动态变化范围。
- 饱和度抖动：指定画笔绘制过程中画笔颜色饱和度的动态变化范围。
- 亮度抖动：指定画笔绘制过程画笔亮度的动态变化范围。
- 纯度：设置绘画颜色的纯度变化范围。

图 6-21　双重画笔设置　　　　图 6-22　动态颜色设置

6.2.7　其他选项

附加选项包括杂色、湿边、喷枪等，这些选项设置没有参数面板，只需用鼠标单击前面的复选框选择即可。

- 杂色：在画笔的边缘添加杂点效果。
- 湿边：沿画笔描边的边缘增大油彩量，从而创建水彩效果。
- 喷枪：模拟传统的喷枪效果。

- 平滑：可以使绘制的线条产生更顺畅的曲线。
- 保护纹理：对所有的画笔使用相同的纹理图案和缩放比例，选择该选项后，当使用多个画笔时，可模拟一致的画布纹理效果。

💡 专家提示：设置动态颜色属性时，画笔面板下方的预览框并不会显示出相应的效果。动态颜色效果只有在图像窗口绘画时才会看到。

6.2.8　边讲边练——为糕点添加可爱表情

Before　　　After

本实例主要介绍如何载入画笔和应用画笔面板创建动态的自定义画笔，绘制出可爱表情。

🔘 文件路径：源文件\第 6 章\6.2.8

💿 视频文件：视频\第 6 章\6.2.8.MP4

01 按〈Ctrl+O〉快捷键，打开素材文件，如图 6-23 所示。

02 单击图层面板中的"创建新图层"按钮 ，新建一个图层。

03 选择画笔工具 ，设置前景色为红色（#f12b15），在工具选项栏设置画笔大小为 50 像素，硬度为 0%，绘制腮红，如图 6-24 所示。

图 6-23　打开素材文件　　　图 6-24　绘制腮红

04 创建新图层，选择画笔工具 ，设置前景色为黑色，在工具选项栏设置画笔大小为 28 像素，硬度为 100%，绘制眼睛，如图 6-25 所示。

05 创建新图层，选择画笔工具 ，前景色设为白色，在工具选项栏设置画笔大小为 8 像素，硬度为 100%，绘制眼珠，如图 6-26 所示。

图 6-25　绘制眼睛　　　图 6-26　制作眼珠

06 继续使用画笔绘制图形，效果如图 6-27 所示。

07 最后绘制嘴巴，效果如图 6-28 所示。

图 6-27　画笔面板　　　图 6-28　最终效果

6.3 绘画工具

Photoshop 中的绘画工具提供了从手绘笔触到自动复制图像的全色域画笔功能，可以逼真地模拟各种绘画材质和技巧，同时结合各种画笔选项实现对画笔的动态控制，创建具有丰富变化和随机性的绘画效果。

绘画工具主要包括画笔工具 、铅笔工具 、颜色替换工具 和混合器画笔工具 。

6.3.1 画笔工具

如图 6-29 所示为画笔工具 选项栏，画笔工具使用前景色绘制线条。画笔不仅能够绘制图画，还可以修改蒙版和通道。在开始绘图之前，应选择所需的画笔笔尖形状和大小，并设置不透明度、流量等画笔属性。

图 6-29 画笔工具选项栏

单击画笔选项栏右侧的按钮 ，可以打开画笔下拉面板，如图 6-30 所示。在面板中可以选择画笔笔尖，设置画笔的大小和硬度。

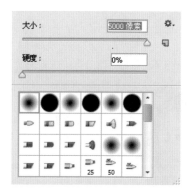

图 6-30 画笔下拉面板

- 大小：拖动滑块或者在数值栏中输入数值可以调整画笔的大小。
- 硬度：用来设置画笔笔尖的硬度。
- 画笔列表：在列表中可以选择画笔样本。
- 创建新的预设：单击面板中的"从此画笔创建新的预设"按钮 ，可以打开"画笔名称"对话框，设置画笔的名称后，单击"确定"按钮，可以将当前画笔保存为新的画笔预设样本。

单击画笔图标以打开工具预设选取器，选择 Photoshop 提供的样本画笔预设。或者单击面板右上方的快捷箭头，在弹出的快捷菜单中进行新建工具预设等相关命令的操作，或对现有画笔进行修改以产生新的效果，如图 6-31 所示。

单击面板右上角的按钮 ，打开面板菜单，如图 6-32 所示。

图 6-31 "工具预设"选取器

图 6-32 面板菜单

- 复位画笔：当改变了面板画笔设置，选择此命令，可复位面板画笔至系统预设状态。
- 载入画笔：使用该命令可将保存在文件中的画笔载入至当前画笔列表中。
- 存储画笔：若建立了新画笔，或更改了画笔的设置，可选择该命令保存面板中当前所有画笔样式，可以在弹出的"保存"对话框中设置画笔文件的名称和确定保存位置。
- 替换画笔：选择该命令可载入一组画笔以替换当前面板中的画笔。

专家提示：单击画笔面板菜单下方的画笔文件列表，可以快速载入画笔文件。

6.3.2 边讲边练——运用画笔工具为黑白照片上色

本练习通过使用"画笔工具"、图层"混合模式"和图层"不透明度",为黑白照片上色,展现人物的靓丽风采。

文件路径: 源文件\第 6 章\6.3.2

视频文件: 视频\第 6 章\6.3.2.MP4

01 执行"文件"→"打开"命令,在"打开"对话框中选择人物素材图像,单击"打开"按钮,如图 6-33 所示。

图 6-33 打开人物素材

02 单击图层面板中的"创建新图层"按钮 ,新建一个图层,选择画笔工具 ,设置前景色为粉色(RGB 参考值分别为 R236、G217、B210),按〈[〉或〈]〉键调整合适的画笔大小,在人物皮肤上涂抹,效果如图 6-34 所示。

图 6-34 涂抹颜色

03 设置图层的"混合模式"为"颜色",图像效果如图 6-35 所示。

04 单击图层面板中的"创建新图层"按钮 ,新建一个图层,设置前景色为粉红色(RGB 参考值分别为

R252、G172、B183),选择工具箱中的画笔工具 ,调整画笔大小,设置"硬度"为 0%,移动鼠标至图像窗口中人物脸部单击,绘制效果如图 6-36 所示,为人物添加腮红。

图 6-35 设置图层模式效果

图 6-36 绘制腮红

05 选择工具箱中的橡皮擦工具 ,擦除多余的腮红,并设置图层的"不透明度"为 40%,图像效果如图 6-37 所示。

06 单击工具箱中的"设置前景色"色块,弹出"拾色器(前景色)"对话框,设置 RGB 参考值分别为 R230、G160、B174。单击图层面板中的"创建新图层"按钮 ,新建一个图层,选择工具箱中的画笔工具 ,在书本和头饰上涂抹,绘制效果如图 6-38 所示。

图 6-37　腮红效果

图 6-38　涂抹书本和头饰

07　设置图层的"混合模式"为"颜色"、"不透明度"为 50%，图像效果如图 6-39 所示。

图 6-39　添加头饰颜色

08　参照前面的操作方法，运用画笔工具 ✎ 涂抹颜色并设置图层"混合模式"和"不透明度"，完成后得到如图 6-40 所示效果。

图 6-40　最终效果

6.3.3　铅笔工具

　　铅笔工具 ✎ 使用方法与画笔工具 ✎ 类似，也是使用前景色来绘制线条的，但画笔工具可以绘制带有柔边效果的线条，而铅笔工具只能绘制硬边线条或图形。铅笔工具选项栏如图 6-41 所示，除了"自动涂抹"选项外，其他选项均与画笔工具相同。

图 6-41　铅笔工具选项栏

　　"自动抹除"选项是铅笔工具特有的选项。当选中此选项，可将铅笔工具当做橡皮擦来使用。一般情况下，铅笔工具以前景色绘画，选中该选项后，在与前景色颜色相同的图像区域绘图时，会自动擦除前景色而填入背景色，如图 6-42 所示。

　　专家提示：在使用画笔工具绘制完成后，按住<Shift>键拖动鼠标可沿水平、垂直或 45° 角方向绘制该图像。

未选中"自动涂抹"选项　　　选中"自动涂抹"选项

图 6-42　自动涂抹

6.3.4　颜色替换工具

　　颜色替换工具 ✎ 可以用背景色替换图像中的颜色。但是颜色替换工具不能用于位图、索引或多通道颜色模式的图像，图 6-43 为颜色替换工具。

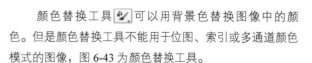

图 6-43　颜色替换工具选项栏

6.3.5 边讲边练——为物体添加夸张表情

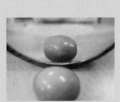

Before

After

下面通过一个小练习来介绍如何使用画笔工具为物体添加夸张表情。

文件路径：源文件\第 6 章\6.3.5

视频文件：视频\第 6 章\6.3.5.MP4

01 按〈Ctrl+O〉快捷键，打开素材文件，如图 6-44 所示。

图 6-44　打开素材

02 按〈Ctrl+J〉组合键，将背景图层复制一层，得到"图层 1"。

03 单击工具箱中的"前景色"色块，在弹出的"拾色器（前景色）"对话框中设置前景色为白色，使用画笔工具 ✎ 绘制直线，如图 6-45 所示。

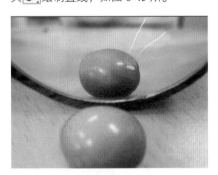

图 6-45　绘制线条

04 通过相同的方法，绘制其他的图形，如图 6-46 所示。

图 6-46　绘画图形

05 选择横排文字工具 T，设置文字字体为宋体，大小 12 点，为图像添加旁白文字，完成后效果如图 6-47 所示。

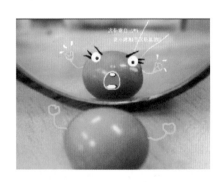

图 6-47　完成效果

💡 **专家提示：** 在绘制图形时，可更改画笔的大小。

6.3.6 混合器画笔工具 ✿

混合器画笔工具 ✎，用混合器画笔工具可以混合像素，创建类似于传统画笔绘画时颜料之间相互混合的效果，如图 6-48 所示为混合器画笔的工具选项栏。

选择混合画笔工具 ✎，在"有用的混合画笔组合"下拉列表中，有系统提供的混合画笔。当选择某一种混合画笔时，右边的 4 个选择数值会自动改变为预设值，如图 6-49 所示。设置完成后在画面中涂抹即可混合颜色，如图 6-50 所示。

图 6-48　混合器画笔工具选项栏

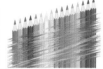

图 6-49　混合器画笔工具选项栏

原图　　　　湿润，深混合　　　非常潮湿，浅混合

图 6-50　混合器画笔工具示例

6.3.7　设置绘画光标显示方式

为了方便绘画操作，Photoshop 可以自由设置绘画时光标显示的方式和形状。选择"编辑"→"首选项"→"光标"命令，在打开的对话框中可以设置绘图光标和其他工具光标的外观，如图 6-51 所示。

绘画光标有 5 种显示方式，显示效果如图 6-52 所示。

- 标准：使用工具箱中各工具图标的形状作为光标形状。
- 精确：使用十字形光标作为绘画光标，该光标形状可便于精确绘图和编辑。
- 正常画笔笔尖：光标形状使用画笔的一半大小，其形状为画笔的形状。

- 全尺寸画笔笔尖：光标形状使用全尺寸画笔大小，其形状为画笔的形状。这样可以精确看到画笔所覆盖的范围和当前选择的画笔形状。
- 在画笔笔尖中显示十字线：该选项只有在选择"正常画笔笔尖"和"全尺寸画笔笔尖"显示方式才有效。选中该选项，可在画笔笔尖的中间位置显示十字形，以方便绘画操作。

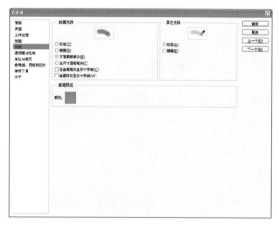

图 6-51　"显示与光标"设置参数

标准　　　精确　　　正常笔尖　全尺寸笔尖　显示十字线

图 6-52　各种设置下绘画光标的显示方式

技巧点拨：按下〈Caps Lock〉键可以在绘画时快速切换光标显示方式。

6.3.8　边讲边练——制作爱心云朵

本实例主要介绍如何载入画笔和应用画笔面板创建动态的自定义画笔，绘制出心形的云朵效果。

文件路径：源文件\第 6 章\6.3.8

视频文件：视频\第 6 章\6.3.8.MP4

01 按〈Ctrl+O〉快捷键，打开素材照片，如图 6-53 所示。

02 选择画笔工具，单击快捷键〈F5〉，进入笔刷面板，设置画笔笔尖形状，如图 6-54 所示。

03 选择"形状动态"，切换到"形状动态"选项面板，设置参数如图 6-55 所示。

图 6-53　打开素材

04 设置散布参数，如图 6-56 所示。

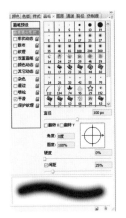

图 6-54　画笔笔尖形状

图 6-55　"形态动态"参数

05 设置纹理参数，如图 6-57 所示。

图 6-56　"散布"参数

图 6-57　"纹理"参数

06 单击图层面板中的"创建新图层"按钮 ，新建一个图层。

07 前景色设为白色，绘制心形云朵，如图 6-58 所示。

图 6-58　完成效果

6.4 渐变、填充与描边

渐变是指在整个文档或选区内填充渐变颜色；填充是指在图像或选区内填充颜色；描边是指为选区描绘可见的边缘。常用的填充和描边工具包括：油漆桶工具、"填充"命令和"描边"命令。

6.4.1 渐变工具

渐变工具 不仅可以填充图像，还可以用来填充图层蒙版、快速蒙版和通道。渐变工具 可以阶段性地对图像进行任意方向的填充，以表现图像颜色的自然过渡。

选择渐变工具 ，在工具选项栏中选择一种渐变类型，再设置渐变颜色和混合模式等选项，如图 6-59 所示。

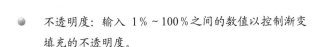

图 6-59　渐变工具选项栏

- 模式：打开此下拉列表可以选择渐变填充的色彩与底图的混合模式。

- 不透明度：输入 1%～100% 之间的数值以控制渐变填充的不透明度。

- 反向：选择此选项，所得到的渐变效果与所设置渐变颜色相反。

- 仿色：选择此选项，可使渐变效果过渡更为平滑。

- 透明区域：选择此项，即可启用编辑渐变时设置的透明效果，填充渐变时得到透明效果。

如图 6-60 所示为 5 种类型的渐变效果。

线性渐变　　径向渐变　　角度渐变　　对称渐变　　菱形渐变

图 6-60　5 种渐变效果

💡 专家提示：Photoshop 可创建 5 种形式的渐变：线性渐变、径向渐变、角度渐变、对称渐变和菱形渐变，按下选项栏中的相应按钮即可选择相应的渐变类型。

- 线性渐变：从起点到终点线性渐变。
- 径向渐变：从起点到终点以圆形图案逐渐改变。
- 角度渐变：围绕起点以逆时针环绕逐渐改变。
- 对称渐变：在起点两侧对称线性渐变。
- 菱形渐变：从起点向外以菱形图案逐渐改变，终点定义菱形的一角。

单击选项栏渐变条 ，打开如图 6-61 所示"渐变编辑器"，在此对话框中可以创建新渐变并修改当前渐变的颜色设置。

调整色标的位置：

- 选中渐变色标，按住鼠标左键拖动。
- 选中渐变色标，在"位置"文本框中输入一个数值（1% ~ 100%），可以定位色标的位置。
- 若需要删除某色标，可在选中该色标后，按〈Delete〉键删除，或直接将色标拖出渐变条。

图 6-61　渐变编辑器

💡 **技巧点拨**：在渐变条上选中一个色标，然后在渐变条下方单击添加色标，可使添加的色标的颜色与当前所选色标的颜色相同。

💡 **专家提示**：选中需设置颜色的色标，然后移动光标至"色板"面板、渐变条或图像窗口中时，光标将显示为吸管 🖋 形状，此时单击鼠标即可将光标位置的颜色设置为色标的颜色。

6.4.2　边讲边练——绘制彩虹

Before　　　　After

下面通过一个小练习来介绍使用渐变工具为风景图像添加彩虹的操作方法。

💿 文件路径：源文件\第 6 章\6.4.2

💿 视频文件：视频\第 6 章\6.4.2.MP4

01 启动 Photoshop CS6，打开如图 6-62 所示素材。

02 新建"图层 1"，选择渐变工具 █，在工具选项栏中单击渐变条 █ ▼，打开"渐变编辑器"对话框，选择透明彩虹渐变预设，如图 6-63 所示。

03 单击色标并拖动，调整其位置，如图 6-64 所示。

04 运用同样的操作方法调整其他色标的位置，如图 6-65 所示，单击"确定"按钮，关闭"渐变编辑器"对话框。

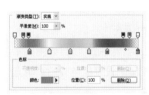
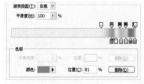

图 6-64　调整色板位置　　　图 6-65　调整色板位置

图 6-62　打开素材　　　图 6-63　选择透明彩虹渐变

💡 **专家提示**：拖动两色标间的中点◇可改变两色标颜色在渐变中所占的比例。只有当选中两色标中的其中一个时，其中的点标记才会显示出来。

💡 **专家提示**：渐变编辑完成后，在"名称"框输入渐变名称，然后单击对话框中的"新建"按钮，即可将当前渐变添加到渐变列表框中。单击"确定"按钮退出渐变编辑器。单击"渐变编辑器"对话框中的"保存"按钮，可将列表框中的所有渐变以指定的文件名保存至磁盘中，以后需要时单击"载入"按钮载入该文件。

05 按下工具选项栏中的"径向渐变"按钮，在图像中按住并由下至上拖动鼠标，填充渐变效果如图 6-66 所示。

图 6-66　填充径向渐变

06 按下〈Ctrl+T〉快捷键，进行自由变换，适当缩放，设置图层混合模式为"滤色"不透明度为 80%，如图 6-67 所示。

07 给图层添加蒙版，前景色默认为黑色，使用渐变工具填充渐变以隐藏多余的部分，如图 6-68 所示。最终效果如图 6-69 所示。

图 6-67　自由变换　　　　图 6-68　编辑图层蒙版

图 6-69　最终效果

6.4.3　油漆桶工具

油漆桶工具用于在图像或选区中填充颜色或图案，油漆桶工具在填充前会对鼠标单击位置的颜色进行取样，从而只填充颜色相同或相似的图像区域；若创建了选区，则会填充所选区域。

如图 6-70 所示为油漆桶工具选项栏，可在该选项栏中设置填充的内容、模式、不透明度、容差等。

图 6-70　油漆桶工具选项栏

选择油漆桶工具，在"填充"列表框中选择填充的内容。当选择"图案"作为填充内容时，"图案"列表框被激活，单击其右侧的下拉列表按钮，可打开图案下拉面板，从中选择所需的填充图案。设置实色或图案填充的模式，在画面上单击进行填充。

手把手 6-2　油漆桶工具

视频文件：视频\第 6 章\手把手 6-2.MP4

01 执行"文件"→"打开"命令，选择本书配套光盘中"源文件\第 6 章\6.4\6.4.3\花纹.jpg"文件，单击"打开"按钮，打开素材图像，如图 6-71 所示。

02 选择背景图层，按〈Ctrl+J〉键，复制一层，单击工具箱中的油漆桶工具，在属性栏中选择相应的图案花纹，

混合模式为正常，在画面中单击，填充图案，如图 6-72 所示。

03 将混合模式改为"滤色"，效果如图 6-73 所示。

图 6-71　原图　　　图 6-72　填充图案　　　图 6-73　滤色

- "填充"列表框：可选择填充的内容。当选择"图案"作为填充内容时，"图案"列表框被激活，单击其右侧的下拉列表按钮，可打开图案下拉面板，从中选择所需的填充图案。
- "图案"列表框：通过图案列表定义填充的图案，并通过拾色器的快捷菜单进行图案的载入、复位、替换等操作。
- 模式：设置实色或图案填充的模式。
- 不透明度：设置填充的不透明度，其中 100% 为完全不透明，0% 为完全透明。

技巧点拨：在使用油漆桶工具时，直接按键盘上的数字键可以快速定义不透明度值，例如输入 1 表示 10%，输入 2 表示 20%，输入 0 表示 100%。

● 容差：控制填充颜色的范围为 0~255。数值越大，选择类似颜色的选区就越大。低容差会填充颜色值范围内与所单击像素非常相似的像素；高容差则填充更大范围内的像素，如图 6-74 所示。

原图　　　　　容差为 10　　　　容差为 60

图 6-74　容差示例

● 连续的：启用复选框，连续的像素都将被填充；停用该复选框，像素相似的连续和不连续区域都将被填充。

● 所有图层：基于所有可见图层中的合并颜色数据填充像素。

控制填充颜色的范围为 0~255。数值越大，选择类似颜色的选区就越大。低容差会填充颜色值范围内与所单击像素非常相似的像素；高容差则填充更大范围内的像素。

技巧点拨："消除锯齿"选项用于消除填充像素之间的锯齿。

6.4.4　边讲边练——为卡通人物填色

Before　　　　　　　　　After

下面通过一个小练习来介绍如何运用油漆桶工具为一幅黑白图画填色。

文件路径：源文件\第 6 章\6.4.4

视频文件：视频\第 6 章\6.4.4.MP4

01　按下〈Ctrl+O〉快捷键，打开卡通人物素材图像，如图 6-75 所示。按快捷键〈Ctrl+J〉，复制"素材"图层，得到"素材副本"。

图 6-75　打开卡通人物素材

02　选择油漆桶工具 ，在工具选项栏中设置"填充"为"前景"，"模式"为"正常"，"容差"为 32，如图 6-76 所示。

图 6-76　油漆桶工具选项栏

03　单击工具箱中的"前景色"色块，在弹出的"拾色器（前景色）"对话框中设置颜色参数值如图 6-77 所示，单击"确定"按钮，填充前景色。

图 6-77　设置前景色

04　油漆桶填充完成后，选择"移动工具"，移动素材副本图层至合适的位置，如图 6-78 所示。

05　选择"魔棒工具"，在人物头发位置使用魔棒选择建立选区，按快捷键〈Ctrl+J〉复制至自动生成的图层上，使用油漆桶 上色，如图 6-79 所示。

图 6-78　填充阴影部分　　　图 6-79　填充头发部分

06　使用相同的方法填充肌肤，如图 6-80 所示。

07　参照上述方法完成其他的颜色填充，如图 6-81 所示。

图 6-80　填充肌肤部分　　　图 6-81　填充其他部分

6.4.5 "填充"命令

除了使用油漆桶工具 🪣 对图像进行实色或图案的填充外，还可以执行"填充"命令进行填充，"填充"命令的一项重要功能是可以有效地保护图像中的透明区域，有针对性地填充图像。

执行"编辑"→"填充"命令，或按快捷键〈Shift+F5〉，打开"填充"对话框，如图 6-82 所示，选择使用不同的内容和混合模式，可以实现不同的填充效果。

图 6-82 "填充"对话框

💡 技巧点拨：使用下拉列表中的"内容识别"选项，可以智能地修复图像，删除任何图像细节或对象，删除的内容看上去似乎本来就不存在，如图 6-83 所示。

原图　　　　　　　　　修复图像

图 6-83 内容识别示例

6.4.6 "描边"命令

在 Photoshop 中，可以执行"描边"命令在选区、路径或图层周围绘制实色边框。执行"编辑"→"描边"命令，弹出"描边"对话框，如图 6-84 所示，可以设置描边的宽度、位置以及混合方式。

图 6-84 "描边"对话框

在"描边"选项组中可以定义描边的"宽度"，即边框的宽度，以及通过单击颜色缩览图和拾色器指定描边的颜色，如图 6-85 所示。

建立选区　　　　　　　　　宽度为 5px

宽度为 20px

图 6-85 描边

在"位置"选项组中可以定义描边的位置，可以选择在选区或图层边界的内部、外部或者沿选区或图层边界居中描边，如图 6-86 所示。

内部　　　　　　居中　　　　　　外部

图 6-86 位置

在"混合"选项组中，可以指定描边的混合模式和不透明度，以及只对具有像素的区域描边，保留图像中的透明区域不被描边，如图 6-87 所示。

图 6-87 混合模式"溶解"不透明度 70%

💡 专家提示：不同位置的描边，除了位置的具体差别外，在描边效果细节上也有一些差别。例如，内部的描边效果在转折位置更加尖锐，居中描边效果在转折位置更加平滑，外部描边的效果在转折位置表现出最平滑的过渡效果。

6.5 实战演练——合成动感效果

本实例介绍使用钢笔工具和画笔工具等，合成一副绚丽背景。

文件路径：源文件\第 6 章\6.5

视频文件：视频\第 6 章\6.5.MP4

① 启用 Photoshop 后，执行"文件"→"新建"命令，弹出"新建"对话框，设置参数如图 6-88 所示。单击"确定"按钮，新建一个空白文件。

② 设置前景色为黑色，按〈Alt+Delete〉键填充。按〈Ctrl+O〉快捷键，弹出"打开"对话框，选择人物素材，将人物素材添加至图像中，调整好位置和大小，效果如图 6-89 所示，图层面板自动生成"图层 1"。

图 6-88 "新建"对话框　　　　图 6-89 添加人物素材

③ 按〈Ctrl+J〉快捷键，复制"图层 1"，并得到"图层 1 副本 1"，执行"滤镜"→"模糊"→"高斯模糊"命令，设置半径为 70 像素，单击"确定"按钮。 按〈Ctrl+J〉快捷键，复制"图层 1 副本 1"，得到"图层 1 副本 2"，并调整位置，如图 6-90 所示。

④ 将"图层 1"移动至"图层 1 副本 2"上方，如图 6-91 所示。

图 6-90 高斯模糊　　　　图 6-91 调整图层顺序

⑤ 按〈Ctrl+O〉快捷键，弹出"打开"对话框，选择光芒素材，单击"打开"按钮，将图案素材添加至图像中。按〈Ctrl+T〉快捷键，通过自由变换功能调整好光芒的位置和大小，添加图层蒙版，设置前/背景色为黑/白，选择渐变工具　，填充渐变制作渐隐效果，如图 6-92 所示。

⑥ 单击图层面板中的"创建新图层"按钮　，得到"图层 3"，选择画笔工具，设置前景色为#00f0ff，在图层中涂抹，完成后选择橡皮擦工具，擦除多余的部分，效果如图 6-93 所示。

 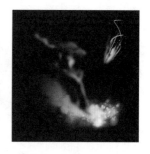

图 6-92 添加光素材　　　　图 6-93 画笔涂抹

⑦ 按〈Ctrl+J〉快捷键复制"图层 3"，得到"图层 3 副本"，按〈Ctrl+T〉快捷键，调整图层的位置和大小，效果如图 6-94 所示。

⑧ 单击图层面板中的"创建新图层"按钮　，得到"图层 4"，选择椭圆选框工具，绘制如图 6-95 所示椭圆。

图 6-94 复制图层　　　　图 6-95 绘制椭圆选框

⑨ 设置前景色为#53e6ef，按下〈Shift+F6〉键，弹出"羽化选区"对话框，半径设为 100 像素，按〈Shift+F5〉快捷键，填充前景色，按〈Ctrl+D〉快捷键取消选区，设置图层不透明度为 65%，按〈Ctrl+T〉快捷键调整形态，效果如图 6-96 所示。

⑩ 单击图层面板中的"创建新图层"按钮 ，得到"图层 5"，继续运用画笔工具在图像上绘制其他的图案，效果如图 6-97 所示。

图 6-98　设置图层样式参数

图 6-96　绘制不规则椭圆　　　图 6-97　绘制其他形状

⑪ 选择"图层 5"，单击图层缩览图，弹出"图层样式"对话框，设置参数如图 6-98 所示。

⑫ 本实例最后效果如图 6-99 所示。

图 6-99　最终效果

6.6　习题——干裂手掌上的世界

本实例主要运用画笔工具、图层蒙版、调整图层等进行操作，合成一幅干裂手掌上的世界。

文件路径：源文件\第 6 章\6.6

视频文件：视频\第 6 章\6.6 习题

操作提示：

① 新建一个空白文件。

② 添加背景素材。

③ 添加手掌素材、添加图层蒙版，抠出手掌。

④ 添加"色相/饱和度"调整图层。

⑤ 定义画笔，绘制雨水。

⑥ 添加其他素材。

修复与美化我的靓图
——照片的修复和修饰

熟练掌握 Photoshop 中各种修复工具和润饰工具的操作，掌握它们强大的图像处理功能，可以快速地将各种有缺陷的数码照片修复得美轮美奂。

本章将介绍各种修复工具和润饰工具的相关知识和使用方法，简单快速地修复有缺陷的数码照片和修饰图像中的颜色。

第 7 章

7.1 照片修复工具

使用修复工具可以对一些重要的缺损图片和污点、杂点、红眼等瑕疵进行快速修复和修补，主要包括污点修复画笔工具 、修复画笔工具 、修补工具 、红眼工具 和内容感知移动工具 。此外，Photoshop 的绘画工具中有一组特别的绘画复制工具——仿制图章工具 和图案图章工具 ，它们的基本作用是对图像进行仿制，结合画笔样式的设置，可以将普通的图像进行艺术化处理。

7.1.1 污点修复画笔工具

污点修复画笔工具 可以用于去除照片中的杂色或污点。使用该工具在图像中有污点的地方单击一下，即可快速修复污点。Photoshop 能够自动分析鼠标单击处及周围图像不透明度、颜色与质感，从而进行自动采样与修复操作。选择污点修复画笔工具 ，在工具选项栏中设置各选项，如图 7-1 所示，在图像中的污点部分单击，去除污点，如图 7-2 所示。

图 7-1　污点修复画笔工具选项栏

手把手 7-1　污点修复画笔工具

视频文件：视频\第 7 章\手把手 7-1.MP4

01 打开本书配套光盘中"源文件\第 7 章\7.1\7.1.1\人物.jpg"文件，如图 7-2 所示。

图 7-2　打开图片

02 新建一个图层，单击工具箱中的污点修复画笔工具 ，选中工具选项栏"对所有图层取样"复选框，在图像黑色污点处单击，如图 7-3 所示。

图 7-3　运用污点工具单击

03 修复工具采样生成的图像如图 7-4 所示。

图 7-4　生成的修复图像

04 修复结果如图 7-5 所示。

图 7-5　释放鼠标

专家提示：污点修复画笔工具可以自动根据近似图像颜色修复图像中的污点，从而与图像原有的纹理、颜色、明度匹配，该工具主要针对小面积污点。注意设置画笔的大小需要比污点略大。

7.1.2 边讲边练——去除人物身上的斑痣

Before　　　　　After

很多照片上的人物脸部会有一些斑点，使整个照片显得美中不足，本实例主要介绍使用污点修复画笔工具去除人物脸部斑痣的方法。

文件路径：源文件\第 7 章\7.1.2

视频文件：视频\第 7 章\7.1.2.MP4

01 打开本书配套光盘中"源文件\第 7 章\7.1\7.1.2\原图.jpg"文件，如图 7-6 所示

02 按〈Ctrl+J〉键，复制图层，新建一个图层，单击工具箱中的污点修复画笔工具，按住〈Ctrl+〉空格键，框住需要放大的部分，如图 7-7 所示。

图 7-6　打开图片　　　　图 7-7　放大图形

03 在工具选项栏中设置"模式"为"滤色"，"类型"选择"内容识别"，勾选"对所有图层取样"复制框，在图像黑色污点处单击，如图 7-8 所示。

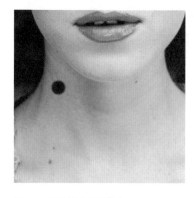

图 7-8　运用污点工具单击

7.1.3 修复画笔工具

修复画笔工具通过从图像中取样或用图案填充图

04 释放鼠标后，结果如图 7-9 所示。

05 参照此方法，继续单击其他小黑痣，如图 7-10 所示。

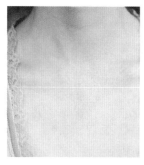

图 7-9　释放鼠标效果　　　图 7-10　修复黑痣效果

06 继续修复脸上的斑点，直至将图形修复完美为止，如图 7-11 所示。

07 最终效果如图 7-12 所示。

图 7-11　修复斑点效果　　　图 7-12　完成效果

像来修复图像。修复画笔工具选项栏如图 7-13 所示。

图 7-13　修复画笔工具选项栏

在修复图像前应在"源"中选择取样的方式。

- 取样：选择"取样"方式，将通过从图像中取样来修复有缺陷图像。

- 图案：选择"图案"方式，将使用图案填充图像，但该工具在填充图案时，可根据周围的环境自动调整填充图案的色彩和色调。

手把手 7-2　去除人物脸部瑕疵

　　视频文件：视频\第 7 章\手把手 7-2.MP4

01 打开本书配套光盘中"源文件\第 7 章\7.1\7.1.3\原图.jpg"文件，如图 7-14 所示。

02 选择修复画笔工具，按下〈Alt〉键，当光标显示为 ⊕ 形状时，在没有瑕疵的脸部皮肤位置单击鼠标进行取样，如图 7-15 所示。

03 释放〈Alt〉键，在有瑕疵的部分依次单击，即可将刚才取样位置的图像覆盖到当前绘制的位置，如图 7-16 所示。

图 7-14　打开图片　　图 7-15　单击瑕疵　　图 7-16　去除瑕疵

专家提示： 从 Photoshop CS4 版本起，修复画笔工具和仿制图章工具添加了一项智能化的改进，那就是在画笔区域内即时显示取样图像的具体部位，这有助于在修复和仿制图像时对新图像的位置进行准确地定位。设置方法为单击工具选项栏中的仿制源按钮，打开仿制源面板，在面板中勾选"显示叠加"复选框，如图 7-17 所示。

取样修复的源　　　　　　　画笔中显示取样的图像

图 7-17　即时显示取样图像的具体部位

7.1.4　修补工具

　　修补工具适用于对图像的某一块区域进行整体操作，修补时首先需要创建一个选区，然后使用选区图像作为"源"或"目标"，拖动到其他地方进行修补。

　　单击修补工具，工具选项栏如图 7-18 所示。

图 7-18　修补工具选项栏

7.1.5　边讲边练——去除黑眼圈

Before　　　　　　　　After

　　在日常生活中，人们受睡眠和精神状态等多方面的影响，可能产生难看的黑眼圈。本实例主要介绍使用修补工具去除人物黑眼圈的方法。

　　文件路径：源文件\第 7 章\7.1.5

　　视频文件：视频\第 7 章\7.1.5.MP4

01 按〈Ctrl+O〉快捷键，打开一张照片素材，如图 7-19 所示。

02 在图层面板中单击选中"背景"图层，按住鼠标将其拖动至"创建新图层"按钮 上，复制得到"背景副本"图层。

03 在工具箱中选择缩放工具，或按快捷键〈Z〉，然

后移动光标至图像窗口，这时光标显示 形状，在人物脸部按住鼠标并拖动，释放鼠标后，窗口放大显示人物脸部，如图 7-20 所示，方便于后面的操作。

04 选择工具箱中的修补工具，在黑眼圈上单击并拖动鼠标，选择需要修补的图像区域，如图 7-21 所示。

图 7-19　打开照片素材　　　　图 7-20　放大图形

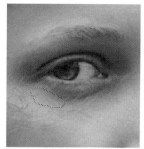 

图 7-23　修复黑眼圈　　　　图 7-24　取消选区

05　设置修补方式，在工具选项栏中选择"内容识别"，移动光标至选区上，当光标显示为 形状时按住鼠标拖动至采样图像区域，如图 7-22 所示。

08　继续去除右眼的黑眼圈，如图 7-25 所示。

09　采取相同的方法去除人物左眼的黑眼圈，得到如图 7-26 所示效果。

 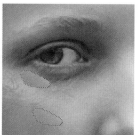

图 7-21　选择要修补的区域　　　图 7-22　拖动至采样区域

图 7-25　去除左眼黑眼圈　　　图 7-26　完成效果

06　释放鼠标后，可以使用该区域的图像修补原选区内的图像，如图 7-23 所示。

07　执行"选择"→"取消选择"命令，或按下快捷键〈Ctrl＋D〉取消选择，效果如图 7-24 所示。

> **专家提示**：修补工具选择图像的方法与套索工具 完全相同，当然也可使用其他选择工具制作更为精确的选择区域。

7.1.6　内容感知移动工具

内容感知移动工具 ，是 Photoshop 新增的工具，用它将选中的对象移动或扩展到图像的其他区域后，可以重组和混合对象，产生出色的视觉效果，如图 7-27 所示为内容感知移动工具栏。

图 7-28　打开文件

图 7-27　内容感知移动工具栏

- 模式：用来选择图像移动方式，包括"移动"和"扩展"。
- 适应：用来设置图像修复精度。
- 对所有图层取样：如果文档中包含多个图层，勾选该选项，可以对所有图层中的图像进行取样。

02　选择工具箱中的内容感知移动工具 ，在工具选项栏中设置"模式"为"移动"，框选右边图形，拖动至需要放置图像的区域，原区域自动以周围色值填充，如图 7-29 所示。

03　设置"模式"为"扩展"，框选右边图形，拖动至需要放置图像的区域，则复制了一个图形，如图 7-30 所示。

 手把手 7-3　内容感知移动工具
　视频文件：视频\第 7 章\手把手 7-3.MP4

01　打开本书配套光盘中"源文件\第 7 章\7.1\7.1.6\沙漠.jpg"文件，如图 7-28 所示。

04　打开本书配套光盘中"源文件\第 7 章\7.1\7.1.6\牛羊.jpg"文件，选择内容感知移动工具，框选左边的牛，如图 7-31 所示。

05　在工具选项栏中设置"适应"为"非常严格"，拖动选区至需要放置图像的区域，如图 7-32 所示。

图 7-29　"移动"模式效果　　　图 7-30　"扩展"模式效果

06　在工具选项栏中设置"适应"为"非常松散"，拖动选区至需要放置图像的区域，如图 7-33 所示。

图 7-31　打开文件　　图 7-32　非常严格　　图 7-33　非常松散
　　　　　　　　　　　　　效果　　　　　　　　效果

红眼工具 可以去除用闪光灯拍摄的人物照片中的红眼以及动物照片中的白色或绿色反光。

红眼工具的使用方法非常简单，只需要在设置参数后，在图像中红眼位置单击一下，即可校正红眼。如图 7-34 所示为红眼工具选项栏。

图 7-34　红眼工具选项栏

用户可在工具选项栏中设置瞳孔（眼睛暗色的中心）的大小和瞳孔的暗度：

- 瞳孔大小：设置瞳孔（眼睛暗色的中心）的大小。
- 变暗量：设置瞳孔的暗度。

7.1.8　边讲边练——去除红眼

Before　　　　　After

红眼是由于相机闪光灯在视网膜上反光引起的。为了避免红眼，可以使用相机的红眼消除功能。本实例介绍使用红眼工具进行操作，为照片中人物去除红眼。

文件路径：源文件\第 7 章\7.1.6

视频文件：视频\第 7 章\7.1.6.MP4

01　启动 Photoshop，执行"文件"→"打开"命令，在"打开"对话框中选择素材照片，单击"打开"按钮，如图 7-35 所示。

02　单击工具箱中的红眼工具 ，在其工具选项中设置参数如图 7-36 所示。

图 7-35　素材照片　　　图 7-36　参数设置

03　设置完成后，在人物的右眼上单击一次，去除右眼

红眼，效果如图 7-37 所示，再在左眼上单击一次，去除左眼红眼。至此，本实例制作完成，最终效果如图 7-38 所示。

图 7-37　去除右眼红眼　　　图 7-38　最终效果

技巧点拨：除了使用专门的红眼修复工具，也可以使用画笔工具，设置前景色为黑色，设置混合模式为"颜色"，同样可以去除人物的红眼。

7.1.9　仿制图章工具

　　仿制图章工具用于复制图像的内容，它可以使指定区域的图像仿制到同一图像的其他区域，仿制源区域和仿制目标区域的图像像素完全一致。

手把手 7-4　仿制图章工具

🐾 视频文件：视频\第 7 章\手把手 7-4.MP4

01 打开本书配套光盘中"源文件\第 7 章\7.1\7.1.9\花.jpg"文件，新建一个图层，如图 7-39 所示。

图 7-39　打开文件

02 选择仿制图章工具，在选项栏中选择合适大小的画笔，在"样本"下拉框中选择"所有图层"，移动光标至图像窗口取样位置，按下〈Alt〉键单击鼠标进行取样，松开〈Alt〉键，移动光标到当前图像或另一幅图像中，按住鼠标左键任意涂抹，图像被复制到当前位置。图层面板如图 7-40 所示，效果如图 7-41 所示。

图 7-40　面板显示　　　　　图 7-41　复制图形

　　仿制图章工具选项栏如图 7-42 所示。

图 7-42　仿制图章工具选项栏

　　选中"对齐"选项，在复制图像时，无论执行多少次操作，每次复制时都会以上次取样点的最终移动位置为起点开始复制，以保持图像的连续性。否则在每次复制图像时，都会以第一次按下〈Alt〉键取样时的位置为起点进行复制，因而会造成图像的多重叠加效果。在"样本"下拉列表中可选择是从当前图层取样，还是从当前及下方图层，或者所有图层。

7.1.10　边学边练——去除照片上的日期

Before　　　　　　　After

　　读者可以通过本实例介绍的操作方法，去除照片上的日期，完善照片的整体效果。

🔹 文件路径：源文件\第 7 章\7.1.10

🐾 视频文件：视频\第 7 章\7.1.10.MP4

01 启动 Photoshop，选择"文件"→"打开"命令，在"打开"对话框中选择素材照片，单击"打开"按钮，如图 7-43 所示。

02 在工具箱中选择缩放工具，或按快捷键〈Z〉，然后移动光标至图像窗口，这时光标显示 🔍 形状，在日期部分单击鼠标，如图 7-44 所示，窗口放大显示日期部分，方便后面的操作。

图 7-43　打开文件

133

图 7-44　放大显示图像

03 选择工具箱中的仿制图章工具🗹，在工具选项栏中设置参数大小，按住〈Alt〉键，待鼠标指针变为⊕形状时在日期周围的图像部分单击作为仿制源，释放〈Alt〉键，在日期的位置单击左键，去除日期，如图 7-45 所示。

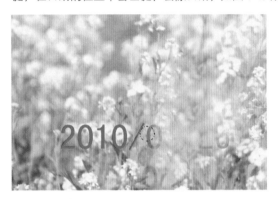

图 7-45　取样

7.1.11　图案图章工具

图案图章工具🗹可以将特定区域指定为图案纹理并进行仿制，复制的图案可以选择 Photoshop 提供的预设图案，也可以是自定义的图案。

如图 7-48 所示为图案图章的工具选项栏，在工具选项栏中可以通过"图案"拾取器选择和载入各种图案，并将其仿制到图像中。

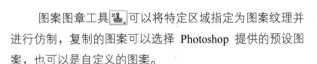

图 7-48　图案图章工具选项栏

- 对齐：选中此选项时，无论执行多少次操作，每次复制时都会以上次取样点的最终移动位置为起点开始复制，以保持图像的连续性。未选中此选项时，多次复制时会得到图像的重叠效果。
- 印象派效果：选中此选项会得到经过艺术处理的图案效果。

04 继续使用仿制图章工具🗹，去除所有日期区域，如图 7-46 所示。

图 7-46　去除日期

05 至此，本实例制作完成，最终效果如图 7-47 所示。

图 7-47　最终效果

手把手 7-5　图案图章工具

　视频文件：视频\第 7 章\手把手 7-5.MP4

01 打开本书配套光盘中"源文件\第 7 章\7.1\7.1.11"文件夹的所有文件，选中"图案"文件为当前文件，执行"编辑"→"定义图案"命令，创建图案。选中人物文件为当前文件，如图 7-49 所示。

02 选择工具箱中的图案图章工具🗹，在工具选项栏中选择"硬边圆"笔尖，单击图案下拉按钮🗹，在弹出的图案"拾色器"面板中选中刚刚定义的图案，在工具选项栏中勾选"对齐"选项，在人物衣服上多次单击，绘制图案效果如图 7-50 所示。

图 7-49　原图　　　　　图 7-50　对齐绘制效果

03 在工具选项栏中不勾选"对齐"选项，在画面中单击复制图案，如图 7-51 所示。

04 在工具选项栏中勾选"印象派效果"选项，在画面中复制图案，如图 7-52 所示。

图 7-51　未对齐绘制图案效果　　图 7-52　印象派效果

7.1.12　仿制源面板

"仿制源"面板主要用于仿制图章工具 ，或修复画笔工具 ，让这些工具使用起来更加方便、快捷，从而提高工作效率。在对图像进行修饰时，若需要确定多个仿制源，可以使用"仿制源"面板进行设置，即可在多个仿制源中进行切换，并可对克隆源区域的大小、缩放比例、方向进行动态调整。

执行"窗口"→"仿制源"命令，即可打开"仿制源"面板，如图 7-53 所示。

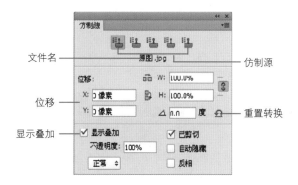

图 7-53　"仿制源"面板

"仿制源"面板中各选项含义如下。

● 仿制源：单击"仿制源"按钮，然后设置取样点，即

可设置五个不同的取样源。通过设置不同的取样点，可以更改仿制源按钮的取样源。"仿制源"面板将自动存储本源，直到关闭文件。

● 文件名：显示当前选择源的文件名称。

● 位移：输入 W（宽度）或 H（高度），可缩放所仿制的源，默认情况下将约束比例。要单独调整尺寸或恢复约束选项，可单击"保持长宽比"按钮 ；指定 X 和 Y 像素位移后，可在相对于取样点的精确的位置进行绘制；输入旋转角度 时，可旋转仿制的源，如图 7-54 所示。

图 7-54　位移

> 专家提示：单击"重置转换"按钮 ，可将本源复位到其初始大小和方向。

● 显示叠加：选中"显示叠加"并设置叠加选项，即可显示仿制源的叠加。在"不透明度"选项中可以设置叠加的不透明度；选中"自动隐藏"复选框，可在应用绘画描边时隐藏叠加；在仿制源调整底部的下拉菜单中可以选择"正常"、"变暗"、"变亮"或"差值"混合模式，用来设置叠加的外观；选中"反相"复选框，可反相叠加仿制源的颜色。

> 专家提示：在仿制源面板中，对图像设置了仿制源后，可以切换到其他图像中，将刚才设置的仿制源应用到当前图像中。

7.2 照片润饰工具

照片润饰工具包括模糊工具 、锐化工具 、涂抹工具 、减淡工具 、加深工具 和海绵工具 ，它们主要用于修饰图像中的现有颜色，改善图像的曝光度、色调、色彩饱和度等，并对绘制的颜色进行修复和润饰。

7.2.1　模糊工具

模糊工具 可以柔化图像，减少图像细节。使用模糊工具在某个区域中进行绘制，该区域的图像即可变为模糊的效果。模糊工具选项栏如图 7-55 所示。

图 7-55 模糊工具选项栏

"模糊工具选项栏"中各选项含义如下：

- 模式：在"模式"下拉列表中可以设置绘画模式，包括"正常"、"变暗"、"变亮"、"色相"、"饱和度"、"颜色"和"亮度"。
- 强度：数值的大小可以控制模糊的程度。
- 对所有图层取样：选中"对所有图层取样"复选框，即可使用所有可见图层中的数据进行模糊或锐化；未选中"对所有图层取样"复选框，则只使用现有图层中的数据进行模糊。

 手把手 7-6 模糊工具

视频文件：视频\第 7 章\手把手 7-6.MP4

01 打开本书配套光盘中"源文件\第 7 章\7.2\7.2.1.jpg"文件，如图 7-56 所示。

02 选择工具箱中的模糊工具 ，在图像周边涂抹，模糊周边环境，效果如图 7-57 所示。

图 7-56 原图像　　　　图 7-57 模糊背景

03 在选项栏中设置"强度"为 30%，涂抹周边，效果如图 7-58 所示。

04 设置"强度"为 100%，涂抹花朵主体，效果如图 7-59 所示。

图 7-58 强度为 30%　　　　图 7-59 强度为 100%

7.2.2 锐化工具

锐化工具 可以增强图像中相邻像素之间的对比，从而使图像变得更清晰。选择锐化工具 ，在图像中单击并拖动鼠标即可进行锐化处理。

 手把手 7-7 锐化工具

视频文件：视频\第 7 章\手把手 7-7.MP4

01 打开本书配套光盘中"源文件\第 7 章\7.2\7.2.2.jpg"文件，如图 7-60 所示。

02 选择工具箱中的锐化工具 ，在图像花朵处涂抹，锐化花朵，效果如图 7-61 所示。

图 7-60 原图像　　　　图 7-61 锐化效果

7.2.3 涂抹工具

涂抹工具 通过混合各种色调颜色，使图像中相邻颜色互相混合而产生模糊感。如图 7-62 所示为涂抹工具选项栏，选中"手指绘画"选项，可指定一个前景色，并使用鼠标或者压感笔在图像上创建绘画效果。

图 7-62 涂抹工具选项栏

 手把手 7-8 涂抹工具

视频文件：视频\第 7 章\手把手 7-8.MP4

01 打开本书配套光盘中"源文件\第 7 章\7.2\7.2.3.jpg"文件，如图 7-63 所示。

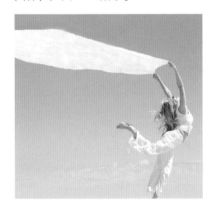

图 7-63 原图像

02 选择工具箱中的涂抹工具 ，涂抹白纱，效果如图 7-64 所示。

03 设置前景色为红色，勾选工具选项栏中的"手指绘画"复选框，涂抹白纱，效果如图 7-65 所示。

图 7-64　白纱飘扬效果　　图 7-65　手指绘画效果

💡 专家提示：涂抹工具不能在位图和索引颜色模式上使用。

7.2.4　减淡工具

减淡工具 🔍 用于增强图像部分区域的颜色亮度。它和加深工具是一组效果相反的工具，两者都常用来调整图像的对比度、亮度和细节。

如图 7-66 所示为减淡工具选项栏，通过在该选项栏中指定图像减淡范围、曝光度，可以对不同的区域进行不同程度的减淡。

图 7-66　减淡工具选项栏

"减淡工具选项栏"中各选项含义如下：

● 阴影：修改图像的低色调区域。

● 高光：修改图像高亮区域。

● 中间调：修改图像的中间色调区域，即介于阴影和高光之间的色调区域。

● 曝光度：定义曝光的强度，值越大；曝光度越大，图像变亮的程度越明显。

● 保护色调：选中"保护色调"复选框，可以在操作的过程中保护画面的亮部和暗部尽量不受影响，保护图像原始的色调和饱和度。

手把手 7-9　减淡工具
　📹 视频文件：视频\第 7 章\手把手 7-9.MP4

01 打开本书配套光盘中"源文件\第 7 章\7.2\7.2.4.jpg"文件，如图 7-67 所示。

02 选择工具箱中的减淡工具 🔍，在工具选项栏中选中"保护色调"复选框，涂抹图片，效果如图 7-68 所示。

03 取消"保护色调"复选框勾选，涂抹图片，效果如图 7-69 所示。

图 7-67　原图像　　图 7-68　保护色调　　图 7-69　未保护色
　　　　　　　　　　　　效果　　　　　　　调效果

7.2.5　边讲边练——增白人物眼白

Before　　　　　　After

本实例通过减淡工具进行操作，为照片中人物增白眼白，让人物的眼睛亮起来。

📁 文件路径：源文件\第 7 章\7.2.5

📹 视频文件：视频\第 7 章\7.2.5.MP4

01 启动 Photoshop 后，执行"文件"→"打开"命令，在"打开"对话框中选择人物素材，单击"打开"按钮，如图 7-70 所示。

02 在图层面板中单击选中背景图层，按住鼠标将其拖动至"创建新图层"按钮 🔲 上，复制得到背景副本图层。

03 在工具箱中选择缩放工具 🔍，移动光标至图像窗

口，这时光标显示 🔍 形状，在人物右眼部分按住鼠标并拖动，绘制一个虚线框，释放鼠标后，窗口放大显示人物眼睛部分。

04 选择工具箱中的减淡工具 🔍，将鼠标移动至眼白部分，单击并拖动鼠标，使眼白部分更加清晰白净，如图 7-71 所示。

图 7-70 原图

图 7-71 减淡左眼

05 重复操作调整人物左眼的眼白部分，完成后效果如图 7-72 所示。

06 运用同样的操作方法，继续使用减淡工具 🔍 调整人物的右眼眼白部分。至此，本实例制作完成，最终效果如图 7-73 所示。

图 7-72 减淡右眼

图 7-73 完成效果

💡 **技巧点拨：** 设置减淡工具选项栏中的曝光度值，可控制图像减淡的程度，值越大，减淡的效果越明显。

7.2.6 加深工具

加深工具 用于调整图像的部分区域颜色，以降低图像颜色的亮度，如图 7-74 所示为加深工具选项栏，加深工具和减淡工具的选项栏设置相同，在不同的范围内加深效果如图 7-75 和图 7-76 所示。

图 7-74 加深工具选项栏

原图　　　　　　　加深阴影

图 7-75 不同范围内加深效果 1

加深中间调　　　　　　加深高光

图 7-76 不同范围内加深效果 2

💡 **技巧点拨：** 加深或减淡工具都属于色调调整工具，它们通过增加和减少图像区域的曝光度来变亮或变暗图像。其功能与"图像"→"调整"→"亮度/对比度"命令类似，但由于加深和减淡工具通过鼠标拖动的方式来调整局部图像，因而在处理图像的局部细节方面更为方便和灵活。

7.2.7 海绵工具

海绵工具 可以降低或提高图像色彩的饱和度。所谓饱和度指的是图像颜色的强度和纯度，用 0～100％ 的数值来衡量，饱和度为 0％的图像为灰度图像。

如图 7-77 所示为海绵工具选项栏，可以设置当前操作为降低或增强饱和度，并通过控制画笔流量和启用"自然饱和度"复选框，选择性地调整饱和度，创建自然饱和效果。

图 7-77　海绵工具选项栏

"海绵工具选项栏"中各选项含义如下。

- 模式：通过下拉列表设置绘画模式，包括"降低饱和度"和"饱和"两个选项。
- 降低饱和度：选择"降低饱和度"工作模式时，使用海绵工具可以降低图像的饱和度，使图像中的灰度色调增加；若是灰度图像，则会增加中间灰度色调。
- 饱和：选择"饱和"工作模式时，使用海绵工具可以增加图像颜色的饱和度，使图像中的灰度色调减少；若是灰度图像，则会减少中间灰度色调颜色。
- 流量：可以设置饱和度的更改效率。
- 自然饱和度：选中"自然饱和度"复选框，可以在增加饱和度时，防止颜色过度饱和而出现溢色。

　手把手 7-10　海绵工具

　　视频文件：视频\第 7 章\手把手 7-10.MP4

01 打开本书配套光盘中"源文件\第 7 章\7.2\7.2.7.jpg"文件，如图 7-78 所示。

02 选择工具箱中的海绵工具 ，在工具选项栏中模式下拉列表框中选择"饱和"，涂抹图片，增加图像颜色饱和度，效果如图 7-79 所示。

03 在工具选项栏中模式下拉列表框中选择"降低饱和度"，涂抹图片，效果如图 7-80 所示。

图 7-78　原图

图 7-79　饱和

图 7-80　降低饱和度

7.3　绘画修饰工具

　　Photoshop 提供了三种擦除工具，包括橡皮擦工具 、背景橡皮擦工具 和魔术橡皮擦工具 ，它们在绘画中起到修饰的作用。另外，历史记录画笔工具 和历史记录艺术画笔工具 在修饰编辑图像过程中也起到非常重要的作用。

7.3.1　橡皮擦工具

　　橡皮擦工具 用于擦除图像像素。如果在背景图层上使用橡皮擦，Photoshop 会在擦除的位置填入背景色；如果当前图层为非背景图层，那么擦除的位置就会变为透明，如图 7-81 所示。

原图　　　擦除背景图层图像　　擦除非背景图层图像

图 7-81　橡皮擦工具擦除图像

　　如图 7-82 所示为橡皮擦工具选项栏，在该选项栏中可设置模式、不透明度、流量和抹到历史记录等选项，在"模式"下拉列表中可设置橡皮擦的笔触特性，包括画笔、铅笔和块三种方式，在不同方式下擦除所得到的效果与使用这些方式绘图的效果相同，如图 7-83 所示。

图 7-82　橡皮擦工具选项栏

画笔　　　　　　　铅笔　　　　　　　块

图 7-83　不同模式的效果

选中"抹到历史记录"复选框，橡皮擦工具就会具有历史记录画笔工具 的功能，能够有选择性地恢复图像至某一历史记录状态，其操作方法与历史记录画笔工具相同。

专家提示：在擦除图像时，按下〈Alt〉键，可激活"抹到历史记录"功能，相当于选中"抹到历史记录"选项，这样可以快速恢复部分误擦除的图像。

7.3.2　背景橡皮擦工具

背景橡皮擦工具 可以将图层上的像素涂抹成透明，并且在抹除背景的同时在前景中保留对象的边缘，因而非常适合清除一些背景较为复杂的图像。如果当前图层是背景图层，那么使用背景橡皮擦工具擦除后，背景图层将转换为名为"图层 0"的普通图层。

如图 7-84 所示为背景橡皮擦工具选项栏。

图 7-84　背景橡皮擦工具选项栏

"背景橡皮擦工具选项栏"中各选项含义如下。

- ：单击将弹出画笔下拉面板，可以在该面板中设置画笔大小、硬度、间距、角度、圆度、大小和容差等参数。
- ：分别单击 3 个图标，可以以 3 种不同的取样模式进行擦除操作。 模式：连续进行取样，在鼠标移动的过程中，随着取样点的移动而不断地取样，此时背景色板颜色会在操作过程中不断变化； 模式：取样一次，以第一次擦除操作的取样作为取样颜色，取样颜色不会随着鼠标的移动而发生改变； 模式：以工具箱背景色板的颜色作为取样颜色，只擦除图像中有背景色的区域。
- 限制：用来选择擦除背景的限制类型，包含三种类型：连续、不连续和查找边缘。"不连续"定义所有取样颜色被擦除；"连续"定义与取样颜色相关联的

区域被擦除；"查找边缘"定义与取样颜色相关的区域被擦除，保留区域边缘的锐利清晰。

- 容差：用于控制擦除颜色区域的大小。容差数值越大，擦除的范围也就越大。
- 保护前景色：选中"保护前景色"复选框，可以防止擦除与前景色颜色相同的区域，从而起到保护某部分图像区域的作用。

手把手 7-11　背景橡皮擦工具

视频文件：视频\第 7 章\手把手 7-11.MP4

01　打开本书配套光盘中的"源文件\第 7 章\7.3\7.3.2.jpg"文件，如图 7-85 所示。

02　在工具箱中选择背景橡皮擦工具 ，在人物背景处沿着人物轮廓拖动鼠标，画笔大小范围内与画笔中心取样点颜色相同或相似的区域（根据容差大小确定）即被清除，如图 7-86 所示。

03　离保留对象较远的背景图像则可直接使用选框工具或橡皮擦工具去除，效果如图 7-87 所示。

图 7-85　原图　　　图 7-86　去除边缘　　图 7-87　去除周围
　　　　　　　　　　　　　　　背景　　　　　　　背景

7.3.3　魔术橡皮擦工具

魔术橡皮擦工具 是魔棒工具与背景橡皮擦工具功能的结合，它可以自动分析图像的边缘，将一定容差范围内的背景颜色全部清除而得到透明区域，如图 7-88 所示。如果当前图层是背景图层，那么将转换为普通图层。

图 7-88　使用魔术橡皮擦工具清除图像背景

如图 7-89 所示为魔术橡皮擦工具选项栏，可在该选项栏中设置容差、消除锯齿等参数。

图 7-89　魔术橡皮擦工具选项栏

　　"魔术橡皮擦工具选项栏"中各选项含义如下。

● 容差：用来设置可擦除的颜色范围。

● 消除锯齿：选中该项可使擦除区域的边缘变得平滑。

● 连续：选中该项，将只擦除与单击的区域像素邻近的像素；若未选中该选项，则可清除图像中所有相似的像素。

● 对所有图层取样：选中该选项，可对所有可见图层中的组合数据采集擦除色样。

● 不透明度：可以设置擦除强度。

7.3.4　边讲边练——运用魔术橡皮擦工具抠图

Before　　　　　After

　　本实例介绍使用魔术橡皮擦工具抠出人物图像，为其更换背景的操作方法。

● 文件路径：源文件\第 7 章\7.3.4

● 视频文件：视频\第 7 章\7.3.4.MP4

01　启动 Photoshop，执行"文件"→"打开"命令，在"打开"对话框中选择素材照片，单击"打开"按钮，如图 7-90 所示。

02　选择魔术橡皮擦工具，在人物的周围单击鼠标，即可将所有相似的像素更改为透明，如图 7-91 所示，背景图层转换为"图层 0"图层，如图 7-92 所示。

图 7-90　素材照片　　　　图 7-91　擦除人物周围部分

03　选择橡皮擦工具，擦除其他多余部分，完成后效果如图 7-93 所示。

图 7-92　图层面板　　　　图 7-93　擦除多余部分

04　按下快捷键〈Ctrl+O〉，打开背景素材，如图 7-94 所示。

05　选择移动工具，将人物添加至背景素材图像中，适当调整大小和位置，效果如图 7-95 所示。

图 7-94　打开背景素材　　　图 7-95　效果

06　在图层面板中单击"添加图层样式"按钮，在弹出的快捷菜单中选择"投影"选项，弹出"图层样式"对话框，设置参数如图 7-96 所示，单击"确定"按钮，为人物添加投影效果。

07　至此，本实例制作完成，最终效果如图 7-97 所示。

图 7-96　"投影"参数　　　图 7-97　最终效果

7.3.5　历史记录画笔工具

历史记录画笔工具 可以将图像恢复到编辑过程中的某一步骤状态，或者将部分图像恢复为原样。历史记录画笔工具需要配合"历史记录"面板一同使用。

图 7-98 为历史记录画笔工具选项栏。

![工具选项栏]

图 7-98　历史记录画笔工具选项栏

7.3.6　边讲边练——制作颜色对比效果

Before　　　　After

本实例结合历史记录面板、使用历史记录画笔工具恢复局部色彩的操作方法，突出照片的主体。

文件路径：源文件\第 7 章\7.3.6

视频文件：视频\第 7 章\7.3.6.MP4

01 按下〈Ctrl+O〉快捷键，打开素材照片，如图 7-99 所示。

02 选择"背景"图层，按住鼠标左键并拖动至"创建新图层"按钮 上，释放鼠标即可得到"背景副本"图层。

03 执行"图像"→"调整"→"去色"命令，对照片进行去色处理，此时图层面板如图 7-100 所示，效果如图 7-101 所示。

图 7-101　去色效果　　　　图 7-102　图层面板

图 7-99　打开文件　　　　图 7-100　图层面板

图 7-103　完成效果

04 执行"窗口"→"历史记录"命令，打开历史记录面板。选择历史记录画笔工具 ，在"复制图层"步骤前单击，如图 7-102 所示。

05 在工具选项栏中适当调整画笔大小，在图像中涂抹人物部分，将其恢复至"复制图层"时的状态，完成后效果如图 7-103 所示。

> **专家提示：** 我们编辑图像以后，想要将部分内容恢复到哪一个操作阶段的效果（或者恢复为原始图像），就在"历史记录"面板中该操作步骤前单击，步骤前面会显示历史记录画笔的源 图标，用历史记录画笔工具涂抹图像，即可将其恢复到该步骤的状态。

7.3.7　历史记录艺术画笔工具

历史记录艺术画笔工具 可用来对图像进行艺术化效果的处理，将普通的图像处理为特殊笔触效果的图像。通过不同笔触的选择，可以模拟出水彩画、油画等效果。

图 7-104 为历史记录艺术画笔工具选项栏。在选项栏中设置不同的参数，可绘制出不同效果的图像。

图 7-104　历史记录艺术画笔工具选项栏

在历史记录艺术画笔工具选项栏中的"样式"下拉列表中提供了多个样式，选择不同的样式类型，可以绘制出不同艺术风格的图像。

 手把手 7-12　历史记录艺术画笔工具

视频文件：视频\第 7 章\手把手 7-12.MP4

01 打开本书配套光盘中"源文件\第 7 章\7.3\7.3.7.jpg"文件，如图 7-105 所示。

02 在工具箱中选择历史记录艺术画笔工具 ，在工具选项栏中的"样式"下拉列表中选择"轻涂"，在画面中涂抹，如图 7-106 所示。

03 在工具选项栏中的"样式"下拉列表中选择"绷紧

长"，在画面中涂抹，如图 7-107 所示。

图 7-105　原图

图 7-106　轻涂

图 7-107　绷紧长

7.4　实战演练——花瓣雨

本实例主要通过介绍使用背景橡皮擦工具、魔术橡皮擦工具、涂抹工具等进行操作，制作唯美花瓣雨。

文件路径：源文件\第 7 章\7.4

视频文件：视频\第 7 章\7.4.MP4

❶ 启用 Photoshop 后，执行"文件"→"新建"命令，弹出"新建"对话框，在对话框中设置参数如图 7-108 所示，单击"确定"按钮，新建一个空白文件。

❷ 按下快捷键〈Ctrl+O〉，打开背景素材图像，如图 7-109 所示。

❸ 运用同样的操作方法添加云朵素材图像至文件中，如图 7-110 所示，图层面板自动生成"图层 2"。

图 7-108　"新建"对话框

图 7-109　打开背景素材　　　图 7-110　添加云朵素材图像

④　选择涂抹工具 ，在工具选项栏中选择一个合适大小的画笔，在云朵上涂抹，绘制出爱心形状的云朵效果，如图 7-111 所示。选择移动工具 ，将背景素材图像添加至文件中，图层面板自动生成"图层 1"。

专家提示：涂抹工具创建的模糊效果使颜色混合且具有一定的方向性。使用涂抹工具进行涂抹时，涂抹的方向决定了涂抹的效果。

⑤　打开草原素材照片，如图 7-112 所示。选择背景橡皮擦工具 ，沿着草地周围拖动鼠标，画笔大小范围内与画笔中心取样点颜色相同或相似的区域（根据容差大小确定）即被清除，完成后效果如图 7-113 所示，背景图层转换为名为"图层 0"的普通图层，如图 7-114 所示。

图 7-111　涂抹出心型云朵效果　图 7-112　打开草原素材图像

图 7-113　擦除天空部分　　　图 7-114　图层面板

⑥　选择移动工具 ，将草地添加至文件中，图层面板自动生成"图层 3"，将草地图像放置在适当位置，效果如图 7-115 所示。

图 7-115　添加草地素材图像

⑦　打开人物素材照片，如图 7-116 所示。

⑧　选择魔术橡皮擦工具 ，在除人物以外的背景上涂抹，将背景部分擦除，完成后效果如图 7-117 所示。

图 7-116　打开人物照片　　　图 7-117　擦除背景部分

⑨　选择移动工具 ，将人物添加至文件中，图层面板自动生成"图层 4"，适当调整人物大小和位置，效果如图 7-118 所示。

图 7-118　添加人物图像

⑩　选择橡皮擦工具 ，擦除人物腿部多余的部分，完成后效果如图 7-119 所示。

图 7-119　擦除多余部分

⑪　双击"图层 4"，弹出"图层样式"对话框，选择"外发光"选项，设置参数如图 7-120 所示，设置完成后单击"确定"按钮，为人物添加外发光效果，如图 7-121 所示。

图 7-120　"外发光"参数　　　图 7-121　外发光效果

⑫ 打开樱花素材照片，如图 7-122 所示。运用魔术橡皮擦工具 擦除背景部分，完成后效果如图 7-123 所示。

图 7-122　打开樱花素材图像

图 7-123　擦除背景部分

⑬ 选择移动工具，将樱花添加至文件中，图层面板自动生成"图层 5"，将樱花放置在图像的右上角，效果如图 7-124 所示。

图 7-124　添加樱花至文件中

⑭ 运用同样的操作方法添加蝴蝶素材图像至文件中，图层面板自动生成"图层 6"，放置在适当位置，如图 7-125 所示。

图 7-125　添加蝴蝶素材

⑮ 按下快捷键〈Ctrl+J〉，将"图层 6"复制一层，得到"图层 6 副本"，选择移动工具，将蝴蝶移动到左下角位置，效果如图 7-126 所示。

图 7-126　效果

⑯ 按下快捷键〈Ctrl+O〉，打开图案素材图像，并将其添加至文件中，效果如图 7-127 所示。

图 7-127　添加图案素材

⑰ 更改图层"混合模式"为"滤色"，效果如图 7-128 所示。

⑱ 添加其他素材图像至文件中，并放置在"图层 6"的下方，完成效果如图 7-129 所示。

图 7-128 "滤色"效果

图 7-129 完成效果

7.5 习题——为人物去除眼袋

Before

After

本实例主要使用修补工具为人物去除眼袋。

文件路径：源文件\第 7 章\7.5

视频文件：视频\第 7 章\7.5 习题

操作提示：

① 打开人物照片素材。

② 使用修补工具围绕人物眼袋建立选区。

③ 拖移选区至取样区域，去除眼袋。

④ 运用同样的操作方法去除另一只眼睛的眼袋。

图层的魔力

——图层的操作

　　图层是 Photoshop 最为重要的概念，它承载着几乎所有的编辑操作。每个图层都保存着特定的图像信息，根据功能的不同分成各种不同的图层，如文字图层、形状图层、填充或调整图层等。本章将对图层的相关知识进行详细讲解，学习如何创建图层、编辑图层和管理图层，以及图层样式的运用等。

第 8 章

8.1 认识图层

图层就像一层层透明的玻璃纸，每一个图层上都保存着不同的图像。图层可以将页面上的元素精确定位，每个图层上的对象都可以单独处理，而不会影响其他图层中的内容。

8.1.1 图层的特性

总的来说，Photoshop 的图层都具有如下三个特性：

- 独立：图像中的每个图层都是独立的，因而当移动、调整或删除某个图层时，其他的图层不会受到影响。
- 透明：图层可看作是透明的胶片，将多个图层按一定次序叠加在一起，空白图层和未绘制图像的区域可以看见下方图层的内容。
- 叠加：图层从上至下叠加在一起，但并不是简单地堆积，通过控制各图层的混合模式和透明度，可得到千变万化的图像合成效果。

8.1.2 图层面板

"图层"面板是图层管理的主要场所，图层的大部分操作都是通过对"图层"面板的操作来实现的。例如，选择图层、新建图层、删除图层、隐藏图层等。执行"窗口"→"图层"命令，或直接按下〈F7〉键，即可打开"图层"面板，如图 8-1 所示。

图层面板主要由以下几个部分组成：

- ：从下拉列表框中可以选择图层的混合模式。
- 图层搜索及过滤：为了便于目标图层的寻找。可以通过众多过滤方式进行过滤筛选。
- 不透明度 100%：在该文本框中输入数值，可以设置当前图层的不透明度。
- 锁定 □ ✐ ✛ 🔒：单击各个按钮，可以设置图层的各种锁定状态。
- 填充 100%：输入数值可以设置图层填充不透明度。
- 指示图层可见性按钮 👁：用于控制图层的显示或隐藏。当该图标显示为 👁 形状时，表示图层处于显示状态；当该图标显示为 □ 形状时，表示图层处于隐藏状态。处于隐藏状态的图层，将不能被编辑。
- 图层名称：可定义图层名称。
- 图层缩览图：图层缩览图是图层图像的缩小图，以便于查看和识别图层。

- 当前图层：在 Photoshop 中，可以选择一个或多个图层进行操作。对于某些操作，一次只能在一个图层上工作。单个选定的图层称为当前图层。当前图层的名称将出现在文档窗口的标题栏中。
- 图层面板按钮组：共 7 个按钮，分别用于完成相应的图层操作。
- 面板菜单：单击面板右上角的倒三角按钮，可以打开图层面板菜单，从中可以选择控制图层和设置图层面板的命令。

8.1.3 图层的类型

在 Photoshop 中可以创建多种类型的图层，每种类型的图层都有不同的功能和用途，它们在图层面板中的显示状态也各不相同，如图 8-2 所示。

图 8-1 图层面板及面板菜单　　　　图 8-2 图层面板

- 当前图层：当前选择的图层，在对图像进行处理时，编辑操作将在当前图层中进行。
- 中性色图层：填充了黑色、白色、灰色的特殊图层，结合特定图层混合模式可用于承载滤镜或在上面绘画。
- 链接图层：保持链接状态的图层。
- 剪贴蒙版：蒙版的一种，下面图层中的图像可以控制上面图层的显示范围，常用于合成图像。
- 智能对象图层：包含嵌入的智能对象的图层。
- 调整图层：可以调整图像的色彩，但不会永久更改像素值。
- 填充图层：通过填充"纯色"、"渐变"、或"图案"而创建的特殊效果的图层。

图层蒙版图层：添加了图层蒙版的图层，通过对图层蒙版的编辑可以控制图层中图像的显示范围和显示方式，是合成图像的重要方法。

矢量蒙版图层：带有矢量形状的蒙版图层。

图层样式：添加了图层样式的图层，通过图层样式可以快速创建特效。

图层组：用来组织和管理图层，以便于查找和编辑图层。

变形文字图层：进行了变形处理的文字图层。与普通的文字图层不同，变形文字图层的缩览图上用一个弧线形的标志。

文字图层：使用文字工具输入文字时，创建的文字图层。

3D 图层：包含有置入的 3D 文件的图层。3D 可以是由 Adobe Acrobat 3D Version 8、3D Studio Max、Alias、Maya 和 Google Earth 等程序创建的文件。

视频图层：包含有视频文件帧的图层。

背景图层：图层面板中最下面的图层。

8.2 图层的基本操作

在 Photoshop 中，编辑图层的基本操作包括创建图层、复制图层、栅格化图层等，下面我们对相关操作和知识进行介绍。

8.2.1 创建新图层

1．用图层面板新建图层

单击"图层"面板中的"创建新图层"按钮 ，可新建一个图层，如图 8-3 所示。

图 8-3　新建图层

专家提示：默认情况下，新建图层会置于当前图层的上方，并自动成为当前图层。按下〈Ctrl〉键单击创建新图层按钮 ，则在当前图层下方创建新图层。

2．用"新建"命令新建图层

选择"图层"→"新建"→"图层"命令或按下〈Ctrl+Shift+N〉快捷键，弹出如图 8-4 所示的"新建图层"对话框，单击"确定"按钮，即可得到新建图层。如果要在创建图层的同时设置图层的属性，可以在对话框中设置图层的名称、显示颜色和混合模式等选项，如图 8-5

所示，创建自定义的新图层。

图 8-4　"新建图层"对话框

图 8-5　更改图层属性

专家提示：在颜色下拉列表中选择一个颜色后，可以使用颜色标记图层。用颜色标记图层在 Photoshop 中被称为颜色编码，我们可以为某些图层或者图层设置一个可以区别于其他图层或图层组的颜色，以便有效地进行区分，如图 8-6 所示。

图 8-6　使用红色标记图层

8.2.2 边讲边练——为照片添加旁白

本实例通过运用自定形状工具，为图片添加趣味旁白。

Before　　　　　After

文件路径：源文件\第 8 章\8.2.2

01 执行"文件"→"打开"命令，打开一张素材文件，如图 8-7 所示。

图 8-7　素材文件

02 选择自定形状工具![icon]，在工具选项栏中按下"形状图层"按钮![icon]，选择如图 8-8 所示的图形。

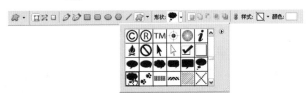

图 8-8　选择图形

03 设置前景色为玫红色（RGB 参考值分别为 233、

93、221），在画面中按下鼠标并拖动，绘制形状，图层面板自动生成"形状 1"图层，如图 8-9 所示，在图像窗口中也可以看到绘制的图形，如图 8-10 所示。

图 8-9　图层面板

图 8-10　绘制形状

8.2.3 选择图层

若想编辑某个图层，首先应选择该图层，使该图层成为当前图层；还可以同时选择多个图层进行操作，当前选择的图层以加色显示。

1．选择一个图层

在图层面板中，每个图层都有相应的图层名称和缩览图，因而可以轻松区分各个图层。如果需要选择某个图层，单击该图层即可。

处于选择状态的图层与未选择的图层有一定区别，选择的图层将以蓝底反白显示，如图 8-11 所示。

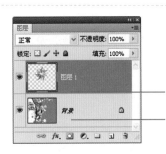

处于选择状态的图层

未选择的图层

图 8-11　选择"图层 1"

"选择工具"选项栏如图 8-12 所示，单击![icon]下拉按钮，从下拉列表中可以设置是选择图层组还是选择图层。当选择"组"方式时，无论是使用何种选择方式，只能选择该图层所在的图层组，而不能选择该图层。

图 8-12　"选择工具"选项栏

2．选择多个图层

在 Photoshop CS6 中，可以同时选择多个图层。

- 如果要选择连续的多个图层，在选择一个图层后，按住〈Shift〉键在"图层"面板中单击另一个图层的图层名称，则两个图层之间的所有图层都会被选中，如图 8-13 所示。

- 如果要选择不连续的多个图层，在选择一个图层后，按住〈Ctrl〉键在"图层"面板中单击另一个图层的图层名称，如图 8-14 所示。

图 8-13　选择多个连续图层　　图 8-14　选择多个不连续的图层

- 如果只选择同一类型的图层，可以单击图层过滤组中的相应按钮，进行筛选，如图 8-15 所示。是单击了面板中的"形状滤镜"按钮 ，将形状图形筛选出来。若要结束筛选，则单击右边的红色小方块。

8.2.4　取消选择图层

如果不想选择任何图层，可在图层面板中的背景图层下方空白处单击左键，如图 8-16 所示，也可执行"选择"→"取消选择图层"命令进行操作。

图 8-15　筛选图层　　　　图 8-16　取消选择图层

8.2.5　更改图层名称

Photoshop 默认以"图层 1"、"图层 2"……命名图层，当图像的图层比较多时，用户可以为每个图层定义相应的名称，以便于图层的识别和管理。

在图层面板中双击图层的名称，在出现的文本框中直接输入新的名称即可，如图 8-17 所示；或在图层上单击右键，在弹出的菜单中选择"图层属性"命令，在打开的"图层属性"对话框"名称"文本框中输入新的名称，如图 8-18 所示，单击"确定"按钮即可更改图层名称。

图 8-17　更改图层名称　　图 8-18　"图层属性"对话框

8.2.6　更改图层的颜色

如果要更改图层的颜色，可选择该图层后单击鼠标右键，在弹出的快捷菜单中选择当前图层的颜色，如图 8-19 所示。

图 8-19　更改图层的颜色

8.2.7　背景图层与普通图层的转换

叠于图层面板最下面的图层为背景图层，背景图层和普通图层之间的可以相互转换，但一个图像只能拥有一个背景图层。

1．背景图层转换为普通图层

"背景"图层是较为特殊的图层，不能对其进行更改混合模式、不透明度等操作。要进行这些操作，需要先将"背景"图层转换为普通图层。

双击"背景"图层，打开"新建图层"对话框，如图 8-20 所示，在该对话框中可以为它设置名称、颜色、模式和不透明度，设置完成后单击"确定"按钮，即可将其转换为普通图层，如图 8-21 所示。

图 8-20 "新建图层"对话框

图 8-21 背景图层转换为普通图层

2. 普通图层转换为背景图层

如果当前文件中没有"背景"图层，可选择一个图层，然后执行"图层"→"新建"→"背景图层"命令，即可将该图层转换为背景图层，如图 8-22 所示。

图 8-22 普通图层转换为背景图层

8.2.8 复制选区新建图层

运用矩形选框工具绘制一个选区，执行"图层"→"新建"→"通过拷贝的图层"命令，可以将选区内的图像复制到新建的图层中，如图 8-23 所示。

图 8-23 复制选区新建图层

 技巧点拨：按下〈Ctrl+J〉快捷键，也可以将选区内的图像复制到新的图层。

8.2.9 剪切选区新建图层

运用矩形选框工具绘制一个选区，如图 8-24 所示。

图 8-24 创建选区

选择"图层"→"新建"→"通过剪切的图层"命令，或按下〈Shift+Ctrl+J〉组合键，可以将选区内的图像剪切到新建的图层中，运用移动工具移开新建图层中的图像，如图 8-25 所示，图层选区内的图像已被剪切掉了。

图 8-25 移动剪切的图像

8.2.10 显示与隐藏图层

图层面板中的眼睛图标不仅可指示图层的可见性，也可用于图层的显示/隐藏切换。通过设置图层的显示/隐藏，可控制一幅图像的最终效果。

单击图层前的图标，该图层即由可见状态转换为隐藏状态，同时眼睛图标也显示为形状，如图 8-26 所示。当图层处于隐藏状态时，单击该图层的图标，该图层即由不可见状态转换为可见状态，眼睛图标也显示为形状。

 技巧点拨：按住〈Alt〉键单击图层的眼睛图标，可显示/隐藏除本图层外的所有其他图层。

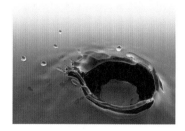

图 8-26　隐藏图层

8.2.11　控制图层缩览图大小

单击图层面板右上角的按钮，在弹出的快捷菜单中选择"面板选项"命令，可以打开"图层面板选项"对话框，如图 8-27 所示。在该对话框中可以控制图层缩览图显示的内容和大小。

图 8-27　"图层面板选项"对话框

- 缩览图大小："缩览图大小"选项用于控制缩览图显示大小，当选择"无"选项时，即在图层面板中不显示缩览图，这样可以在有限的空间下显示更多的图层列表。
- 缩览图内容："缩览图内容"选项组可以控制图层缩览图是仅显示当前图层图像的缩览图，还是包括当前图层图像在整个图像中的位置。

8.2.12　复制图层

在"图层"面板中，将需要复制的图层拖动至"创建新图层"按钮上，释放鼠标即可复制该图层，如图 8-28 所示。

执行"图层"→"复制图层"命令，在弹出的"复制图层"对话框中输入图层名称并设置选项，如图 8-29

所示。单击"确定"按钮即可复制该图层。

另外，按下〈Ctrl+J〉键，可以快速复制当前图层。

图 8-28　复制图层　　图 8-29　"复制图层"对话框

8.2.13　锁定图层

Photoshop 提供了图层锁定功能，以限制图层编辑的内容和范围，避免误操作。按下图层面板 4 个锁定按钮即可实现相应的图层锁定，如图 8-30 所示。

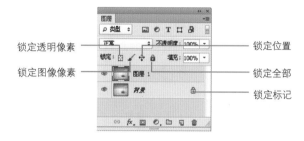

图 8-30　锁定图层

- 锁定透明像素：在图层面板中选择图层或图层组，然后按下按钮，则图层或图层组中的透明像素被锁定。当使用绘图工具绘图时，将只能编辑图层非透明区域（即有图像像素的部分）。
- 锁定图像像素：按下此按钮，则任何绘图、编辑工具和命令都不能在该图层上进行编辑，绘图工具在图像窗口上操作时将显示禁止光标。
- 锁定位置：按下此按钮，图层将不能进行移动、旋转和自由变换等操作，但可以正常使用绘图和编辑工具进行图像编辑。
- 锁定全部：按下此按钮，图层被全部锁定，不能移动位置，不能执行任何图像编辑操作，也不能更改图层的不透明度和混合模式。"背景"图层即默认为全部锁定。
- 如果多个图层需要同时被锁定，首先选择这些图层，执行"图层"→"锁定图层"命令，在随即弹出的如图 8-31 所示的对话框中设置锁定的内容即可。

图 8-31　"锁定图层"对话框

8.2.14 边讲边练——链接图层

Photoshop 允许将多个图层进行链接，以便可以同时进行移动、旋转、缩放等操作。下面通过一个小练习介绍链接图层与解除链接的方法。

文件路径：源文件\第 8 章\8.2.14

01 打开随书光盘提供的素材文件，其图层面板如图 8-32 所示。

02 按住〈Ctrl〉键选择需要链接的四个图层，如图 8-33 所示。

图 8-32 图层面板   图 8-33 选择多个图层

03 单击图层面板底端的链接图层按钮 ⊖⊖ ，或在图层上单击鼠标右键，在弹出的快捷菜单中选择“链接图层”，选择的四个图层即建立链接关系，每个链接图层的右侧都会显示一个链接标记 ⊖⊖ ，如图 8-34 所示。链接图层后，对其中任何一个图层执行变换操作，其他链接图层也会发生相应的变化。

04 当需要解除某个图层的链接时，可以选择该图层，如图 8-35 所示。然后单击图层面板底端的链接图层按钮 ⊖⊖ ，该图层即与其他三个图层解除链接关系，如图 8-36 所示。

8.2.15 栅格化图层内容

如果要在文字图层、形状图层、矢量蒙版或智能对象等包含矢量数据的图层，以及填充图层上进行编辑，必须先将图层栅格化，才能够进行编辑。执行“图层”→“栅格化”下拉菜单中的命令可以栅格化图层中的内容。

● 文字：栅格化文字图层，被栅格化的文字将变成光栅图像，不能再修改文字的内容，如图 8-38 所示。

图 8-34 链接图层   图 8-35 选择图层

05 某一个图层的链接解除后，并不会影响其他图层之间的链接关系，因此当选择其他链接图层中的某一个图层时，其右侧仍然会显示出链接标记，如图 8-37 所示。

图 8-36 解除链接   图 8-37 其他图层仍保持链接

图 8-38 栅格化文字图层

- 形状/填充内容/矢量蒙版：执行"图层"→"栅格化"→"形状"命令，可栅格化形状图层，如图 8-39 所示；执行"填充内容"命令，可栅格化形状图层的填充内容，但保留矢量蒙版；执行"矢量蒙版"命令，可栅格化形状图层的矢量蒙版，同时将其转换为图层蒙版。

图 8-39 栅格化形状图层

- 智能对象：可栅格化智能对象图层，如图 8-40 所示。

图 8-40 栅格化智能对象图层

- 视频：将当前视频帧栅格化为图像图层。
- 3D：栅格化 3D 图层。
- 图层/所有图层：执行"图层"命令，可以栅格化当前选择的图层，执行"所有图层"命令，可格式化包含矢量数据、智能对象和生成数据的所有图层。

8.2.16 删除图层

在实际工作中，可以根据具体情况选择最快捷的删除图层的方法：

- 如果需要删除的图层为当前图层，可以按下〈Delete〉键删除，或按下图层面板底端的"删除图层"按钮，或选择"图层"→"删除"→"图层"命令，在弹出的如图 8-41 所示的提示信息框中单击"是"按钮即可。
- 如果需要删除的图层不是当前图层，则可以移动光标至该图层上方，然后按下鼠标并拖动至 按钮上，当该按钮呈按下状态时释放鼠标即可。
- 如果需要同时删除多个图层，则可以首先选择这些

图层，然后按下 按钮删除。

- 如果需要删除所有处于隐藏状态的图层，可选择"图层"→"删除"→"隐藏图层"命令。
- 在 Photoshop CS6 中，如果当前选择的工具是移动工具，则可以通过直接按〈Delete〉键删除当前图层（一个或多个）。

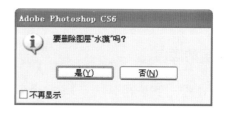

图 8-41 确认图层删除提示框

 技巧点拨：按住〈Alt〉键单击删除按钮 可以快速删除图层，而无须确认。

8.2.17 清除图像的杂边

当移动或粘贴选区时，选区边框周围的一些像素也会包含在选区内，因此，粘贴选区的边缘周围会产生边缘或晕圈。执行"图层"→"修边"子菜单中的命令可以去除这些多余的像素，如图 8-42 所示。

图 8-42 "修边"子菜单

- 去边：用包含纯色的邻近像素的颜色替换任何边缘像素的颜色，如图 8-43 所示。
- 移去黑色杂边：如果将黑色背景上创建的消除锯齿的选区粘贴到其他颜色的背景上，可执行该命令来消除黑色杂边。
- 移去白色杂边：如果将白色背景上创建的消除锯齿的选区粘贴到其他颜色的背景上，可执行该命令来消除白色杂边。

原图　　　　　　　　　去边后效果

图 8-43 修边示例

8.3 排列与分布图层

图层面板中的图层是按照从上到下的顺序堆叠排列的，上面图层中的不透明部分会遮盖下面图层中的图像，因此，如果改变面板中图层的堆叠顺序，图像的效果也会发生改变。

8.3.1 改变图层的顺序

在图层面板中，将一个图层的名称拖至另外一个图层的上方或者下方，当突出显示的线条出现在要放置图层的位置时，释放鼠标即可将图层放置在指定位置，如图8-44所示，图像效果如图8-45所示。

图8-44 改变图层的顺序

原图　　　　　　　　调整图层顺序后效果

图8-45 图像效果

执行"图层"→"排列"子菜单中的命令，也可以调整图层的排列顺序，如图8-46所示。

图8-46 "图层"→"排列"子菜单

- 置为顶层：将选择的图层调整到最顶层。
- 前移一层：将选择的图层向上移动一层。
- 后移一层：将选择的图层向下移动一层。
- 置为底层：将选择的图层调整到最底层。
- 反向：如果在图层面板中选择了多个图层，则执行该命令可以反转被选择图层的排列顺序。

8.3.2 对齐和分布图层

Photoshop的对齐和分布功能用于准确定位图层的位置。在进行对齐和分布操作之前，需要首先选择这些图层，或者将这些图层设置为链接图层，然后使用"图层"→"对齐"和"图层"→"分布"级联菜单命令，或者直接单击选择工具选项栏相应按钮，如图8-47所示，进行对齐和分布操作。

　　　　　　对齐按钮　　　　　分布按钮

图8-47 移动工具选项栏

 专家提示：使用"对齐"命令，要求是两个或两个以上的图层；使用"分布"命令，要求是三个或三个以上的图层。

1．对齐图层

对齐图层有以下三种情况：

- 如果当前图像中存在选区，系统自动移动当前选择图层，与选区进行对齐。
- 如果当前选择图层与其他图层存在链接关系，则当前选择图层保持不动，其他链接图层与当前选择图层对齐。
- 如果当前选择了多个图层，则根据对齐的方式，决定移动的图层。

2．分布图层

"分布"命令用于将当前选择的多个图层或链接图层进行等距排列。

- 按顶分布 ：平均分布各图层，使各图层的顶边间隔相同的距离。
- 垂直居中分布 ：平均分布各图层，使各图层的垂直中心间隔相同的距离。
- 按底分布 ：平均分布各图层，使各图层的底边间隔相同的距离。
- 按左分布 ：平均分布各图层，使各图层的左边间隔相同的距离。
- 水平居中分布 ：平均分布各图层，使各图层的水平中心间隔相同的距离。
- 按右分布 ：平均分布各图层，使各图层的右边间隔相同的距离。

在进行图层对齐操作之前，必须先选择需要进行对齐的图层，然后选择工具箱中的移动工具 ，在工具选项栏中选择相应的对齐方式。

 手把手 8-1　分布图层

视频文件：视频\第 8 章\手把手 8-1.MP4

01 执行"文件"→"打开"命令，打开本书配套光盘中"源文件\第 8 章\8.3.2\云朵.psd"文件，选中背景图层以上所有的图层，如图 8-48 所示。

图 8-48　示例图像

02 单击选项栏中的垂直居中对齐按钮，如图 8-49 所示。

03 按〈Ctrl+Z〉键，返回一步，单击选项栏中的水平居中对齐按钮，如图 8-50 所示。

图 8-49　垂直居中对齐　　　图 8-50　水平居中对齐

04 选中背景以上的所有图层，单击图层面板下面的链接图层按钮 ，链接图层，如图 8-51 所示。选中图层面板中的"形状 1 副本 2"图层，单击选项栏中的不同的

对齐方式按钮，如图 8-52 所示。

专家提示：在这里需要注意的是完成每一步对齐后，需要按〈Ctrl+Z〉，恢复到素材文件刚打开时的状态。

图 8-51　链接图层

图 8-52　右对齐和底对齐

05 单击选项栏中的"垂直居中分布"按钮，如图 8-53 所示。

分布排列前　　　　　　　　分布排列后

图 8-53　使用分布功能排列图层

8.4 合并与盖印图层

在 Photoshop CS6 中，用户可以新建任意数量的图层，但一幅图像的图层越多，打开和处理时所占用的内存和保存时所占用的磁盘空间也就越大。因此，及时将一些不需要修改的图层合并，减少图层数量，就显得非常必要。

8.4.1　合并图层

合并图层的 4 种方法如下：

- 向下合并：选择此命令，可将当前选择图层与图层面板的下一图层进行合并，合并时下一图层必须为可见，否则该命令无效，快捷键为〈Ctrl+E〉。
- 合并可见图层：选择此命令，可将图像中所有可见图层全部合并。
- 拼合图像：合并图像中的所有图层。如果合并时图像有隐藏图层，系统将弹出一个提示对话框，单击其中的"确定"按钮，隐藏图层将被删除，单击"取消"按钮则取消合并操作。

如果需要合并多个图层，可以先选择这些图层，然后执行"图层"→"合并图层"命令，快捷键为〈Ctrl+E〉。

8.4.2 盖印图层

使用 Photoshop 的盖印功能，可以将多个图层的内容合并至一个新的图层，同时保持其他图层完好无损。Photoshop 没有提供盖印图层的相关命令，只能通过快捷键进行操作。

首先选择需要盖印的多个图层，然后按下〈Ctrl+Alt+E〉快捷键，即可得到包含当前所有选择图层内容的新图层，如图 8-54 所示。

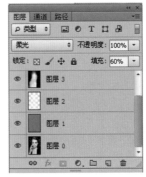 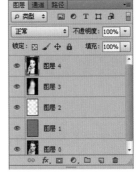

选择多个图层　　　　　　盖印图层结果

图 8-54　盖印图层

技巧点拨：按下〈Ctrl+Shift+Alt+E〉快捷键，自动盖印所有可见图层。

8.5 使用图层组管理图层

当图层数量过多时，图层面板就会显得非常杂乱。为此，Photoshop 提供了图层组的功能，以方便图层的管理。图层组可以展开或折叠，也可以像图层一样设置混合模式、透明度，添加图层蒙版，进行整体选择、复制或移动等操作。

8.5.1 创建图层组

1．创建空图层组

在图层面板中单击"创建新组"按钮，或执行"图层"→"新建"→"组"命令，即可在当前选择图层的上方创建一个图层组，如图 8-55 所示。双击图层组名称位置，在出现的文本框中可以输入新的图层组名称。

通过这种方式创建的图层组不包含任何图层，需要通过拖动的方法将图层移动至图层组中。在需要移动的图层上按下鼠标，然后拖动至图层组名称或图标上释放鼠标即可，如图 8-56 所示，结果如图 8-57 所示。

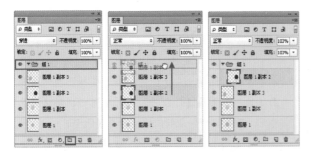

图 8-55　新建组　　图 8-56　创建组并　　图 8-57　添加到组中
　　　　　　　　　　　　拖动图层

若要将图层移出图层组，可将图层拖出图层组区域，或者将图层拖动至图层组的上方或下方释放鼠标即可。

2．从图层创建组

可以直接从当前选择图层创建得到组，这样新建的图层组将包含当前选择的所有图层。按住〈Shift〉或〈Ctrl〉键，选择需要添加到同一图层组中的所有图层，如图 8-58 所示，然后执行"图层"→"新建"→"从图层建立组"命令，或按下快捷键〈Ctrl+G〉，完成后图层面板如图 8-59 所示。

图 8-58　选择多个图层　　图 8-59　从图层创建组

8.5.2 使用图层组

当图层组中的图层比较多时，可以折叠图层组以节省图层面板空间。折叠时只需单击图层组三角形图标即可，如图 8-60 所示。当需要查看图层组中的图层时，再次单击该三角形图标又可展开图层组各图层。

图层组也可以像图层一样，设置属性、移动位置、更改透明度、复制或删除，操作方法与图层完全相同。

双击图层组空白区域，打开"组属性"对话框，如图 8-61 所示，在该对话框中可指定图层组的名称和颜色。

单击图层组左侧的眼睛图标 ，可隐藏图层组中的所有图层，再次单击又可重新显示。

图 8-60　折叠图层组　图 8-61　"组属性"对话框

图 8-62　提示信息框

拖动图层组至图层面板底端的 <u>　</u> 按钮可复制当前图层组。选择图层组后单击 <u>　</u> 按钮，弹出如图 8-62 所示的对话框，单击"组和内容"按钮，将删除图层组和图层组中的所有图层；若单击"仅组"按钮，将只删除图层组，图层组中的图层将被移出图层组。

8.5.3　使用嵌套组

嵌套组是指包含图层组的图层组，使用嵌套组来管理组，可以获得更多对组的控制。要创建具有嵌套关系的组，首先需要创建这些组，然后通过拖动操作将需要嵌套的组置入即可。

8.5.4　边讲边练——全球气候变暖公益广告

本实例主要介绍如何灵活的创建、复制图层，通过创建图层组对图层进行有效地管理和调整。

🖐　文件路径：源文件\第 8 章\8.5.4

📀　视频文件：视频\第 8 章\8.5.4.MP4

01　执行"文件"→"新建"命令，弹出"新建"对话框，在对话框中设置参数如图 8-63 所示，单击"确定"按钮或按快捷键〈Ctrl+N〉，新建一个空白文件。

02　单击图层面板中的"创建新图层组"按钮 📁 ，新建"组 1"图层组，如图 8-64 所示。

图 8-63　"新建"对话框　　图 8-64　新建图层组

03　执行"文件"→"打开"命令，打开"岩石"素材，单击图层缩览图，弹出"图层样式"对话框，设置投影参数如图 8-65 所示。

04　按快捷键〈Ctrl+J〉复制三层，执行"编辑"→"变换"→"变形"命令，依次更改形状，如图 8-66 所示。

05　执行"文件"→"打开"命令，打开 3D 文字素材，如图 8-67 所示。

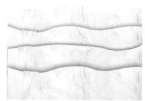

图 8-65　添加图层样式　　图 8-66　复制图形并变形

06　执行"编辑"→"变换"命令，调整文字的大小和形状，图像效果如图 8-68 所示。

图 8-67　打开 3D 文字　　图 8-68　变换文字形状

07 依次调整文字图层的顺序，如图 8-69 所示。

08 选择背景层，按快捷键〈Ctrl+O〉打开天空素材，如图 8-70 所示。

图 8-69　调整图层的顺序　　　图 8-70　打开天空素材

09 按快捷键〈Ctrl+O〉打开冰山素材，按快捷键〈Ctrl+T〉调整图层，添加图层蒙版，设置前景色为黑色，使用画笔工具涂抹冰山周边，隐藏图像，效果如图 8-71 所示。

10 运用同样的操作方法打开并修改其他的素材，如图 8-72 所示。

图 8-71　添加蒙版　　　　图 8-72　添加其他素材

11 选择天空图层，按住快捷〈Shift〉键并单击"图层 22"，移动至组，如图 8-73 所示。

12 执行"文件"→"打开"命令，打开三张素材，更改图层的顺序，将其移动至适当位置，如图 8-74 所示。

图 8-73　移动图层至组　　图 8-74　打开素材并调整顺序

13 运用同样的操作方法依次打开素材，使用自由变换工具调整素材的大小和位置，如图 8-75 所示。

14 运用同样的操作方法依次打开素材，使用自由变换命令，调整素材的大小和位置，如图 8-76 所示。

图 8-75　打开素材并调整顺序　　图 8-76　打开素材并调整顺序

15 选择"图层 25"，添加图层蒙版，使用画笔涂抹蒙版，隐藏图像，如图 8-77 所示。

16 按快捷键〈Ctrl+O〉打开鸟素材，按快捷键〈Ctrl+J〉复制两层，调整复制层的大小，如图 8-78 所示。

图 8-77　添加蒙版　　　　图 8-78　添加鸟素材

17 由于图层较多，可以通过创建图层组将多个图层放置在统一的组中，方便进行有效地管理。执行"图层"→"新建"→"从图层新建组"命令，在弹出的"从图层新建组"对话框中设置"名称"为"鸟"，其他设为默认参数，完成后单击"确定"按钮，将所有"鸟"图层移动到名为"鸟"的图层组中，如图 8-79 所示。

💡 **专家提示：** 图层组中的所有图层被看作一幅单独的图像，可以进行统一的移动、链接和对齐等操作。

18 单击图层面板中的"创建新图层"按钮 🔲，选择钢笔工具 ✒，绘制电线杆的形状，再单击"路径"面板中的 ⬡，将路径转换为选区，设前景色为黑色，按快捷键〈Alt+Delete〉进行填充，移至"warming"文字层下面，如图 8-80 所示。

图 8-79　新建图层组　　　图 8-80　填充路径

💡 **专家提示：** 选择移动工具 ➕，调整图层的顺序与位置，能更灵活地运用图层。

19 按快捷键〈Ctrl+J〉复制两个图层，相应移动至合适的图层下，如图 8-81 所示。

图 8-81　复制图层

20 选择"NOW"图层，单击图层面板中的"创建新图层"按钮 ，选择矩形选框工具 ，绘制矩形，设前景色为白色，按快捷键〈Alt+Delete〉填充，不透明度设为 18%，按快捷键〈Alt+Ctrl+G〉创建剪贴蒙版，如图 8-82 所示。

图 8-82　创建剪贴蒙版

21 新建组 2，单击图层面板中的"创建新图层"按钮 ，选择钢笔工具，绘制一条曲线，单击画笔工具 ，设置前景色为黑色，大小为 1 像素，硬度为 100%，进入路径面板，选择工作路径层，单击鼠标右键，选择"描边路径"选项弹出 "描边路径"对话框，在"工具"下拉列表中选择"画笔"，不勾选"模拟压力"复选框，单击"确定"按钮，按快捷键〈Ctrl+J〉复制三条电线，分别调整至合适的位置，选中最上层电线，按快捷键〈Ctrl+E〉，向下合并电线图层，效果如图 8-83 所示。

22 运用同样的操作方法完成其他电线的绘制，按快捷键〈Ctrl+O〉打开灯笼素材至图像中，并放置在适当位置，完成后图像效果如图 8-84 所示。

图 8-83　描边路径　　　图 8-84　完成效果

8.6　图层的不透明度

在图层面板中有两个控制图层不透明度的选项："不透明度"和"填充"，如图 8-85 所示。

图 8-85　图层面板

"不透明度"选项控制着当前图层、图层组中绘制的像素和形状的不透明度，如果对图层应用了图层样式，则图层样式的不透明度也会受到该值的影响。"填充"选项只影响到图层中绘制的像素和形状的不透明度，不会影响图层样式的不透明度。

手把手 8-2　图层的不透明度
　视频文件：视频\第 8 章\手把手 8-2.MP4

01 打开本书配套光盘中"源文件\第 8 章\8.6\城市花园.psd"文件，如图 8-86 所示。

02 选中"图层 1"，在图层面板中设置"不透明度"为 60%，如图 8-87 所示。

图 8-86　原图　　　图 8-87　不透明度为 60%

03 设置"填充"为 60%，效果如图 8-88 所示。

图 8-88　填充为 60%

8.7　图层的混合模式

混合模式是一项非常重要的功能，它决定了像素的混合方式，可用于创建各种特殊的图像合成效果，但不会对图像内容造成任何破坏。

Photoshop 的"图层"面板中的混合模式用于控制当前图层中的像素与它下面图层中的像素如何混合，如图 8-89 所示。Photoshop 提供了 27 种不同的混合模式，默认的混合模式为"正常"模式，此时上面图中不透明区域会遮盖下面图层中的图像，如果设置为其他模式，当前图层中的像素便会与下面图层中的像素产生混合，进而影响图像的显示效果。

图 8-89　混合模式选项

1．溶解模式

在图层完全不透明情况下，溶解模式与正常模式所得到的效果完全相同。但当降低图层的不透明度时，图层像素不是逐渐透明化，而是某些像素透明，其他像素则完全不透明，从而得到颗粒化效果。不透明度越低，消失的像素越多。

　手把手 8-3　溶解模式

01 打开本书配套光盘中"源文件\第 8 章\8.7\8.7.1"文件夹所有文件，如图 8-90 所示。

02 将"2.jpg"拖入"1.jpg"文件中，在图层面板中设置"混合模式"为"溶解"，设置不透明度为 50%，填充为 80%，如图 8-91 所示。

图 8-90　打开文件

图 8-91　"溶解"混合模式效果

2．变暗模式

变暗模式将上下两图层对应像素的各颜色通道分别进行比较，哪个更暗便以这种颜色作为此像素最终的颜色，也就是取两个颜色中的暗色作为最终色，因此叠加后整体图像变暗。

　手把手 8-4　变暗模式

01 打开本书配套光盘中"源文件\第 8 章\8.7\8.7.2"文件夹所有文件，如图 8-92 所示。

图 8-92　打开文件

02 将"2.jpg"拖入"1.jpg"窗口中，在图层面板中设置"混合模式"为"变暗"，效果如图 8-93 所示。

图 8-93　"变暗"混合模式效果

3. 正片叠底模式

正片叠底模式效果就像是把两张幻灯片放在一起并在同一个幻灯机上放映。其计算方式是将两图层的颜色值相乘，然后再除以 255，所得到的结果就是最终效果，因而总得到较暗的颜色，正片叠底模式可用于添加图像阴影和细节，而不会完全消除下方的图层阴影区域的颜色。

手把手 8-5　正片叠底模式

01 打开本书配套光盘中"源文件\第 8 章\8.7\8.7.3"文件夹所有文件，如图 8-94 所示。

02 将"2.jpg"拖入"1.jpg"文件中，调整好位置，如图 8-95 所示。

03 在图层面板中设置"混合模式"为"正片叠底"，效果如图 8-96 所示。

图 8-94　原图　　图 8-95　添加素材　　图 8-96　正片叠底混合效果

4. 颜色加深模式

混合时颜色加深模式将查看图层每个通道的颜色信息，通过增加对比度以加深图像颜色，通常用于创建非常暗的阴影效果。

5. 线性加深模式

线性加深模式将查看每一个颜色通道的颜色信息，加暗所有通道的基色，并通过提高其他颜色的亮度来反映混合颜色，在与白色混合时没有变化。

6. 深色模式

深色模式将比较两个图层的所有通道值的总和并显示值较小的颜色，不会生成第三种颜色。

7. 变亮模式

此模式与变暗模式相反，混合结果为图层中较亮的颜色。

手把手 8-6　变亮模式

01 按快捷键〈Ctrl+N〉新建文档，前景色设为

#f60de8，按快捷键〈Alt+Delete〉进行填充。打开本书配套光盘中"源文件\第 8 章\8.7\8.7.7\变亮.psd"文件，如图 8-97 所示。

02 在图层面板中设置"图层 0"的"混合模式"为"变亮"，效果如图 8-98 所示。

图 8-97　打开文件　　　图 8-98　变亮混合效果

8. 滤色模式

与正片叠底模式相反，滤色模式将上方图层像素的互补色与底色相乘，因此结果颜色比原有颜色更浅，具有漂白的效果。

任何颜色与黑色应用"滤色"模式，原颜色不受黑色影响，任何颜色与白色应用"滤色"模式得到的颜色为白色。

使用滤色模式除能够得到加亮的图像合成效果外，还可以获得其他调整命令无法得到的调整效果。

手把手 8-7　滤色模式

01 打开本书配套光盘中"源文件\第 8 章\8.7\8.7.8\小女孩.jpg"文件，如图 8-99 所示。

02 按快捷键〈Ctrl+J〉复制一层，设置"混合模式"为"滤色"，图像亮度得到显著提高，如图 8-100 所示。

图 8-99　原图　　　图 8-100　滤色混合效果

9. 颜色减淡模式

颜色减淡模式将查看每个颜色通道的颜色信息，通过增加其对比度而使颜色变亮。使用此模式可以生成非常亮的合成效果。

10. 线性减淡模式

线性减淡模式将查看每个颜色通道的信息，通过降低其亮度使颜色变亮，黑色混合时无变化，如图 8-101 所示。

11. 浅色模式

使用浅色模式时，上、下图层图像亮度进行比较，使用图层中最亮的颜色作为最终颜色，如图 8-102 所示。

图 8-101　线性减淡模式　　　图 8-102　浅色模式

12. 叠加模式

叠加模式在保留下方图层明暗变化的基础上使用正片叠底或滤色模式，上方图层的颜色被叠加到底色上，但保留底色的高光和阴影部分。使用此模式可使底色的图像的饱和度及对比度得到相应的提高，使图像看起来更加鲜亮。

 手把手 8-8　叠加模式

01 打开本书配套光盘中"源文件\第 8 章\8.7\8.7.12"文件夹所有文件，如图 8-103 所示。

图 8-103　打开文件

02 将小狗图像拖动复制至天空图像窗口，在图层面板中设置"混合模式"为"叠加"，效果如图 8-104 所示。

图 8-104　叠加效果

13. 柔光模式

柔光模式将根据上方图层的明暗程度决定最终的效果是变亮还是变暗。当上方图层颜色比 50％灰色亮，那么图像变亮，就像被减淡一样；当上方图层颜色比 50％灰色暗，那么图像将变暗，就像被加深一样。

如果上方图层是纯黑色或纯白色，最终色不是黑色或白色，而是稍微变暗或变亮；如果底色是纯白色或纯黑色，则不产生任何效果。此效果与发散的聚光灯照在图像上相似，如图 8-105 所示。

14. 强光模式

强光模式根据绘图色来决定是执行"正片叠底"模式还是"滤色"模式。当绘图色比 50% 的灰要亮时，则底色变亮，就像执行"滤色"模式一样，这对增加图像的高光非常有帮助；如果绘图色比 50%的灰要暗，则就像执行"正片叠底"模式一样，可增加图像的暗部；当绘图色是纯白色或黑色时得到的是纯白色和黑色。此效果与耀眼的聚光灯照在图像上相似，如图 8-106 所示。

图 8-105　柔光模式　　　图 8-106　强光模式

15. 亮光模式

亮光模式通过增加或降低对比度来加深和减淡颜色，如图 8-107 所示。如果上方图层颜色比 50%的灰度亮，则通过减小对比度使图像变亮，反之图像被加深。

16. 线性光模式

线性光模式根据上方图层颜色增加或降低亮度来加深或减淡颜色，如图 8-108 所示。如果上方图层颜色比 50%的灰度高，则图像将增加亮度。反之，图像将变暗。

图 8-107　亮光模式　　　图 8-108　线性光模式

17. 点光模式

点光模式根据颜色亮度上方图层颜色替换下方图层颜色，如图 8-109 所示。如果上方图层颜色比 50%的灰度高，则上方图层的颜色被下方图层的颜色替代，否则保持不变。

18. 实色混合模式

实色混合模式将上方图层与底图颜色的颜色数值相

加，当相加的颜色数值大于该颜色模式的最大值，混合颜色为最大值；当相加的颜色数值小于该颜色模式的最大值，混合颜色为 0；当相加的颜色数值等于该颜色模式颜色数值的最大值，混合颜色由底图颜色决定，底图颜色的颜色值比绘图颜色的颜色值大，则混合颜色为最大值，相反则为 0。

实色混合能够产生颜色较少、边缘较硬的图像效果，如图 8-110 所示。

图 8-109　点光模式　　　图 8-110　实色混合模式

19．差值模式

差值模式查看每个通道中的颜色信息，比较底色和上方图层颜色，用较亮的像素点的像素值减去较暗的像素点的像素值，差值作为最终色的像素值，如图 8-111 所示。与白色混合将使底色反相；与黑色混合则不产生变化。

20．排除模式

排除模式与差值模式相似，但效果更柔和。排除模式可生成和差值模式相似的效果，但比差值模式生成的颜色对比度较小，因而颜色较柔和。与白色混合将使底色反相，与黑色混合则不产生变化，如图 8-112 所示。

图 8-111　差值模式　　　图 8-112　排除模式

21．减去模式

减去模式是 Photoshop CS6 中新增的图层混合模式，从目标通道中相应的像素上减去源通道中的像素值。

22．划分模式

划分模式也是 Photoshop CS6 中新增的图层混合模式，该模式查看每个通道中的颜色信息，并从基色中分离出混合色。

23．色相模式

色相模式采用底色的亮度、饱和度以及上方图层图像的色相来作为结果色。混合色的亮度及饱和度与底色相同，但色相则由上方图层的颜色决定。

24．饱和度模式

饱和度模式采用底色的亮度、色相以及上方图层图像的饱和度来作为最终色。若上方图层图像的饱和度为零，则原图就没有变化，混合后的色相及亮度与底色相同。

25．颜色模式

颜色模式采用底色的亮度以及上方图层图像的色相和饱和度来作为最终色。可保留原图的灰阶，对图像的色彩微调非常有帮助。混合后的亮度与底色相同，混合后的颜色由上方图层图像决定，如图 8-113 所示。

原图像　　　　　图层效果　　　　效果

图 8-113　颜色模式示例

26．明度模式

明度模式采用底色的色相饱和度以及上方图层图像的亮度来作为最终色。此模式与颜色模式相反，色相和饱和度由底色决定。

 手把手 8-9　明度模式

01 打开本书配套光盘中"源文件\第 8 章\8.7\8.7.26\明度混合.psd"文件，如图 8-114 所示。

02 选择花图层，设置"混合模式"为"明度"，效果如图 8-115 所示。

图 8-114　打开素材　　　　　　图 8-115　明度混合效果

专家提示：按住〈Shift〉键的同时，按〈+〉或〈-〉键可快速切换当前图层的混合模式。

8.8 创建调整图层

执行"窗口"→"调整"命令，打开"调整"面板。"调整"面板中包含了用于调整颜色和色调的工具，并提供了常规图像校正的一系列调整预设，如图 8-116 所示。单击一个调整图层按钮，或单击一个预设，可以显示相应的参数设置选项，如图 8-117 所示，同时创建调整图层。也可以单击"图层"面板下方的"创建新的填充或调整图层"按钮 ◑，在弹出的快捷菜单中选择各项命令，创建填充或调整图层。

图 8-116 "调整"面板　　图 8-117 "色彩平衡"调整面板

8.8.1 了解调整图层

调整图层具有以下特点：

- 调整图层不破坏原图像。可以尝试不同的设置并随时重新编辑调整图层。也可以通过降低调整图层的不透明度来减轻调整的效果。
- 编辑具有选择性。在调整图层的图像蒙版上绘画可将调整应用于图像的一部分。通过使用不同的灰度色调在蒙版上绘画，可以改变调整。
- 能够将调整应用于多个图像。在图像之间复制和粘贴调整图层，便可快速应用相同的颜色和色调调整。

技巧点拨：在使用调整图层后，同执行菜单命令的文件相比，调整图层会增大图像的文件大小，尽管所增加的大小不一定会比其他图层多，但是如果要处理多个图层，用户可以通过将调整图层合并为像素内容图层来缩小文件大小，调整图层具有许多与普通图层相同的特性，用户可以调整其不透明度和混合模式，并可以将它们编组以便将调整图层应用于特定图层，还可以启用和禁用它们的可见性，以便应用效果或预览效果。

8.8.2 边讲边练——运用调整图层调色

本实例介绍利用调色命令为照片调色，为鲜艳色彩照片调出复古色调。

文件路径：源文件\第 8 章\8.8.2

视频文件：视频\第 8 章\8.8.2.MP4

01 按快捷键〈Ctrl+O〉，打开如图 8-118 所示的素材照片，按快捷键〈Ctrl+J〉复制素材图层。

02 选择矩形选框工具 [] 框选图像，按快捷键〈Ctrl+J〉复制生成新图层，如图 8-119 所示。

03 选中背景层为当前图层，单击图层面板底端的"添加新的填充或调整图层"按钮 ◑，在弹出的菜单中选择"黑白"选项，参数值为默认，效果如图 8-120 所示。

04 单击图层面板底端的"添加新的填充或调整图层"按钮 ◑，在弹出的菜单中选择"照片滤镜"选项，设置

"浓度"为 44%，效果如图 8-121 所示。

图 8-118 打开素材　　图 8-119 框选图像

图 8-120　调整图层黑白

图 8-121　调整图层照片滤镜

05 单击图层面板底端的"添加新的填充或调整图层"按钮 ，在弹出的菜单中选择"可选颜色"选项，参数如图 8-122 和图 8-123 所示。

图 8-122　"选取颜色"参数 1

图 8-123　"选取颜色"参数 2

06 添加可选颜色调整效果如图 8-124 所示。

07 执行"文件"→"打开"命令，打开本案例"图案"素材，移至合适的位置，最终效果图 8-125 所示。

图 8-124　选取颜色调整效果　　　图 8-125　最终效果

8.9　创建图层样式

　　图层样式是由投影、内阴影、外发光、内发光、斜面和浮雕、光泽、颜色叠加、图案叠加、渐变叠加、描边等图层效果组成的集合，它能够快速地更改图层内容的外观，制作丰富的图层效果。

8.9.1　添加图层样式

　　如果要为图层添加样式，可以选择这一图层，然后采用下面任意一种方式打开"图层样式"对话框，在该对话框左侧可以选择不同的图层样式，对话框的左侧列出了 10 种样式，单击一个样式名称前面的复选框，就可以添加该效果。

- 执行"图层"→"图层样式"子菜单中的样式命令，可打开"图层样式"对话框，并进入到相应的样式设置面板，如图 8-126 所示。

- 在图层面板中单击"添加图层样式"按钮 fx，在打开的快捷菜单中选择一个样式命令，如图 8-127 所示，也可以打开"图层样式"对话框，并进入到相应的样式面板。

- 双击需要添加样式的图层，可打开"图层样式"对话框，如图 8-128 所示。

图 8-126　"图层样式"子菜单　　　图 8-127　快捷菜单

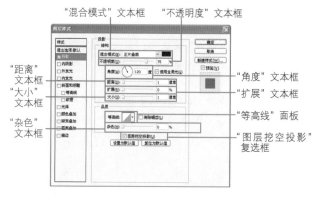
图 8-128　"图层样式"对话框

8.9.2 投影

选择"图层样式"对话框后左侧样式列表中的"投影"复选框，并单击该选项，即可切换至"投影"面板，如图 8-129 所示，在该面板中，可对当前图层中对象的投影效果进行设置。

图 8-129 投影效果参数

- "混合模式"文本框：设置阴影与下方图层的色彩混合模式，系统默认为"正片叠底"模式，这样可得到较暗的阴影颜色。其右侧有一个颜色块，用于设置阴影的颜色。
- "不透明度"文本框：用于设置阴影的不透明度，该数值越大，阴影颜色越深。
- "角度"文本框：用于设置光源的照射角度，光源角度不同，阴影的位置自然就不同。选中"使用全局光"选项，可使图像中所有图层的图层效果保持相同的光线照射角度。
- "距离"文本框：设置阴影与图层间的距离，取值范围为 0 ~ 30000 像素。
- "扩展"文本框：Photoshop 预设的阴影大小与图层相当，增大扩展值可加粗阴影。
- "大小"文本框：设置阴影边缘软化程度。
- "等高线"面板：用于产生光环形状的阴影效果。
- "杂色"文本框：通过拖曳滑块或直接在文本框中输入数值，设置当前图层对象中的杂色数量，数值越大，杂色越多；数值越小，杂色越小。
- "图层挖空投影"复选框：控制半透明图层中投影的可见或不可见效果。

技巧点拨：添加"投影"效果时，移动光标至图像窗口，当光标显示为 形状时拖动，可手动调整阴影的方向和距离。

8.9.3 内阴影

与"投影"效果从图层背后产生阴影不同，"内阴

影"效果在图层前面内部边缘位置产生柔化的阴影效果，常用于立体图形的制作。

选择"图层样式"对话框后左侧样式列表中的"内阴影"复选框，并单击该选项，即可切换至"内阴影"面板，如图 8-130 所示。

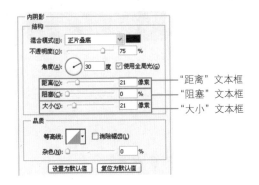

图 8-130 内阴影效果参数

- "距离"文本框：通过拖曳滑块或直接在文本框中输入数值，设置内阴影与当前图层边缘的距离。
- "阻塞"文本框：通过拖曳滑块或直接在文本框中输入数值，模糊之前收缩"内阴影"的杂边边界。
- "大小"文本框：通过拖曳滑块或直接在文本框中输入数值，设置内阴影的大小。

8.9.4 外发光

"外发光"效果可以在图像边缘产生光晕，从而将对象从背景中分离出来，以达到醒目、突出主题的作用，如图 8-131 所示。在设置发光颜色时，应选择与发光文字或图形反差较大的颜色，这样才能得到较好的发光效果，系统默认发光的颜色为黄色。

图 8-131 外发光效果

8.9.5 内发光

"内发光"效果在文本或图像的内部产生光晕的效果。选择"图层样式"对话框后左侧样式列表中的"投影"复选框，并单击该选项，即可切换至"投影"面板，如图 8-132 所示，在该面板中，可对当前图层中对象的外发光效果进行设置，其参数选项与外发光基本相同，其中外发光"图案"选项组中的"扩展"选项变成了内发光中"阻塞"选项，这是两个相反的参数。

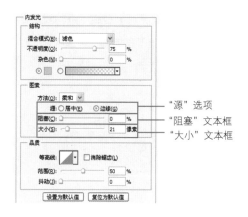

图 8-132 内发光效果

- "源"选项：该选项组中包含两个选项，分别是"居中"和"边缘"，选中"居中"单选按钮，可使内发光效果从图层对象中间部分开始，使整个对象内部变亮；选中"边缘"单选按钮，可使内发光效果从图层对象边缘部分开始，使对象边缘变亮。
- "阻塞"文本框：通过拖曳滑块或直接在文本框中输入数值，模糊之前收缩"内发光"的杂边边界。
- "大小"文本框：通过拖曳滑块或直接在文本框中输入数值，设置内发光的大小。

8.9.6 斜面和浮雕

"斜面和浮雕"是一个非常实用的图层效果，可用于制作各种凹陷或凸出的浮雕图像或文字。选择"图层样式"对话框后左侧样式列表中的"斜面和浮雕"复选框，并单击该选项，即可切换至"斜面和浮雕"面板，在面板中，对图层添加与阴影的各种组合，如图 8-133 所示。

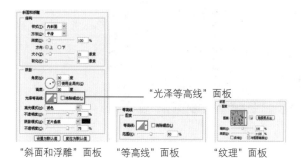

"斜面和浮雕"面板　"等高线"面板　"纹理"面板

图 8-133 "斜面和浮雕"面板

- "光泽等高线"面板：单击右侧的下拉按钮，打开下拉面板，该面板中显示出所有软件自带的光泽等高线效果，通过单击该面板中的选项，可自动设置其光泽等高线效果。
- 等高线"图案"选项组：在该选项组中，可对当前图层对象中所应用的等高线效果进行设置。其中包括等高线类型，等高线范围等。

- 纹理"图案"选项组：在该选项组中，可对当前图层对象中所应用的图案效果进行设置，其中包括图案的类型、图案的大小和深度等效果。

8.9.7 光泽

"光泽"效果可以用来模拟物体的内反射或者类似于绸缎的表面。选择"图层样式"对话框后左侧样式列表中的"光泽"复选框，并单击该选项，即可切换至"光泽"面板，如图 8-134 所示。

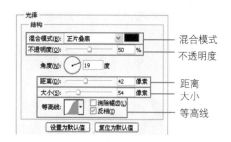

图 8-134 光泽参数

- 混合模式：用于选择颜色的混合样式。
- 不透明度：用于设置效果的不透明度。
- 距离：设置光照的距离。
- 大小：设置光泽边缘效果范围。
- 等高线：用于产生光环形状的光泽效果。

8.9.8 颜色叠加

颜色叠加命令用于使图像产生一种颜色叠加效果。选择"图层样式"对话框后左侧样式列表中的"颜色叠加"复选框，并单击该选项，即可切换至"颜色叠加"面板，如图 8-135 所示。

图 8-135 颜色叠加参数

- 混合模式：用于选择颜色的混合样式。
- 不透明度：用于设置效果的不透明度。

8.9.9 渐变叠加

渐变叠加命令用于使图像产生一种渐变叠加效果。选择"图层样式"对话框后左侧样式列表中的"渐变叠加"复选框，并单击该选项，即可切换至"渐变叠加"面板，如图 8-136 所示。

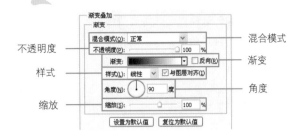

图 8-136　渐变叠加参数

- 混合模式：用于选择混合样式。
- 不透明度：用于设置效果的不透明度。
- 渐变：用于设置渐变的颜色，如图 8-137 所示为设置"混合模式"为"正片叠底"后选择不同的渐变预设效果。其中"反向"复选框用于设置渐变的方向。

原图　　　　　橙，黄，橙渐变　　　色谱渐变

图 8-137　不同的渐变颜色

- 样式：用于设置渐变的形式。
- 角度：用于设置光照的角度。
- 缩放：用于设置效果影响的范围。

8.9.10　图案叠加

图案叠加命令用于在图像上添加图案效果。选择"图层样式"对话框后左侧样式列表中的"图案叠加"复选框，并单击该选项，即可切换至"图案叠加"面板，如图 8-138 所示。

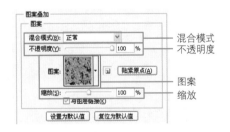

图 8-138　图案叠加参数

- 混合模式：用于选择混合模式。
- 不透明度：用于设置效果的不透明度。
- 图案：用于设置图案效果。
- 缩放：用于设置效果影响的范围。

8.9.11　描边

"描边"效果用于在图层边缘产生描边效果，选择

"图层样式"对话框后左侧样式列表中的"描边"复选框，并单击该选项，即可切换至"图案叠加"面板，如图 8-139 所示。

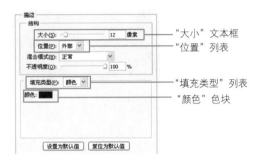

图 8-139　描边参数

- "大小"文本框：通过拖曳滑块或直接在文本框中输入数值，设置描边的大小。
- "位置"列表：单击右侧的下拉按钮，打开下拉列表，在该下拉列表中有 3 个选项，分别是"外部"、"内部"和"居中"，分别表现出描边效果的不同位置，如图 8-140 所示。

原图　　　　　　　　　　外部

内部　　　　　　　　　　居中

图 8-140　不同的位置

- "填充类型"列表：单击右侧的下拉按钮，打开下拉列表，在该下拉列表中有 3 个选项，分别是"颜色"、"渐变"和"图案"，通过选择不同的选项确定描边效果以何种方式显示。
- "颜色"色块：单击该色块，可对描边的颜色进行设置。

专家提示：选择不同的填充类型时，"填充类型"选项组就会发生相应的变化。

8.10 编辑图层样式

图层样式作为一种图层特效，不仅可以在不同图层之间复制，还可以随时删除、隐藏或删除，具有非常强的灵活性。

8.10.1 修改、隐藏与删除样式

通过隐藏或删除图层样式，可以去除为图层添加的图层样式效果，方法如下。

- 删除图层样式：添加图层样式的图层右侧会显示 *fx* 图标，单击该图标可以展开所有添加的图层效果，拖动该图标或"效果"栏至面板底端删除按钮 🗑，可以删除图层样式，如图 8-141 所示。
- 删除图层效果：拖动效果列表中的图层效果至删除按钮 🗑，可以删除该图层效果，如图 8-142 所示。
- 隐藏图层效果：单击图层效果左侧的眼睛图标 👁，可以隐藏该图层效果。

图 8-141　删除图层样式　　　图 8-142　复制图层样式

8.10.2 复制与粘贴样式

快速复制图层样式，有鼠标拖动和菜单命令两种方法可供选用。

1．鼠标拖动

拖动"效果"项或 *fx* 图标至另一图层上方，即可移动图层样式至另一个图层，此时光标显示为 形状，同时在光标下方显示 *fx* 标记，如图 8-143 所示。

在拖动时按住〈Alt〉键，则可以复制该图层样式至另一图层，此时光标显示为 形状，如图 8-144 所示。

2．菜单命令

在添加了图层样式的图层上单击右键，在弹出的菜单中选择"拷贝图层样式"选项，然后在需要粘贴样式的图层上单击右键，在弹出菜单中选择"粘贴图层样式"选项即可。

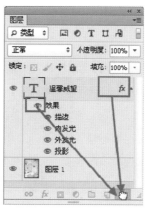 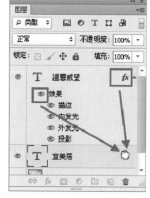

图 8-143　移动图层样式　　　图 8-144　复制图层样式

8.10.3 缩放样式效果

执行"图层"→"图层样式"→"缩放效果"命令，可打开"缩放图层效果"对话框，如图 8-145 所示。

图 8-145　"缩放图层效果"对话框

在"缩放"下拉列表中可选择缩放比例，或在文本框中输入缩放的数值，单击"确定"按钮即可。如图 8-146 所示为设置"缩放"为 100% 和 200% 的效果。

图 8-146　缩放图层样式

> 💡 专家提示："缩放效果"命令只缩放图层样式中的效果，而不会缩放应用了该样式的图层。

8.10.4 将图层样式创建为图层

选择添加了样式的图层，执行"图层"→"图层样式"→"创建图层"命令，系统会弹出一个提示对话框，如图 8-147 所示。

图 8-147 提示对话框

单击"确定"按钮，样式便会从原图层中独立出来成为单独的图层，如图 8-148 所示，转换后的图像效果不会发生变化。

图 8-148 转换图层样式为图层

8.11 使用样式面板管理样式

样式面板是 Photoshop 提供给用户浏览和管理图层样式的工具。使用该面板，可以载入、浏览保存在文件中的图层样式，也可以存储用户自定义的样式。

8.11.1 了解样式面板

选择"窗口"→"样式"命令，在 Photoshop 窗口中显示样式面板，单击面板右上角的按钮，打开扩展菜单，通过选择不同的菜单选项，可对该面板进行新建、关闭、显示等方面的操作，如图 8-149 所示。

图 8-149 样式面板

- 样式列表：在该区域显示出所有当前可用的样式，通过单击，即可将其应用到当前图层对象中。
- "编辑样式"按钮组：该区域中包括"清除样式"按钮、"创建新样式"按钮和"删除样式"按钮，可对当前对象或样式执行清除、新建和删除操作。
- "新建样式"选项：选择该选项，弹出"新建样式"对话框，可将当前应用到图层对象中的样式创建为新样式。
- "样式显示方式"选项组：选择不同的选项，可设置样式列表中的预览方式。

- "预设管理器"选项：选择该选项，弹出"预设管理器"对话框，在该对话框中，可对画笔、色板、渐变、样式和图案等样式进行设置，并可载入新的样式到列表中。
- "样式编辑"选项组：该选项组中包括 4 个选项，它们分别是"复位样式"、"载入样式"、"存储样式"和"替换样式"。通过选择不同的选项，可执行相应的操作。
- "样式显示列表"选项组：该选项组中包括以样式效果来划分的各种选项，通过选择不同的选项，可在样式列表中显示相应样式图标。
- "关闭"选项组：该选项组中包括"关闭"选项和"关闭选项卡组"选项，选择"关闭"选项只关闭样式面板；选择"关闭选项卡组"选项，可将组合面板全部关闭。

8.11.2 使用样式面板中的样式

样式面板以缩览图的形式显示了多种预设样式，如果要应用某个样式至图层，可以使用下面介绍的操作方法：

- 选择需要应用样式的一个或多个图层，移动光标至样式缩览图上单击，此时的光标显示为 形状。
- 拖动样式缩览图到图层面板图层上方，或图像窗口该图层图像上方。
- 应用样式至一个已添加了图层样式的图层中时，原样式将被替换。如果按住〈Shift〉键拖动，则可将新样式添加到原样式中。

8.11.3 新建样式

用户新建的样式可以将其保存至磁盘，以供随时调用，操作方法如下：

手把手 8-10　新建样式

01　按下快捷键〈Ctrl+O〉，打开保存该样式的图像文件。

02　选择应用了该样式的图层为当前图层。

03　单击样式面板下方的"创建新样式"按钮 ，或移动光标至样式面板空白处单击鼠标，此时光标显示为 形状，如图 8-150 所示。

04　系统弹出如图 8-151 所示的"新建样式"对话框，在"名称"框中输入新样式的名称，然后选择新样式包括的内容：图层效果和图层混合选项。所谓"图层混合选项"，指的是图层的色彩混合模式、不透明度、填充不透明度等设置。

图 8-150　新建样式　　　图 8-151　"新建样式"对话框

05　单击"确定"按钮，即可在样式面板中建立一个新样式。

06　单击样式面板右上角 按钮，从弹出菜单中选择"保存样式"命令，即可将当前样式面板中的所有样式保存至指定的磁盘文件中。

8.11.4　删除样式

将需要删除的样式拖至"删除样式"按钮 上，或在按下〈Alt〉键单击需要删除的样式，即可将其删除。

8.11.5　存储样式库

如果在样式库面板中创建了大量的自定义形状样式，可以将这些样式单独保存为一个样式库。

单击样式面板右上角 按钮，从弹出的面板菜单中选择"存储样式"命令，在打开的"存储"对话框中设置样式名称和保存位置，单击"确定"按钮，可将面板中的样式保存为一个样式库。如果将自定义的样式库保存在 Photoshop 程序文件夹的 Presets/Styles 文件夹中，重新运行 Photoshop 后，该样式库的名称将会出现在样式面板菜单底部，可以随时调用。

8.11.6　载入样式

Photoshop 提供了大量不同类别的预设样式可供使用，但是没有完全显示在面板中。要使用这些样式，首先需要在样式面板中加载这些样式，可打开面板菜单，选择一个样式库，如图 8-152 所示，弹出如图 8-153 所示的对话框。

图 8-152　选择样式库　　　图 8-153　提示对话框

● 确定：单击该按钮，可使用载入的样式替换当前面板中的样式，如图 8-154 所示。

● 追加：单击该按钮，可将样式添加到样式面板中，如图 8-155 所示。

● 取消：单击该按钮，可取消载入样式的操作。

图 8-154　载入玻璃按钮　　　图 8-155　追加玻璃按钮

如果需要载入外部的样式，可单击样式面板右上角 按钮，从弹出的面板菜单中选择"载入样式"命令，弹出"载入"对话框，如图 8-156 所示。在该对话框中选择需要载入的样式，单击"载入"按钮即可。

图 8-156　"载入"对话框

8.12 实战演练——玉玲珑

本实例主要通过添加图层样式和应用图层混合模式等操作，制作宣传册。

文件路径：源文件\第 8 章\8.12

视频文件：视频\第 8 章\8.12.MP4

① 启用 Photoshop 后，执行"文件"→"打开"命令，弹出"打开"对话框，在对话框中找到本案例背景素材，如图 8-157 所示，单击"确定"按钮。

图 8-157　打开素材文件

② 选择横排文字工具 T，在工具选项栏设置参数，效果如图 8-158 所示。

图 8-158　填充颜色

③ 双击文字图层缩览图，弹出"图层样式"对话框，给文字添加斜面与浮雕、内阴影、光泽、外发光、投影效果，参数设置如图 8-159 所示，图像效果如图 8-160 所示。

④ 执行"文件"→"打开"命令，弹出"打开"对话框，在对话框中找到玉器素材，放置至合适的位置，效果如图 8-161 所示。

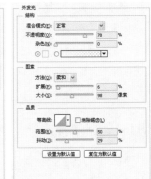

图 8-159　添加图层样式

图 8-160　图层样式效果

图 8-161　打开素材

(5)　运用同样的操作方法编辑文字，调整文字的大小，复制"玉"图层样式至图层中，不透明度为 86%，如图 8-162 所示。

图 8-162　编辑文字

(6)　选择横排文字工具 $\boxed{T}$ ，在工具选项栏中设置字体为"华文行楷"，字体大小为 81.89，颜色为白色，在图像中编辑"翡"字，效果如图 8-163 所示。

图 8-163　编辑文字

(7)　新建一个图层，命名为"云彩"，将前景色设置为深绿色（#238700），背景色为白色，执行"滤镜"→"渲染"→"云彩"命令，效果如图 8-164 所示。

(8)　按快捷键〈Ctrl+T〉进入自由变换状态，将"云彩"图层大小调整与"翡"字一致，使纹理看起来更细腻，按住〈Ctrl〉键，单击文字图层得到文字图层选区，执行选择反向快捷键〈Ctrl+Shift+I〉，按〈Delete〉键删除，如图 8-165 所示，为云彩图添加图层样式，参数设置如图 8-166 所示。

图 8-164　编辑云彩　　　　图 8-165　删除多余的云彩

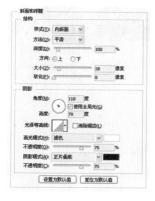 

图 8-166　图层样式参数

(9)　在图层面板中单击"创建新组"将文字层与云彩层放置新组中并更改名字为"字体翡"，如图 8-167 所示。最终效果如图 8-168 所示。

图 8-167　创建新组

图 8-168　最终效果

8.13 习题——中国龙

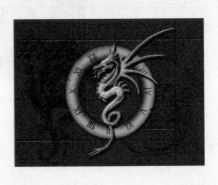

本实例主要通过添加素材文件、添加图层样式和应用图层混合模式等操作，制作出质感很强的立体效果。

文件路径：源文件\第 8 章\8.13

视频文件：avi\第 8 章\8.13 习题

操作提示：

① 新建一个空白文件。

② 添加图片素材。

③ 添加图层蒙版。

④ 添加图层样式。

⑤ 添加"色阶"调整层。

⑥ 使用文字工具添加文字。

特殊的选区——蒙版

　　蒙版是一种特殊的选区，它跟常规的选区颇为不同。常规的选区表现了一种操作趋向，即将对所选区域进行处理；而蒙版却相反，它是对所选区域进行保护，让其免于操作，而对非掩盖的地方应用操作。同时，不处于蒙版范围的地方则可以进行编辑与处理。

　　Photoshop 提供了 3 种类型的蒙版：图层蒙版、矢量蒙版和剪贴蒙版。本章将详细介绍不同类型的蒙版的原理，读者可掌握各类蒙版的运用方法和技巧。

第 **9** 章

9.1 蒙版面板

9.1.1 认识蒙版面板

蒙版属性面板用于调整所选图层中的图层蒙版和矢量蒙版的不透明度和羽化范围，还可以对蒙版进行一系列操作，如添加蒙版、删除蒙版、应用蒙版等，如图9-1所示。

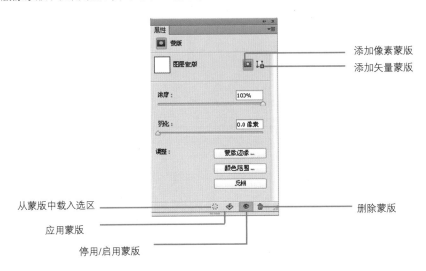

图 9-1 蒙版属性面板

9.1.2 边讲边练——为人物更换背景

下面我们介绍如何运用蒙版面板快速为照片中人物更换背景。

文件路径：源文件\第 9 章\9.1.2

视频文件：视频\第 9 章\9.1.2.MP4

01 单击"文件"→"打开"命令，打开背景素材图像，如图9-2所示。

图 9-2 素材图像

02 按下快捷键〈Ctrl+O〉，打开人物素材图像。运用选择工具，将人物素材添加至背景素材中，适当调整大小和位置，效果如图9-3所示。

图 9-3 添加人物素材

03 单击图层面板上的"添加图层蒙版"按钮 ▢ ，如图 9-4 所示，为"图层 1"添加图层蒙版，此时图层面板如图 9-5 所示。

图 9-4　添加图层蒙版　　　　图 9-5　图层面板

04 在属性面板中，将浓度设置为 0%，单击属性面板中的"颜色范围"按钮 颜色范围... ，如图 9-6 所示，弹出"色彩范围"对话框，如图 9-7 所示。

图 9-6　单击"颜色范围"按钮　图 9-7　"色彩范围"对话框

05 单击"取样颜色"按钮 🖉 ，在对话框中背景部分单击左键，如图 9-8 所示。

06 选中"反相"复选框，如图 9-9 所示。

图 9-8　取样　　　　　　图 9-9　反相

07 单击"确定"按钮，回到属性面板，将浓度调为 100%，图像效果如图 9-10 所示。

图 9-10　图像效果

如果单击蒙版面板中的"反相"按钮 反相 ，则背景会显示，而人物会隐藏起来，效果如图 9-11 所示。单击蒙版面板中的"蒙版边缘"按钮 蒙版边缘... ，会弹出"调整蒙版"对话框，如图 9-12 所示，在该对话框中，可以对蒙版的边缘等进行调整。

图 9-11　未选中"反相"效果

图 9-12　"调整蒙版"对话框

"调整蒙版"对话框中各参数含义如下：

● 半径：增强边缘区域的过渡效果，使边缘变得更加细腻。

● 对比度：可以加强对比度，使边缘过渡更加真实。

● 平滑：如果蒙版边缘变得比较毛糙，可以通过这个选项变得更加光滑一些。

● 羽化：可以为边缘增加羽化效果。

● 收缩/扩展：可以收缩或者扩大蒙版区域。

● 标准：带有选区的方式下观看蒙版。

- 快速蒙版：淡红色的快速蒙版背景下观看蒙版。
- 黑底：在黑色背景下观看蒙版。

- 白底：在白色背景下观看蒙版。
- 蒙版：直接观看黑白灰的蒙版关系。

9.2 图层蒙版

图层蒙版可以理解为在当前图层上面覆盖的一层玻璃片，这种玻璃片分为透明的和黑色不透明两种，前者显示全部，后者隐藏部分。

通过运用各种绘图工具在蒙版上（即玻璃片上）涂色（只能涂黑白灰色）。涂黑色的地方蒙版变为不透明，看不见当前图层的图像，涂白色则使涂色部分变为透明，可看到当前图层上的图像，涂灰色使蒙版变为半透明，透明的程度由涂色的灰度深浅决定。

时，必须掌握以下规律：

- 因为蒙版是灰度图像，因而可使用画笔工具、铅笔工具或渐变填充等绘图工具进行编辑，也可以使用色调调整命令和滤镜。
- 使用黑色在蒙版中绘图，将隐藏图层图像，使用白色绘图将显示图层图像。
- 使用介于黑色与白色之间的灰色绘图，将得到若隐若现的效果。

9.2.1 添加图层蒙版

单击图层面板上的"添加图层蒙版"按钮 ，可为图层或基于图层的选区添加图层蒙版。在编辑图层蒙版

9.2.2 边讲边练——制作真皮质感的鞋广告

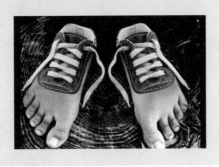

下面我们介绍如何添加图层蒙版，制作趣味广告效果。

文件路径：源文件\第 9 章\9.2.2

视频文件：视频\第 9 章\9.2.2.MP4

01 单击"文件"→"打开"命令，打开"脚"素材图像，如图 9-13 所示。

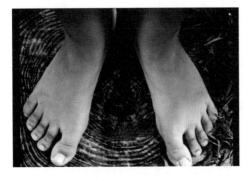

图 9-13　打开脚素材

02 按下快捷键〈Ctrl+O〉，打开鞋子素材。运用移动工具，将图片素材添加至脚素材中，系统自动生成"图层 1"，适当调整图像大小和位置，效果如图 9-14 所示。

图 9-14　添加图片素材

03 单击图层面板上的"添加图层蒙版"按钮 ，为"图层 1"图层添加图层蒙版，图层面板如图 9-15 所示。

04 选中图层蒙版，选择钢笔工具沿着鞋面绘制图形，选择蒙版层，按快捷键〈Ctrl+Enter〉将路径转换为选区，如图 9-16 所示。

图 9-15　图层面板　　　图 9-16　载入选区

05 设置前景色为黑色，按快捷键〈Alt+Delete〉填充黑色，按快捷键〈Ctrl+I〉进行反相，使图形只显示鞋面，如图 9-17 所示。图层面板显示如图 9-18 所示。

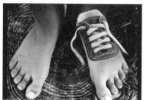

图 9-17　图层蒙版的效果　　　图 9-18　图层面板

06 打开鞋绳素材，运用磁性套索工具，套出鞋绳头部，拖入画面中，调整好位置和大小，如图 9-19 所示。

07 添加图层蒙版，选择画笔工具，按〈[〉或〈]〉键调整合适的画笔大小，在图像上涂抹不需要保留的部分。按下〈Alt〉键单击图层蒙版缩览图，图像窗口会显示出蒙版图像，如图 9-20 所示。

图 9-19　添加素材　　　图 9-20　图层蒙版的效果

08 如果要恢复图像显示状态，再次按住〈Alt〉键单击蒙版缩览图即可，图像效果如图 9-21 所示。

09 按快捷键〈Ctrl+J〉复制一层，调整至另一个鞋绳头处，调整好位置，如图 9-22 所示。

图 9-21　添加蒙版效果　　　图 9-22　复制图形

10 选中背景以外的所有图层，单击图层面板下面的链接按钮，将所有鞋面链接起来，图层面板显示如图 9-23 所示。

11 按住〈Alt〉键，拖至鞋面至左边，将另一只脚也套上鞋面，按快捷键〈Ctrl+T〉进入自由变换状态，单击鼠标右键，在弹出的快捷菜单中选择水平翻转，调整好位置和角度，如图 9-24 所示。

图 9-23　图层面板　　　图 9-24　复制图形

12 选择背景图层，运用套索工具，套出脚与脚之间的黑色区域，按快捷键〈Ctrl+J〉复制两层，调整大小，如图 9-25 所示。

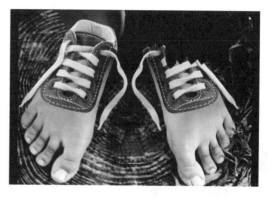

图 9-25　复制黑色背景区

13 放于背景图层上，添加图层蒙版，设置前景色为黑色，运用画笔工具涂抹不需要显示的部分，效果如图 9-26 所示。

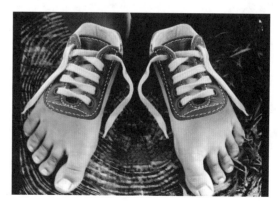

图 9-26　隐藏左脚踝

14 参照此法，将另一只脚的脚踝处隐藏，得到最终效果如图 9-27 所示。

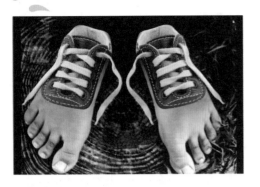

图 9-27 完成效果

图 9-28 蒙版在合成中的应用

9.2.3　从选区中生成图层蒙版

建立选区后，单击图层面板上的"添加图层蒙版"按钮 ，可以将选区转换为蒙版，选区内的图像是显示的，而选区外的图像则被蒙版隐藏。

手把手 9-1　从选区中生成图层蒙版

视频文件：视频\第 9 章\手把手 9-1.MP4

 执行"文件"→"打开"命令，选择本书配套光盘中"源文件\第 9 章\9.2\9.2.3.psd"文件，单击"打开"按钮，打开一张素材图像，如图 9-29 所示。

图 9-29 原图

02 选择工具箱中的自定形状工具 ，在工具选项栏中选择"路径"选项，在形状下拉面板中选择心形，在画面中绘制心形，按〈Ctrl+Enter〉快捷键将路径转换为选区，保留选区，单击图层面板中的"添加图层蒙版"按钮 ，在图层面板的结果如图 9-30 所示。在画面中的结果如图 9-31 所示。

图 9-30 图层结果　　　图 9-31 添加蒙版

选择"图层"→"图层蒙版"→"显示选区"命令，可得到选区外图像被隐藏的效果；若选择"图层"→"图

层蒙版"→"隐藏选区"命令，则会得到相反的结果，选区内的图像会被隐藏，与按住〈Alt〉键再单击 按钮效果相同。

此外，在创建选区后，选择"编辑"→"贴入"命令，在新建图层的同时会添加相应的蒙版，默认选区外的图像被隐藏。

9.2.4　复制与转移蒙版

图层蒙版可以在不同图层之间移动或复制。

- 要将蒙版移动到另一个图层，可通过将蒙版拖动到该图层上方的方法实现。
- 要复制蒙版，可通过按住〈Alt〉键并将蒙版拖动到该图层上方的方法实现。

如图 9-32 所示为"图层 0"使用了图层蒙版的效果。

图 9-32 原图像

显示"图层 1"，隐藏"图层 0"，在图层面板中拖动"图层 0"蒙版缩览图至"图层 1"上方，蒙版即移动到了"图层 1"上，即可在"图层 1"图像上应用同样的蒙版，如图 9-33 所示。

如果按住〈Alt〉键拖动蒙版至"图层 1"，则可以复制蒙版至"图层 1"上，如图 9-34 所示。

图 9-33　移动蒙版　　　　图 9-34　复制蒙版

9.2.5　启用与停用蒙版

按住〈Shift〉键单击图层蒙版缩览图，或右击图层蒙版缩览图，从弹出菜单中选择"停用图层蒙版"命令，可停用图层蒙版，此时在蒙版缩览图上会出现一个红色的叉叉，如图 9-35 所示。但是停用的图层蒙版并没有从图层上删除，按住〈Shift〉键或直接单击蒙版缩览图，或右击图层蒙版缩览图，从弹出菜单中选择"启用图层蒙版"命令，即可启用图层蒙版，如图 9-36 所示。

图 9-35　停用图层蒙版　　　图 9-36　启用图层蒙版

9.2.6　应用与删除蒙版

由于添加蒙版会增加文件大小，如果某些蒙版无需改动，则可以应用蒙版至图层，以减少图像文件大小。所谓应用蒙版，实际上就是将蒙版隐藏的图像清除，将蒙版显示的图像保留，然后删除图层蒙版。

要应用图层蒙版，只需在图层被选中的情况下，选择"图层"→"图层蒙版"→"应用"命令即可。此外，选

中图层蒙版，将其拖至 按钮，在弹出的提示框中单击"应用"按钮，也可以将图层蒙版应用于当前图层，图层中隐藏的图像将被清除。

若单击"删除"按钮，则如同选择"图层"→"图层蒙版"→"删除"命令，不应用而直接删除蒙版。提示框如图 9-37 所示。

图 9-37　删除提示框

9.2.7　链接与取消链接蒙版

系统默认图层与图层蒙版是相互链接的，图层与图层蒙版的缩览图之间会显示 标记，如图 9-38 所示，当对链接的其中一方进行移动、缩放或变形操作时，另一方也会发生相应的变化。

单击 标记，可取消链接状态，如图 9-39 所示，则可单独地移动图层或图层蒙版。

图 9-38　链接图层　　　　图 9-39　取消链接状态

如果要重新在图层与图层蒙版间建立链接，可以单击图层和图层蒙版之间的区域，重新显示链接标记 即可。

9.3　矢量蒙版

矢量蒙版是依靠路径图形来定义图层中图像的显示区域。它与分辨率无关，是由钢笔或形状工具创建的。使用矢量蒙版可以在图层上创建锐化、无锯齿的边缘形状。

9.3.1　创建矢量蒙版

1."显示全部"命令

执行"图层"→"矢量蒙版"→"显示全部"命令，可以为图像创建一个空白的矢量蒙版，如图 9-40 所示，用

户可以在蒙版中绘制路径，图层面板如图 9-41 所示。

图 9-40　添加矢量蒙版　　　图 9-41　绘制路径

2．"当前路径"命令

在绘制路径后，如图 9-42 所示，执行"图层"→"矢量蒙版"→"当前路径"命令，可以将当前路径创建为矢量蒙版，图层面板如图 9-43 所示。

图 9-42　绘制路径　　　图 9-43　将当前路径创建为矢量蒙版

9.3.2 边讲边练——制作宝宝日历

下面我们介绍矢量蒙版，制作可爱宝宝日历。

文件路径：源文件\第 9 章\9.3.2

视频文件：视频\第 9 章\9.3.2.MP4

01 单击"文件"→"打开"命令，打开背景素材图像，如图 9-44 所示。

02 按下快捷键〈Ctrl+O〉打开宝宝图片素材。运用移动工具 ⊹，将图片素材添加至背景素材中，系统自动生成"图层 1"，适当调整图像大小和位置，效果如图 9-45 所示。

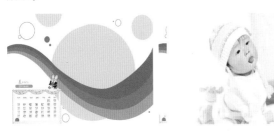

图 9-44　背景素材图像　　　图 9-45　添加图片素材

03 单击"图层 1"前面的指示图层可见性按钮 👁，隐藏该图层。选择圆角矩形工具 ▢，在工具选项栏中设置"半径"为 80 像素，在画面中拖动鼠标绘制圆角矩形。按快捷键〈Ctrl+T〉旋转一定角度，显示"图层 1"，效果如图 9-46 所示。

04 执行"图层"→"矢量蒙版"→"当前路径"命令，基于当前路径创建矢量蒙版，路径区域外的图像将被蒙版遮罩，效果如图 9-47 所示。

05 设置前景色为洋红色，按住〈Ctrl〉键，单击图层面板中的矢量蒙版缩览图，载入选区，新建一个图层，执行"编辑"→"描边"命令，设置描边宽度为 3 像素，单击"确定"按钮，选择日历层，放置到最顶层，得到最终效

果如图 9-48 所示。

图 9-46　绘制路径　　　图 9-47　创建矢量蒙版

图 9-48　完成效果

💡 **技巧点拨：** 执行"图层"→"矢量蒙版"→"显示全部"命令，可以创建显示全部图像的矢量蒙版；执行"图层"→"矢量蒙版"→"隐藏全部"命令，可以创建隐藏全部图像的矢量蒙版。

9.3.3　变换矢量蒙版

单击图层面板中的矢量蒙版缩览图，选择矢量蒙版，执行"编辑"→"变换路径"子菜单中的命令，可以对矢量蒙版进行各种变换操作，如图 9-49 所示为缩放和旋转路径前后的对比效果。

原图　　　　　　　　　　缩放和旋转后

图 9-49　变换矢量蒙版

9.3.4　转换矢量蒙版为图层蒙版

选择创建了矢量蒙版的图层，执行"图层"→"栅格化"→"矢量蒙版"命令，或者在矢量蒙版缩览图上单击右键，在弹出的快捷菜单中选择"栅格化矢量蒙版"选项，可栅格化矢量蒙版，并将其转换为图层蒙版，如图 9-50 所示。

图 9-50　转换蒙版

9.3.5　启用与禁用矢量蒙版

创建矢量蒙版后，按住〈Shift〉键单击蒙版缩览图可暂时停用蒙版，蒙版缩览图上会显示出一个红色的叉，如图 9-51 所示，图像也会显示为停用图层蒙版的状态，如图 9-52 所示。按住〈Shift〉键再次单击蒙版缩览图可重新启用蒙版，恢复蒙版对图像的遮罩。

图 9-51　停用蒙版

图 9-52　停用图层蒙版

9.3.6　删除矢量蒙版

选择矢量蒙版所在的图层，执行"图层"→"矢量蒙版"→"删除"命令，可删除矢量蒙版；直接将矢量蒙版缩览图拖至"图层"面板中的删除图层按钮 🗑 上，也可将其删除。

9.4　剪贴蒙版

9.4.1　剪贴蒙版原理

图层蒙版和矢量蒙版只能控制一个图层，而剪贴蒙版可以通过一个图层来控制多个图层的可见内容，可以应用在两个或两个以上的图层，但是这些图层必须是相邻且连续的。

执行"图层"→"创建剪贴蒙版"命令，或者是按下〈Alt+Ctrl+G〉组合键，创建剪贴蒙版。

在剪贴蒙版中，箭头 ⌐ 指向的图层为基底图层，带有下画线，上面的图层为内容图层，如图 9-53 所示。

图 9-53　创建剪贴蒙版

9.4.2 边讲边练——为人物衣服添加印花

Before

After

下面我们介绍如何创建剪贴蒙版，为人物的衣服添加印花。

文件路径：源文件\第 9 章\9.4.2

视频文件：视频\第 9 章\9.4.2.MP4

01 单击"文件"→"打开"命令，打开人物素材图像，如图 9-54 所示。

02 选择魔棒工具，在工具选项栏中设置容差为 20，勾选"连续"，单击人物衣服，按住〈Shift〉键，加选选区，如图 9-55 所示。

图 9-56 添加图片素材

图 9-57 创建剪贴蒙版

图 9-54 人物素材图像

图 9-55 建立选区

03 按下快捷键〈Ctrl+J〉将选区图像复制至新图层，得到"图层 1"。

04 按下快捷键〈Ctrl+O〉，打开图片素材。运用移动工具，将图片素材添加至图像中，适当调整图像大小和位置，效果如图 9-56 所示，系统自动生成"图层 2"。

图 9-58 创建剪贴蒙版效果

图 9-59 完成效果

05 执行"图层"→"创建剪贴蒙版"命令，或按下快捷键〈Alt+Ctrl+G〉创建剪贴蒙版，图层面板如图 9-57 所示，效果如图 9-58 所示。

06 设置"图层 2"的"混合模式"为"变暗"，完成效果如图 9-59 所示。

专家提示：按〈Alt〉键，移动光标至分隔两个图层之间的实线上，当光标显示为形状时单击，也可创建剪贴蒙版。

9.5 快速蒙版

9.5.1 快速蒙版原理

快速蒙版可以将任何选区作为蒙版进行编辑，而无需使用"通道"调板。单击工具箱下方的按钮，或按

〈Q〉键可进入快速蒙版。当在快速蒙版模式中工作时，通道面板中会出现一个临时快速蒙版通道，如图 9-60 所示。

在快速蒙版状态下，可以使用各种绘画工具和滤镜来修改蒙版。退出蒙版时，蒙版会转换为选区。

图 9-60 通道面板

图 9-61 "快速蒙版选项"对话框

在快速蒙版编辑模式下，系统默认未选择区域蒙上一层不透明度为 50%的红色，无色的区域则表示选中的区域，如图 9-62 所示。用户也可以根据需要自由设置色彩指示，双击工具箱中的快速蒙版按钮 ，打开"快速蒙版选项"对话框，如图 9-61 所示，在该对话框中可以设置色彩指示的区域和颜色。

蒙版编辑完成后，再次单击蒙版按钮 或按〈Q〉键退出快速蒙版，当退出快速蒙版模式时，人物区域成为当前选择区域，如图 9-63 所示。

图 9-62 选择区域　　　　图 9-63 选中人物区域

9.5.2　边讲边练——制作书中仙子

Before

After

下面通过一个小练习介绍在快速蒙版下使用画笔工具选取人物区域，并为其更换背景。

文件路径：源文件\第 9 章\9.5.2

视频文件：视频\第 9 章\9.5.2.MP4

01 启动 Photoshop，执行"文件"→"打开"命令，在"打开"对话框中选择素材照片，单击"打开"按钮，如图 9-64 和图 9-65 所示。

图 9-64 人物素材

图 9-65 背景素材

02 选择移动工具 ，将人物拖至背景素材图像中，按下快捷键〈Ctrl+T〉进入自由变换状态，旋转至适当角度和位置，按下〈Enter〉键确定变换，效果如图 9-66 所示。

图 9-66　拖移素材照片

03 按〈Q〉键进入快速蒙版，以快速蒙版编辑，选择工具箱中的画笔工具 ✏，设置前景色为黑色，画笔硬度为100%，在图像中涂抹人物部分，创建蒙版区，如图 9-67 所示。

图 9-67　创建蒙版区

💡 **专家提示：** 在编辑快速蒙版时，要注意前景色和背景色的颜色，当前景色为黑色时，使用画笔工具在图像窗口中涂抹，就会在蒙版上添加颜色（减少选区），当前景色为白色时，涂抹时就会清除光标涂抹处的颜色（增加选区）。

04 按〈Q〉键退出快速蒙版，得到如图 9-68 所示选区。

图 9-68　建立选区

05 按下快捷键〈Ctrl+Shift+I〉反选选区，单击图层面板上的"添加图层蒙版"按钮 ▣，图像效果如图 9-69 所示。

图 9-69　效果

06 在图层面板中单击"添加图层样式"按钮 fx，在弹出的快捷菜单中选择"投影"选项，弹出"图层样式"对话框，设置参数如图 9-70 所示。

图 9-70　"投影"参数

07 设置完成后单击"确定"按钮，为人物制作阴影效果，如图 9-71 所示。

图 9-71　最终效果

9.6 实战演练——奇幻空间

本实例使用图层蒙版、快速蒙版等，合成一幅带给人悠远、富有想象的奇幻画面。

文件路径：源文件\第 9 章\9.6

视频文件：视频\第 9 章\9.6.MP4

① 启用 Photoshop 后，执行"文件"→"新建"命令，弹出"新建"对话框，在对话框中设置参数如图 9-72 所示，单击"确定"按钮，新建一个空白文件。

图 9-72 "新建"对话框

② 单击工具箱中的渐变工具 ，设置前景色为蓝色（R12，G121，B187），背景色为浅蓝色（R144，G195，B234），在画面中从下往上拖出渐变色，如图 9-73 所示。

③ 打开云素材，拖入画面中，按快捷键〈Ctrl+T〉调整好大小和位置，如图 9-74 所示。

图 9-73 填充线性渐变　　图 9-74 添加云素材

④ 在图层面板中双击云图层缩览图，弹出图层样式对话框，按住〈Alt〉键拖动左边的黑色滑块，如图 9-75 所示。单击"确定"按钮，图像效果如图 9-76 所示。

⑤ 打开地球素材，去底后，拖入画面中，如图 9-77 所示。

图 9-75 图层样式参数

图 9-76 图层样式效果　　图 9-77 添加地球素材

⑥ 双击地球缩览图，弹出"图层样式"对话框，设置内阴影、内发光、渐变叠加和外发光参数，如图 9-78 所示。

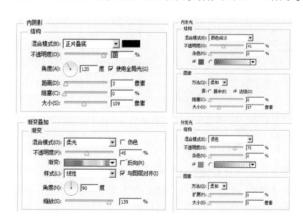

图 9-78 图层样式参数

⑦ 单击"确定"按钮，效果如图 9-79 所示。单击图层面

板下面的"添加图层蒙版"按钮 ，选择蒙版层，设置前景色为黑色，选择画笔工具，沿地球周边和地球下边涂抹，渐隐地球，图层面板如图 9-80 所示。图像效果如图 9-81 所示。

图 9-79　图层样式效果

图 9-80　图层面板

⑧　新建一个图层，命名为"星星"设置前景色为白色，选择画笔工具，按〈[〉或〈]〉调整画笔大小，在蓝天处绘制星光，如图 9-82 所示。

图 9-81　添加蒙版效果

图 9-82　绘制星星

⑨　创建"色相/饱和度"调整图层，设置参数如图 9-83 所示，回到图层面板，选项"色相/饱和度"的蒙版层，选择渐变工具，在工具选项栏中选择从黑色到白色的线性渐变，在画面中从下往上拖出渐变色，图层显示如图 9-84 所示。图像效果如图 9-85 所示。

图 9-83　色相/饱和度参数

图 9-84　图层面板

⑩　打开月球素材，按〈Q〉键，切换到快速蒙版状态，选择画笔工具，在选项栏中选择"硬边圆"笔尖，不透明度为 100%，大小为 700 像素，在月球上单击，如图 9-86 所示。

图 9-85　色相/饱和度效果

图 9-86　建立快速蒙版区

⑪　按〈Q〉键，退出快速蒙版状态，按快捷键〈Ctrl+Shift+I〉反选图形，按快捷键〈Shift+F6〉羽化 10 像素，如图 9-87 所示，按住〈Ctrl〉键，将月球拖入当前编辑画面中，设置图层混合模式为"强光"，调整好大小和位置，如图 9-88 所示。

图 9-87　建立选区

图 9-88　图层属性设置

⑫　打开风车素材，拖入画面中，按快捷键〈Ctrl+T〉调整好大小和位置，如图 9-89 所示。

⑬　添加图层蒙版，选择蒙版层，设置前景色为黑色，运用画笔工具，涂抹风车下边部分，使之与地球融合，如图 9-90 所示。

图 9-89　添加风车

图 9-90　添加蒙版

⑭　按住〈Ctrl〉键，单击地球缩览图，载入选区，在风车图层下面新建一个图层，命名为"风车投影"，设置前景色为黑色，运用柔边画笔，在地球上边涂抹，设置图层混合模式为"正片叠底"，不透明度为 81%，填充为 83%，制作风车投影，如图 9-91 所示。

⑮　创建"曲线"调整层，参数设置如图 9-92 所示。回到图层面板，按快捷键〈Ctrl+Alt+G〉创建剪贴蒙版，图像效果如图 9-93 所示。

图 9-91　制作投影

图 9-92　曲线参数　　　图 9-93　曲线效果

⑯ 打开气球和奶牛素材，拖入画面中，选择奶牛图层，添加图层蒙版，选择蒙版层，运用画笔工具，涂抹牛脚，渐隐腿部，如图 9-94 所示。

⑰ 打开山素材，拖入画面中，调整好大小和位置，如图 9-95 所示。

图 9-94　添加牛和气球　　　图 9-95　添加山素材

⑱ 添加图层蒙版，选择蒙版层，运用画笔工具 ![笔刷图标]，涂抹山体左边和周边部分，如图 9-96 所示。创建"亮度/对比度"调整图层，参数如图 9-97 所示。按快捷键〈Ctrl+Alt+G〉建立剪贴蒙版。

图 9-96　添加蒙版　　　图 9-97　亮度/对比度
　　　　　　　　　　　　　　　参数

⑲ 创建"色彩平衡"调整图层，参数设置如图 9-98 所示。按快捷键〈Ctrl+Alt+G〉建立剪贴蒙版。图像效果如图 9-99 所示。

图 9-98　色彩平衡参数　　　图 9-99　图像效果

⑳ 创建"曲线"调整图层，参数设置如图 9-100 所示（其中第二个节点值为 186 和 167）。图像效果如图 9-101 所示。

图 9-100　曲线参数　　　图 9-101　曲线效果

㉑ 创建"自然饱和度"调整图层，参数设置如图 9-102 所示。图像效果如图 9-103 所示。

图 9-102　自然饱和　　　图 9-103　自然饱和度效果
度参数

㉒ 创建"可选颜色"调整图层，参数设置如图 9-104 所示。图像效果如图 9-105 所示。

㉓ 创建"色相/饱和度"调整图层，参数设置如图 9-106 所示。图像效果如图 9-107 所示。

图 9-104 可选颜色   图 9-105 可选颜色效果
参数

图 9-106 色相/饱和   图 9-107 色相/饱和度效果
度参数

24　新建一个图层，填充灰色（R128，G128，B128），选择渐变工具，在工具选项栏中的渐变编辑器中设置颜色为黑色到灰色到灰白到透明的渐变色，选择径向渐变按钮 ，在月球的地方拖出渐变色，运用减淡工具 涂抹山体位置部分，如图 9-108 所示。

图 9-108 渐变填充效果

25　将图层混合模式改为"柔光"，得到最终效果如图 9-109 所示。

图 9-109 最终效果

9.7　习题——制作儿童写真模板

本实例主要使用蒙版和剪贴蒙版制作儿童写真模板。

文件路径：源文件\第 9 章\9.7

视频文件：视频\第 9 章\9.7 习题

操作提示：
1　新建一个空白文件。
2　添加背景素材。
3　添加照片素材。
4　添加图层蒙版。
5　绘制矩形。
6　添加其他照片素材，创建剪贴蒙版。

深入探讨——通道

在 Photoshop 中，每一幅图像都需要通过若干通道来存储图像中的色彩信息。它以灰度图像的形式存储不同类型的信息。通道主要包括三种类型，它们分别是颜色信息通道、Alpha 通道和专色通道。

本章主要介绍通道的原理、操作方法，以及基于通道混合的应用。

第10章

10.1 通道

在 Photoshop 中，通道是用来保存图像的颜色和选区信息的重要功能之一，它主要有两种用途：一种是存储和调整图像颜色，另一种是存储选区或创建蒙版。

10.1.1 通道面板

"通道"面板是创建和编辑通道的主要场所。打开一张照片文件，执行"窗口"→"通道"命令，在 Photoshop 窗口中即可看到如图 10-1 所示的通道面板。

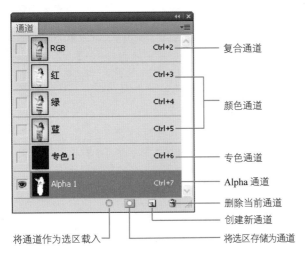

图 10-1 通道面板

- 眼睛图标：用于控制各通道的显示/隐藏，使用方法与图层眼睛图标相同。
- 缩览图：用于预览各通道中的内容。
- 通道快捷键：各通道右侧显示的〈Ctrl + ~〉、〈Ctrl + 1〉和〈Ctrl + 2〉等即为快捷键，按下快捷键可快速选中所需的通道。

10.1.2 颜色通道

颜色通道用于保存图像颜色的基本信息。不同颜色模式的图像显示不同的通道数量。例如，RGB 图像有 4 个默认通道，红色、绿色和蓝色各有一个通道，以及一个用于编辑图像的复合通道，如图 10-2 所示。当所有颜色通道合成在一起，才会得到具有色彩效果的图像。如果图像缺少某一原色通道，则合成的图像将会偏色。

CMYK 颜色模式图像则拥有青色、洋红、黄色、黑色 4 个单色通道和 CMYK 复合通道，如图 10-3 所示。

图 10-2 RGB 图像及通道面板

图 10-3 CMYK 图像及通道面板

Lab 颜色模式图像包含明度、a、b 和一个复合通道，如图 10-4 所示。

图 10-4 Lab 图像及通道面板

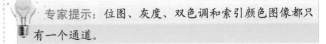

专家提示：位图、灰度、双色调和索引颜色图像都只有一个通道。

10.1.3 边讲边练——调出明亮色彩

下面我们介绍在 Lab 颜色模式下，使用通道并结合调整命令为照片调出明亮色彩。

文件路径：源文件\第 10 章\10.1.3

视频文件：视频\第 10 章\10.1.3.MP4

Before   After

01 执行"文件"→"打开"命令，打开素材照片，如图 10-5 所示。

02 执行"图像"→"模式"→"Lab 颜色"命令，将 RGB 模式转换为 Lab 模式，此时通道面板如图 10-6 所示。

图 10-5 打开素材照片   图 10-6 通道面板

03 按快捷键〈Ctrl+M〉打开"曲线"对话框。在"通道"下拉列表中选择 a 通道，然后将上面的控制点向左侧水平移动，将下面的控制点向右侧水平移动，如图 10-7 所示，此时图像效果如图 10-8 所示。

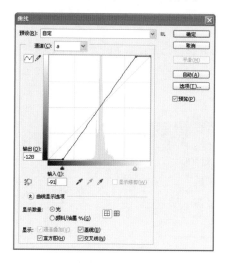

图 10-7 调整 a 通道

04 选择 b 通道，适当调整控制点位置，如图 10-9 所示，此时图像效果如图 10-10 所示。

图 10-8 调整效果

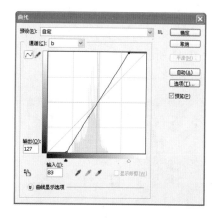

图 10-9 调整 b 通道

图 10-10 调整效果

05 选择"明度"通道，添加控制点，向上拖动曲线，如图 10-11 所示，将画面调亮。单击"确定"按钮，完成效果如图 10-12 所示。

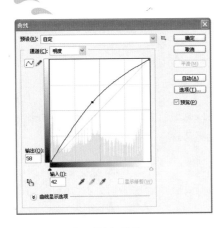

图 10-11 调整 "明度" 通道

图 10-12 完成效果

10.1.4 Alpha 通道

Alpha 通道可以将选区存储为灰度图像，在 Photoshop 中，经常使用 Alpha 通道来创建和存储蒙版，这些蒙版用于处理或保护图像的某些部分，下面来介绍 Alpha 通道的相关知识和新建 Alpha 通道的操作方法。

1．关于 Alpha 通道

在 Alpha 通道中，白色代表被选择的区域，黑色代表未被选择的区域，而灰色则代表了被部分选择的区域，即羽化的区域，如图 10-13 所示。Alpha 通道与颜色通道不同，它不会直接影响图像的颜色。

图 10-13 Alpha 通道

2．新建 Alpha 通道

单击通道面板中的 "创建新通道" 按钮 ，即可新建一个 Alpha 通道，如图 10-14 所示。如果在当前文档中创建了选区，如图 10-15 所示，则单击 "将选区存储为通道" 按钮 ，可以将选区保存为 Alpha 通道，如图 10-16 所示。

单击通道面板中右上角 按钮，在弹出快捷菜单中选择 "新建通道" 选项，打开 "新建通道" 对话框，如图 10-17 所示，可在对话框中设置新通道的名称、颜色等参数，单击 "确定" 按钮，可得到创建的 Alpha 通道，如图 10-18 所示。

图 10-14 新建通道　图 10-15 创建选区　图 10-16 存储选区

图 10-17 "新建通道" 对话框　　　图 10-18 新建通道

10.1.5 专色通道

专色通道用于替代或补充普通的印刷色（CMYK）油墨，例如金色、银色、荧光油墨等，如图 10-19 ～图 10-21 所示。

图 10-19 创建选区　图 10-20 基于选区　图 10-21 专色效果
　　　　　　　　　　　创建专色通道

单击通道面板中右上角 按钮，在弹出的快捷菜单中选择 "新建专色通道" 选项，或者按住〈Ctrl〉键的同时单击"创建新通道"按钮 ，打开"新建专色通道"对话框，如图 10-22 所示。

图 10-22　"新建专色通道"对话框

在"新建专色通道"对话框中各选项的含义如下。

- 名称：可以设置专色通道的名称。如果选取自定义颜色，通道将自动采用该颜色的名称，这有利于其他应用程序能够识别它们，如果修改了通道的名称，可能无法打印该文件。
- 颜色：单击该选项右侧的颜色图标可以打开"选择

专色"对话框，单击"添加到色板"按钮可以打开"颜色库"对话框，如图 10-23 所示。

图 10-23　"选择专色"和"颜色库"对话框

- 密度：可以在屏幕上模拟印刷后专色的密度。它的设置范围为 0%~100%，当该值为 100%时模拟完全覆盖下层油墨；当该值为 0%时可模拟完全显示下层油墨的透明油墨。

10.2　编辑通道

运用通道面板和面板菜单中的命令，可以新建通道以及对通道进行复制、删除、分离与合并等操作，下面我们来了解如何在通道面板中对通道进行编辑。

10.2.1　选择通道

单击通道调板中的一个通道便可以选择该通道。选择通道后，画面中会显示该通道的灰度图像，如图 10-24 所示。

图 10-24　选择通道

按住〈Shift〉键的同时单击可选择多个通道，选择多个通道后，画面中会显示这些通道的复合图像，如图 10-25 所示。

图 10-25　选择多个通道

10.2.2　载入通道中的选区

在通道面板中，在按住〈Ctrl〉键的同时选择要载入选区的通道，如图 10-26 所示，可以载入通道中的选区，或者将通道拖至"将通道作为选区载入"按钮 上，都可以载入选区，如图 10-27 所示。

图 10-26　选择"绿"通道　　图 10-27　载入通道中的选区

10.2.3　复制通道

单击通道面板中右上角 按钮，在弹出的快捷菜单中选择"复制通道"命令，打开"复制通道"对话框，如图 10-28 所示，可在该对话框中设置相关参数。

图 10-28　"复制通道"对话框

另外一种复制通道的方法是选中需要复制的通道，然后拖动该通道至面板底端创建新通道按钮 ，即可得到复制通道，如图 10-29 所示。

图 10-29　拖动复制通道

10.2.4　边讲边练——调出照片暖蓝色调

下面我们通过复制通道快速为照片调色，调出暖暖蓝色调。

文件路径：源文件\第 10 章\10.2.4

视频文件：视频\第 10 章\10.2.4.MP4

01 执行"文件"→"打开"命令，打开一张人物素材图像，执行"图层"→"复制图层"命令，在弹出的对话框中单击"确定"按钮，复制"背景"图层，得到"背景副本"图层如图 10-30 所示。

02 单击图层面板上的"通道"按钮，选择绿色通道，按快捷键〈Ctrl+A〉全选，按快捷键〈Ctrl+C〉复制，在蓝通道上按快捷键〈Ctrl+V〉粘贴，效果如图 10-31 所示。

图 10-30　复制背景　　　　　图 10-31　粘贴通道

03 单击图层面板下的"创建新的填充或调整图层"按钮 ，在弹出的快捷菜单中选择"可选颜色"，设置参数如图 10-32 所示。

图 10-32　可选颜色参数

04 创建"曲线"调整图层，设置参数如图 10-33 所示（第二个节点值为 189 和 211），蓝色通道输入 236，输出 255。图像效果如图 10-34 所示。

图 10-33　设置曲线参数　　　图 10-34　图像效果

05 添加发光的心形，选择自定形状工具 ，在工具选项栏选项中单击下拉列表选择"心形"，绘制并填充为淡黄色，双击图层缩览图打开"图层样式"对话框，设置参数如图 10-35 所示。

06 按快捷键〈Ctrl+J〉，复制多个心形，移动到合适位置，新建一个图层，选择画笔工具 ，大小设置为 70 像素，笔触选择"柔边圆"，调整大小绘制不同的光点，最终效果如图 10-36 所示。

图 10-35　图层样式参数　　　图 10-36　最终效果

下面我们在 Alpha 通道中结合使用画笔工具来抠取透明婚纱，然后结合调整图层调整图像的亮度和色彩，得到逼真的婚纱照效果。

文件路径：源文件\第 10 章\10.2.5

视频文件：视频\第 10 章\10.2.5.MP4

01 启用 Photoshop 后，执行"文件"→"打开"命令，打开一张婚纱照片。

02 选择钢笔工具，在工具选项栏中选择"路径"选项，围绕人物绘制路径如图 10-37 所示。

03 单击图层面面板中的"通道"按钮，把红色通道拖至创建新通道，复制一份。按快捷键〈Ctrl+Enter〉建立选区，按快捷键〈Ctrl+Shift+I〉反选填充为黑色，如图 10-38 所示。

图 10-37　绘制路径

图 10-38　填充黑色

04 运用磁性套索工具，套出透明婚纱部分，如图 10-39 所示。

05 用同样的方法复制一个红色通道，按快捷键〈Ctrl+Enter〉建立选区，按快捷键〈Ctrl+Shift+I〉反选填充为黑色，如图 10-40 所示。

图 10-39　绘制外路径

图 10-40　填充黑色

06 执行"图像"→"计算"命令，在弹出的"计算面

板"中设置参数如图 10-41 所示。

图 10-41　计算

07 单击确定后获得 Alpha1 通道如图 10-42 所示。

08 选择画笔工具，大小为 35 像素，颜色设置为白色，在红副本通道中将人物头发涂抹成白色，如图 10-43 所示。

图 10-42　建立 Alpha1 通道

图 10-43　涂抹头发

09 打开一张背景素材。回到婚纱的 Alpha1 通道，按住〈Ctrl〉键的同时单击 Alpha1 通道获得选区。单击"RGB 通道"，回到图层面板，按快捷键〈Ctrl+J〉复制透明婚纱层，回到通道面板，按住〈Ctrl〉键的同时单击红副本通道获得选区，回到图层面板，选中背景层，按快捷键〈Ctrl+J〉复制人物，选中婚纱和人物层，拖入背景素材中，如图 10-44 所示。

10 选中人物层，单击图层面板下方的"添加图层蒙版"按钮，选择画笔工具，调整透明度为 40%，大小 80 像素，笔触为"柔边圆"，隐藏人物多余部分，如

图 10-45 所示。

图 10-44 拖入背景　　　图 10-45 擦除多余部分

11 选中婚纱层，设置颜色模式为"滤色"，单击图层面板下方的添加图层蒙版 ▣，选择画笔工具 ✐，涂抹中间人物部分，如图 10-46 所示。

图 10-46 涂抹人物

12 新建一个图层，选择画笔工具 ✐，大小为 20 像

素，颜色（R238，G246，B26），透明度为 70%，添加光点效果，改变透明度、颜色以及画笔大小绘制不同的光点，如图 10-47 所示。

图 10-47 添加光点

13 最后添加"字体素材"完成实例如图 10-48 所示。

图 10-48 最终效果

10.2.6 重命名与删除通道

　　双击通道面板中一个通道的名称，在显示的文本输入框中输入新的名称即可重命名通道，如图 10-49 所示。

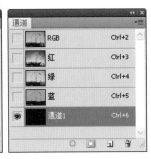

图 10-49 修改通道名称

　　删除通道的方法也很简单，将要删除的通道拖动至 🗑 按钮上，或者选中通道后，单击通道面板中右上角 ▣ 按钮，在弹出的快捷菜单中选择"删除通道"命令即可。

　　如果删除的不是 Alpha 通道而是颜色通道，则图像

将转为多通道颜色模式，图像颜色也将发生变化。如图 10-50 所示为删除了"蓝"通道后，图像变为了只有两个通道的多通道模式。

图 10-50 删除通道

10.2.7 边讲边练——通道美白

Before　　　　　After

下面我们介绍如何使用通道为照片中人物美白皮肤的操作方法。

文件路径：源文件\第 10 章\10.2.7

视频文件：视频\第 10 章\10.2.7.MP4

01 启用 Photoshop 后，执行"文件"→"打开"命令，打开一张人物素材。进入通道面板，按住〈Ctrl〉键的同时单击红色通道，获得选区如图 10-51 所示。

02 回到图层面板，新建一个图层，设置前景色为白色，按〈Alt+Delete〉键，填充白色，设置图层不透明度为 50%，如图 10-52 所示。

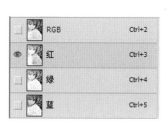

RGB	Ctrl+2
红	Ctrl+3
绿	Ctrl+4
蓝	Ctrl+5

图 10-51　复制通道

图 10-52　填充白色

03 选中背景图层，按快捷键〈Ctrl+J〉复制一层，按快捷键〈Shift+Ctrl+]〉放置到最顶层，执行"滤镜"→"油画"命令，设置参数如图 10-54 所示。

04 单击图层面板下面的"添加图层蒙版"按钮，选中蒙版层，按快捷键〈Ctrl+I〉进行反相，设置前景色为白色，单击画笔工具，在工具选项栏中选择"柔边圆"笔尖，涂抹人物头发，恢复头发的油画效果，如图 10-55 所示。

05 按快捷键〈Ctrl+Alt+2〉载入高光选区，设置前景色为黄色（#fafcb4），新建一个图层，按快捷键〈Alt+Delete〉填充黄色，设置图层不透明度为 30%，如图 10-53 所示。

图 10-53　油画参数

图 10-54　油画效果

06 新建一个图层，选择画笔工具，颜色为白色，大小为 25 像素，透明度 80%，绘制光点。调整不透明度和画笔大小，绘制不同的光点，最后效果图 10-56 所示。

图 10-55　恢复部分

图 10-56　最后效果

10.2.8 分离通道

单击通道面板中右上角 按钮，在弹出的快捷菜

单中选择"分离通道"选项，可以将各个通道分离为独立的灰度文件。如图 10-57 所示为将 RGB 颜色模式的图像分离通道，通道分离为 3 个独立的文件，分离的通道中分别存储了各自的颜色信息。

原图像

分离的 R 图像

分离的 G 图像

分离的 B 图像

图 10-57　分离通道

10.2.9　合并通道

在分离的通道文件中，单击通道面板中右上角

按钮，在弹出的快捷菜单中选择"合并通道"选项，可以将分离的通道重新合并为指定颜色模式的图像文件。

如图 10-58 所示为"合并通道"对话框，可在该对话框中设置颜色模式和通道数量，单击"确定"按钮，打开"合并 RGB 通道"对话框，如图 10-59 所示。

图 10-58　"合并通道"对话框

图 10-59　"合并 RGB 通道"对话框

10.2.10　边讲边练——分离/合并通道制作独特效果

Before　　　　After

下面我们结合分离和合并通道操作，制作图像的独特效果。

文件路径：源文件\第 10 章\10.2.10

视频文件：视频\第 10 章\10.2.10.MP4

01 执行"文件"→"打开"命令，打开一张素材图像，如图 10-60 所示。

图 10-60　素材图像

02 切换到通道面板，单击通道面板右上角的 按钮，在弹出的快捷菜单中选择"分离通道"选项，菜单面板如

图 10-61 所示。

图 10-61　分离通道

03 这时，会看到图像编辑窗口中的原图像消失，取而代之的是 3 个单独的灰度图像窗口，如图 10-62 所示。新窗口中的标题栏中会显示原文件保存的路径以及通道。

图 10-62　分离的 R、G、B 图像

04 选择其中一个图像文件，从通道面板菜单中选择"合并通道"命令，如图 10-63 所示。打开"合并通道"对话框，如图 10-64 所示。

图 10-63　合并通道　　　　图 10-64　"合并通道"对话框

05 在"模式"选项栏中设置合并图像的颜色模式为 Lab 颜色模式，如图 10-65 所示。颜色模式不同，进行合并的图像数量也不同，单击"确定"按钮。

06 弹出"合并 RGB 通道"对话框，分别指定合并文件所处的通道位置，如图 10-66 所示。

图 10-65　选择"Lab 颜色"　　图 10-66　"合并 Lab 通道"对话框

07 单击"确定"按钮，则选中的通道合并为指定类型的新图像，原图像则在不做任何更改的情况下关闭，通道面板如图 10-67 所示。

08 新图像会以未标题的形式出现在新窗口中，图像效果如图 10-68 所示。

图 10-67　通道面板　　　　图 10-68　合并为新图像

10.3　应用图像和计算

"应用图像"命令可以将一个图像的图层和通道与当前图像的图层和通道混合，该命令与混合模式的关系密切，常用来创建特殊的图像合成效果，或者用来制作选区。

10.3.1　应用图像

打开一个图像文件，执行"图像"→"应用图像"命令，可以打开"应用图像"对话框，如图 10-69 所示。

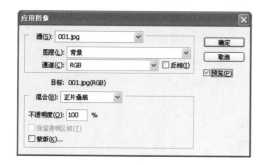

图 10-69　"应用图像"对话框

"应用图像"命令对话框共分为"源"、"目标"和"混合" 3 个部分。"源"是指参与混合的对象，"目标"是指被混合的对象，"混合"是用来控制"源"对象与"目标"对象如何混合。

1．参与混合的对象

在"应用图像"命令对话框中的"源"选项区域中可以设置参与混合的源文件。源文件可以是图层，也可以是通道。

- 源：默认设置为当前的文件。在选项下拉列表中也可以选择使用其他文件来与当前图像进行混合，选择的文件必须是打开的状态，并且与当前文件具有相同尺寸和分辨率的图像。

- 图层：如果源文件中包含多个图层，可在该选项下拉列表中选择源图像文件的一个图层来参与混合。要使用源图像中的所有图层，可选择"合并图层"复选框。

- 通道：可以设置源文件中参与混合的通道。选择"反相"复选框，可将通道反相后再进行混合。

2．被混合的对象

在执行"应用图像"命令之前必须先选择被混合的目标文件。被混合的目标文件可以是图层，也可以是通道。

3. 设置混合模式

"混合"下拉列表中包含了多种可供选择的混合模式，如图 10-70 所示。通过设置混合模式才能混合通道或者图层。

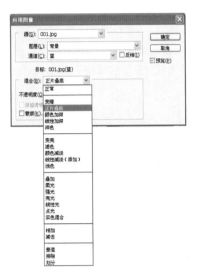

图 10-70　"混合"下拉列表

"应用图像"命令还包含图层调板中没有的两个附加混合模式，即"相加"和"减去"。"相加"模式可以增加两个通道中的像素值，"减去"模式可以从目标通道中相应的像素上减去源通道中的像素值。

可以在"不透明度"数值框中输入不透明度值，来控制通道或者图层混合效果的强度，该值越高，混合的强度越大。

手把手 10-1　设置混合模式

　　视频文件：视频\第 10 章\手把手 10-1.MP4

01 执行"文件"→"打开"命令，弹出"打开"对话框，选择本书配套光盘中"源文件\第 10 章\10.3\10.3.1.jpg 文件"，单击"打开"按钮，如图 10-71 所示。

图 10-71　原图

02 执行"图像"→"应用图像"命令，打开"应用图

像"对话框，在"通道"下拉列表中选择"蓝"，在"混合"下拉列表框中选择"正片叠底"，效果如图 10-72 所示。

03 在"混合"下拉列表框中选择"相加"，效果如图 10-73 所示。

图 10-72　"正片叠底"效果　　图 10-73　"相加"效果

04 在"混合"下拉列表框中选择"减去"，效果如图 10-74 所示。

05 在"不透明度"输入框中输入 50%，效果如图 10-75 所示。

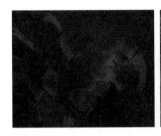 

图 10-74　"减去"效果　　图 10-75　调整不透明度

4. 设置混合范围

"应用图像"命令有两种控制混合范围的方法，可以选择"保留透明区域"复选框，将混合效果限定在图层的不透明区域的范围内，如图 10-76 所示。

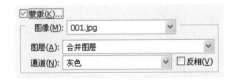

图 10-76　选择"保留透明区域"复选框

也可以选择"蒙版"复选框，打开扩展选项面板，如图 10-77 所示，然后选择包含蒙版的图像和图层。选择"反相"选项，反转通道的蒙版区域和未蒙版区域。

图 10-77　选择"蒙版"复选框

10.3.2 边讲边练——制作照片暖暖秋意效果

本练习介绍利用通道的效果和调整曲线制作暖暖秋意图片。

文件路径：源文件\第 10 章\10.3.2

视频文件：视频\第 10 章\10.3.2.MP4

01 执行"文件"→"打开"命令，打开一张素材，如图 10-78 所示。

02 单击"通道"按钮，选择绿通道按快捷键〈Ctrl+A〉全选，按快捷键〈Ctrl+C〉复制，选中红通道，按快捷键〈Ctrl+V〉粘贴，效果如图 10-79 所示。

钮 ⬤，选择"曲线"选项，设置红通道参数，如图 10-80 所示。

04 完成后效果如图 10-81 所示。

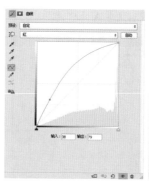 

图 10-80 调整曲线　　　图 10-81 最终效果

图 10-78 原图　　　图 10-79 粘贴通道

03 单击图层面板下的"创建新的填充或调整图层"按

10.3.3 计算

"计算"命令的工作原理与应用图像命令相同，它可以混合两个来自一个或多个源图像的单个通道。通过该命令可以创建新的通道和选区，也可创建新的黑白图像。

打开一个图像文件，执行"图像"→"计算"命令打开"计算"对话框，如图 10-82 所示。

"计算"对话框中主要选项含义如下：

- 源 1：用来选择第一个源图像、图层和通道。
- 源 2：用来选择与源 1 混合的第二个源图像、图层和通道。该文件必须是打开的，并且与"源 1"的图像具有相同尺寸和分辨率的图像。
- 结果：在该选项下拉列表中可以选择计算的结果。选择"新建通道"选项，计算结果将应用到新的通

道中，参与混合的两个通道不会受到任何影响。选择"新建文档"选项，可得到一个新的黑白图像。选择"选区"选项，可得到一个新的选区。

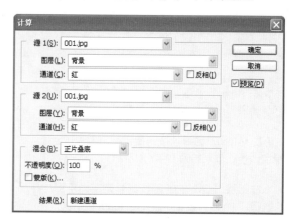

图 10-82 "计算"对话框

10.3.4 边讲边练——通过计算调整照片颜色

Before   After

下面我们结合"计算"命令和通道，制作唯美的红色意境图片。

文件路径：源文件\第 10 章\10.3.4

视频文件：视频\第 10 章\10.3.4.MP4

01 执行"文件"→"打开"命令，打开一张素材图片，如图 10-83 所示。

02 执行"图像"→"计算"命令，在弹出的对话框中设置参数如图 10-84 所示，完成后获得 Alpha1 通道。

图 10-83　打开素材　　图 10-84　计算参数 1

03 再次执行"图像"→"计算"命令，在弹出的对话框中设置参数如图 10-85 所示，获得 Alpha2 通道。

图 10-85　计算参数 2

04 单击 Alpha1 通道，按快捷键〈Ctrl+A〉全选，粘贴到红色通道，效果如图 10-86 所示。

05 单击 Alpha2 通道，按快捷键〈Ctrl+A〉全选，粘贴到绿色通道，效果如图 10-87 所示。

06 单击图层面板下的创建新的填充或调整图层按钮，选择"曲线"，设置参数如图 10-88 所示。

07 完成后效果如图 10-89 所示。

图 10-86　粘贴图层　　　　图 10-87　粘贴图层

图 10-88　曲线参数设置

图 10-89　最终效果

10.4 实战演练——化妆品广告

下面我们为人物打造美白肌肤，制作化妆品广告，让自己成为化妆品广告模特。

文件路径：源文件\第 10 章\10.4

视频文件：视频\第 10 章\10.4.MP4

① 执行"文件"→"打开"命令，或按下快捷键〈Ctrl+O〉，打开一张背景素材，如图 10-90 所示。

② 打开一张人物素材，选择魔棒工具，单击白色部分将人物抠选出来，如图 10-91 所示，按快捷键〈Ctrl+Shift+I〉反选，删除多余背景。

图 10-90　添加背景　　　　　　图 10-91　抠选人物

③ 进入通道面板，按住〈Ctrl〉键的同时单击红色通道获得选区，单击通道面板下方的将选区储存为通道按钮，建立一个 Alpha1 通道，如图 10-92 所示。

④ 单击 Alpha 1 通道，按快捷键〈Ctrl+A〉全选，按快捷键〈Ctrl+C〉复制，在图层面板中单击创建新图层按钮，按快捷键〈Ctrl+V〉粘贴，将不透明度设置为50%，按快捷键〈Ctrl+E〉合并图层，运用背景橡皮擦工具，擦除背景多余部分，效果如图 10-93 所示。

	RGB	Ctrl+2
	红	Ctrl+3
	绿	Ctrl+4
	蓝	Ctrl+5
	Alpha 1	Ctrl+6

图 10-92　建立 Alpha1 通道　　　图 10-93　调整方向

⑤ 将人物拖进背景中，按快捷键〈Ctrl+T〉进入自由变换状态，"编辑"→"变换"→"水平翻转"命令，调整位置和大小，如图 10-94 所示。

图 10-94　添加进背景中

⑥ 添加"文字"和"化妆品"素材，如图 10-95 所示。

图 10-95　添加产品

⑦ 新建一个图层，选择画笔工具，设置大小为 20 像素，笔触为"柔边圆"，绘制白色光点，按〈 [〉或〈] 〉键，调整画笔大小，绘制不同的光点，完成后效果如图 10-96 所示。

图 10-96　绘制星光

⑧ 选择画笔工具，笔触为"硬边圆"，大小 40 像素，绘制圆点，运用橡皮擦，选择柔边圆笔触在圆点中心涂抹绘制出空心效果，添加光点，泡泡制作完成，如图 10-97 所示。

⑨ 单击图层面板下的创建新的填充或调成图层，选择"曲线"，设置参数如图 10-98 所示。

 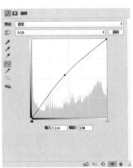

图 10-97　制作泡泡　　　图 10-98　曲线参数

⑩ 再次单击图层面板下的"创建新的填充或调成图层"按钮，单击"可选颜色"在弹出的对话框中设置参数，如图 10-99 所示。最终效果如图 10-100 所示。

图 10-99　可选颜色参数

图 10-100　最终效果图

10.5　习题——调出梦幻紫色效果

本实例主要为照片调整色相/饱和度，和添加"纯色"调整图层等操作，为照片调出梦幻紫色效果。

文件路径：源文件\第 10 章\10.5
视频文件：视频\第 10 章\10.5 习题

操作提示：

① 打开照片素材。

② 将图层复制一份，执行"色相/饱和度"命令。

③ 将图层复制一份，进入通道面板，将"绿"通道内的图像粘贴至"蓝"通道。

④ 添加图层蒙版。

⑤ 添加"纯色"调整图层。

⑥ 执行"动感模糊"命令。

⑦ 添加图层蒙版。

⑧ 绘制光点。

文字也时尚——文字的艺术

文字是设计作品中不可缺少的要素之一，可以很好地起到烘托主题的作用。

本章介绍了创建文字的工具以及一些相关的基础操作，让读者可以根据设计的需要，随心所欲地为作品添加各种艺术文字。

第 11 章

11.1 文字的应用

平面设计中，文字一直是画面不可缺少的元素，文字作为传递信息的重要工具之一，它不仅可以传达信息，还能起到美化版面、强化主题的作用。经常用在广告、网页、画册等设计作品中，起到画龙点睛的作用，如图11-1和图11-2所示。

图 11-1 文字在广告中的应用

图 11-2 文字在网页中的应用

11.2 使用文字工具输入文字

在 Photoshop 中输入文字非常简单，文字的编辑方法也非常灵活。本节我们将对创建与编辑文字的相关知识进行介绍，学习如何创建和编辑点文字和段落文字。

11.2.1 文字工具

Photoshop CS6 中的文字工具包括横排文字工具 T、直排文字工具 IT、横排文字蒙版工具 T 和直排文字蒙版工具 IT 4 种，如图11-3 所示。

图 11-3 文字工具

其中横排文字工具 T 和直排文字工具 IT 用来创建点文字、段落文字和路径文字，横排文字蒙版工具 T 和直排文字蒙版工具 IT 用来创建文字选区。

如图 11-4 所示为文字工具选项栏。在工具选项栏中可以设置字体、大小、文字颜色等。

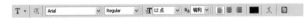

图 11-4 文字工具选项栏

11.2.2 了解"字符"面板

字符面板用于编辑文本字符。执行"窗口"→"字

符"命令，弹出字符控制面板，如图 11-5 所示。通过在"字符"面板只能够设置不同的参数来创建不同的文字效果。

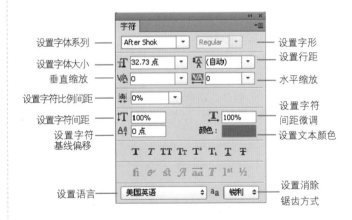

图 11-5 字符面板

其中字符面板下面的一排 T 字形状按钮用来创建仿粗体、斜体等字体样式，以及为字符添加上下划线或删除线。选择文字后，单击相应的按钮即可为其添加字体样式，如图 11-6 所示。

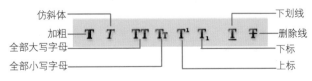

图 11-6 设置字体样式

手把手 11-1　了解"字符"面板

　视频文件：视频\第 11 章\手把手 11-1.MP4

01 执行"文件"→"打开"命令，弹出"打开"对话框，选择本书配套光盘中"源文件\第 11 章\11.2\11.2.1.jpg 文件"，如图 11-7 所示。

02 选择工具箱中的横排文字工具 T，输入文字，如图 11-8 所示。

图 11-7　原图　　　　　　图 11-8　输入文字

03 执行"窗口"→"字符"命令，弹出字符面板，在面板中设置相关属性，如图 11-9 所示。

04 依次选中单个字母，填充不同的颜色，如图 11-10

所示。

图 11-9　参数设置

图 11-10　添加字体样式效果

11.2.3　边讲边练——创建点文字

Before　　　　　After

下面通过一个小实例介绍如何使用横排文字工具输入文字，并灵活地设置，创建点文字。

　文件路径：源文件\第 11 章\11.2.3

　视频文件：视频\第 11 章\11.2.3.MP4

01 执行"文件"→"打开"命令，打开如图 11-11 所示的背景图片。

图 11-11　打开图片

02 设置前景色为白色，在工具箱中选择横排文字工具 T，在工具选项栏"设置字体"下拉列表框中选择"黑体"字体。

03 在"设置字体大小"下拉列表框中输入 18，确定字体大小，此时工具选项栏如图 11-12 所示。

图 11-12　文字工具选项栏

04 在图像窗口单击鼠标，此时会出现一个文本光标，如图 11-13 所示，输入一行文字，按〈Enter〉键换行后按空格键再输入剩下的文字，单击工具选项栏中的 ✔ 按钮，或按快捷键〈Ctrl+Enter〉确定，完成文字的输入，即可得到如图 11-14 所示的文字。

图 11-13　文本光标　　　　　图 11-14　输入文字

技巧点拨：输入文字时按空格键可空格，按〈Enter〉键可换行。

05 在文字上单击并拖动选择文字，如图 11-15 所示。

06 在"设置字体大小"下拉列表框中输入 12，调整字体大小，按〈Ctrl+Enter〉键确定，效果如图 11-16 所示。

图 11-15　选择文字　　　　　图 11-16　设置字体大小

11.2.4　字符样式面板

字符样式面板，是 Photoshop CS6 新增的一个面板，"字符样式"面板可以保存文字样式，并可快速应用于其他文字、线条或文本段落，从而极大地节省了时间。

手把手 11-2　字符样式面板
视频文件：视频\第 11 章\手把手 11-2.MP4

01 执行"文件"→"打开"命令，打开本书配套光盘中"源文件\第 11 章\11.2\11.2.4.jpg"文件，运用文字工具，输入文字，在选项栏中设置"字体"为"隶书"，大小为 50pt，如图 11-19 所示。

02 执行"窗口"→"字符样式"命令，打开字符样式面板，单击右下角的创建"新字符样式"按钮 ，如图 11-20 所示，双击"字符样式 1"，弹出"字符样式选项"对话框，设置参数如图 11-21 所示。

07 再次选择横排文字工具，在"另"字的前面单击，效果如图 11-17 所示。

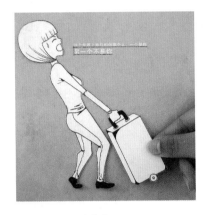

图 11-17　调整字体位置

08 按住键盘上的空格键，文字会跟随着往后移动，完成后文字效果如图 11-18 所示。

图 11-18　最终效果

图 11-19　打开文件并输入文字　　　图 11-20　字符样式面板

03 单击"确定"按钮，建立新的文字样式，在图层面板中选择文字图层，单击"字符样式"面板中的"清除覆盖"按钮 ，效果如图 11-22 所示。

04 再次运用文字工具输入其他文字，设置字体为"文鼎贱狗体"大小为 53pt，颜色为黄色，如图 11-23 所示。

图 11-21　字符样式选项

05 单击中"字符样式"面板中的"通过合并覆盖重新定义字符样式"按钮 ✔，如图 11-24 所示。

图 11-22　应用　　　图 11-23　输入文字　　　图 11-24　重新定义
样式效果　　　　　　　　　　　　　　　　　字符样式效果

11.2.5　段落文字

　　段落文本是在定界框内输入的文字，它具有自动换行、可调整文字区域大小等特点。在需要处理文字较多的文本时，可以使用段落文字来完成。

　　段落面板用于编辑段落文件。选择"窗口"→"段落"命令，打开段落面板，如图 11-25 所示。

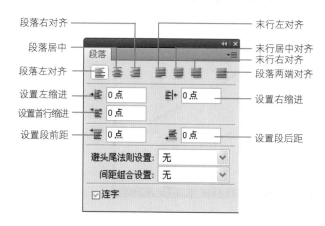

图 11-25　段落面板

11.2.6　边讲边练——创建段落文字

Before　　　　　　　　After

下面我们介绍如何创建段落文字，并设置字符的属性。

　　文件路径：源文件\第 11 章\11.2.5

　　视频文件：视频\第 11 章\11.2.5.MP4

01 执行"文件"→"打开"命令，打开一张素材图片，如图 11-26 所示。

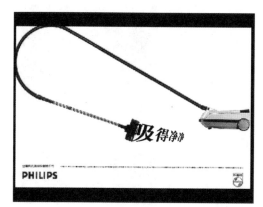

图 11-26　打开图片

02 选择横排文字工具 T，在工具选项栏中设置文字的字体、字号和颜色等属性，如图 11-27 所示。

图 11-27　工具选项栏

💡　**专家提示**：如果工具选项栏字体列表框中没有显示中文字体名称，可选择"编辑"→"首选项"→"文字"命令，在打开的对话框中去掉"以英文显示字体名称"复选框的勾选即可。

03 在图像中输入文字，效果如图 11-28 所示。

04 选择文字"静静"，在工具选项栏中设置字体大小为 22 点，效果如图 11-29 所示。

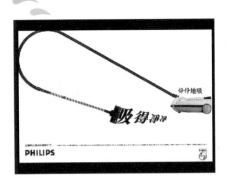

图 11-28　输入文字

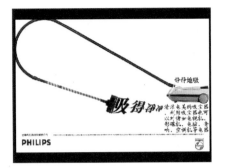

图 11-31　输入段落文本

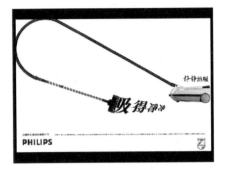

图 11-29　设置文字大小效果

05 绘制一个定界框，此时画面中会出现闪烁的文本输入光标，如图 11-30 所示。

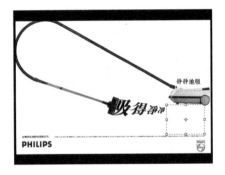

图 11-30　绘制定界框

06 在定界框内输入文字，创建段落文本，如图 11-31 所示。

07 按快捷键〈Ctrl+A〉选择所有文字，执行"窗口"→"字符"命令，弹出字符控制面板，设置参数如图 11-32 所示，按快捷键〈Ctrl+Enter〉确认输入，效果如图 11-33 所示。

图 11-32　字符面板

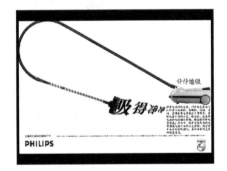

图 11-33　完成效果

11.2.7　创建文字形状选区

　　使用文字蒙版工具和，可以创建文字选区。

　　选择横排文字蒙版工具，在图像中单击鼠标，图像窗口会自动进入快速蒙版编辑状态，此时整个窗口显示为红色，输入的文字显示透明，按快捷键〈Ctrl+Enter〉，即可得到文字选区，如图 11-34 所示。

　　使用文字蒙版工具时，图像面板并不会新建文字图层以保存文字内容，因而一旦建立文字选区之后，文字内容将再也不能编辑。所以，文字内容若以后仍需修改，最好使用文字工具创建文字，最后通过载入该文字图层选区的方法创建文字选区。

图 11-34　使用文字蒙版工具创建文字选区

11.2.8 边讲边练——制作图案文字

Before   After

下面我们介绍如何运用横排文字蒙版工具建立文字选区，制作图案文字。

📀 文件路径：源文件\第 11 章\11.2.8

🦋 视频文件：视频\第 11 章\11.2.8.MP4

01 执行"文件"→"打开"命令，分别打开如图 11-35 和图 11-36 所示的图案素材图片。

图 11-35 打开背景素材

02 选择横排文字蒙版工具 🗛，在工具选项栏中选择适合的字体，设置字体大小为 71.22 点。设置完成后在图像窗口中输入文字，按快捷键〈Ctrl+Enter〉确定，得到文字选区，如图 11-37 所示。

图 11-36 打开图案素材   图 11-37 文字选区

03 选择移动工具 ➤╋，将图案素材中的文字选区拖移至背景图像中，按快捷键〈Ctrl+T〉，适当调整大小和位置，完成效果如图 11-38 所示。

04 双击图层，弹出"图层样式"对话框，参数设置如图 11-39 和图 11-40 所示。

05 添加完毕，图层样式效果如图 11-41 所示。

图 11-38 添加图案文字至图像中

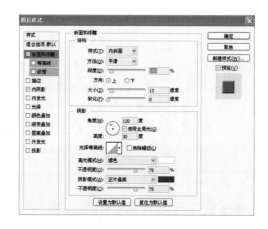

图 11-39 图层样式参数值

图 11-40 图层样式参数值

图 11-41　图层样式效果

图 11-42　渐变蒙版

06 按快捷键〈Ctrl+J〉复制图层，执行"编辑"→"变换"→"垂直翻转"命令，调整至合适的位置，给图层添加图层蒙版，选择渐变工具，前背景色默认为黑白，由下往上拉动，效果如图 11-42 所示。

07 按快捷键〈Ctrl+O〉，打开蝴蝶素材，放置到合适的位置，效果如图 11-43 所示。

图 11-43　最终效果

💡 **专家提示：**如果工具选项栏字体列表框中没有显示中文字体名称，可选择"编辑"→"首选项"→"文字"命令，在打开的对话框中去掉"以英文显示字体名称"复选框的勾选即可。

11.2.9　点文字与段落文字的相互转换 ✿

建立点文本和段落文本之后，选择文字图层为当前图层，执行"图层"→"文字"→"转换为段落文本"（或"转换为点文本"）命令，可以实现点文本和段落文本的相互转换。

将段落文本转换为点文本时，在每个文字行的末尾按下回车键。将点文本转换为段落文本时，必须删除段落文本中的回车，使字符在文本框中重新排列。

11.2.10　水平文字与垂直文字相互转换 ✿

在创建文本后，如果想要调整文字的排列方向，可单击工具选项栏中的"更改文本方向"按钮，也可以执行"图层"→"文字"→"水平/垂直"命令来进行切换，如图 11-44 所示。

图 11-44　水平文字与垂直文字相互转换

11.3　编辑文字

在 Photoshop 中，可以对文字进行编辑、转换等操作，让文字变得更生动，如文字变形、创建路径文字等。

11.3.1　编辑段落文字的定界框 ✿

创建段落文本后，可以根据需要调整定界框的大小，文字会自动在调整后的定界框内重新排列。通过定界框还可以旋转、缩放和斜切文字。

手把手 11-3　编辑段落文字的定界框

　视频文件：视频\第 11 章\手把手 11-3.MP4

01 打开本书配套光盘中"源文件\第 11 章\11.3\11.3.1\背景.jpg"文件，运用文字工具，在画面中拖动，创建段落文本框，并输入文字。将鼠标放在定界框的控制点上，鼠标光标变为↖形状，如图 11-45 所示。

02 拖动控制点可以按需求缩放定界框，如图 11-46 所

示。如果按住〈Shift〉键的同时，拖动控制点，可以成比例的缩放定界框。

 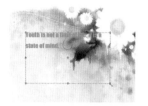

图 11-45　缩放定界框　　　　图 11-46　放大定界框

03 将鼠标放在定界框的外侧，鼠标光标变为⤢时，拖动控制点可以旋转定界框，如图 11-47 所示。

04 按住〈Ctrl〉键的同时，将鼠标放在定界框中，鼠标光标变为▶时，拖动鼠标可以移动定界框，如图 11-48 所示。

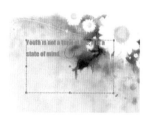 

图 11-47　旋转定界框　　　　图 11-48　移动定界框

11.3.2　文字变形

Photoshop 文字可以进行变形操作，可以将其转换为

扇形、波浪形等各种形状，从而创建富有动感效果的文字特效。

选择"图层"→"文字"→"文字变形"命令，或单击选项栏 按钮，打开如图 11-49 所示的"变形文字"对话框，在"样式"下拉列表中提供了 15 种变形样式，通过设置方向、弯曲度等参数，可制作出各种不同的文字艺术效果。

图 11-49　"变形文字"对话框

专家提示：如果当前的文字使用了伪粗体格式，那么在使用文字变形时，系统会弹出一个提示对话框，提示伪粗体格式文字不能应用文字变形，单击"确定"按钮可去除伪粗体格式而应用文字变形，如图 11-50 所示。

图 11-50　提示对话框

11.3.3　边讲边练——制作变形文字

Before　　　　　　　　After

本实例介绍运用"文字变形"命令和添加图层样式的操作，为照片添加变形文字。

文件路径：源文件\第 11 章\11.3.3

视频文件：视频\第 11 章\11.3.3.MP4

01 启动 Photoshop CS6，并打开一张素材图片，如图 11-51 所示。

02 选择横排文字工具 T，设置前景色为白色，在工具选项栏找到合适的字体，在"设置字体大小"下拉列表框中输入 98，确定字体大小。设置完成后在图像中输入文字，按快捷键〈Ctrl+Enter〉确定，完成文字的输入，如图 11-52 所示。

图 11-51　打开素材

图 11-52 输入文字

03 再次选择横排文字工具 T，字体设为黑体，字体大小设为 18，设置完成后在图像中输入文字，按快捷键〈Ctrl+Enter〉确定，完成文字的输入，如图 11-53 所示。

图 11-53 再次输入文字

04 选择英文文字图层，单击鼠标右键，在弹出的快捷菜单中选择"文字变形"选项，弹出"变形文字"对话框，设置参数如图 11-54 所示，完成后单击"确定"按钮。

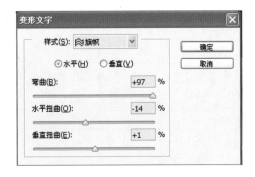

图 11-54 文字变形参数值

05 双击文字图层缩览图，弹出"图层样式"对话框，在左侧样式列表中选择"外发光"选项，参数设置如图

11-55 所示，完成后单击"确定"按钮。

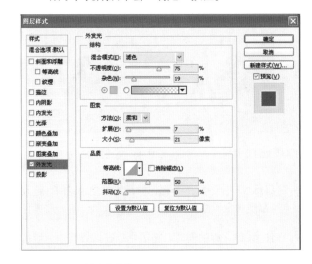

图 11-55 图层样式参数值

06 至此，本实例制作完成，最终效果如图 11-56 所示。

图 11-56 最终效果

专家提示：重置变形与取消变形：使用横排文字工具和直排文字工具创建的文本，只要保持文字的可编辑性，即没有将其栅格化、转换成为路径或形状前，可以随时进行重置变形与取消变形的操作。

要重置变形，可选择一个文字工具，然后单击工具选项栏中的"创建文字变形"按钮，也可执行"图层"→"文字"→"文字变形"命令，打开"变形文字"对话框，此时可以修改变形参数，或者在"样式"下拉列表中选择另一种样式。

要取消文字的变形，可以打开"变形文字"对话框，在"样式"下拉列表中选择"无"选项，单击"确定"按钮关闭对话框，即可取消文字的变形。

11.3.4 创建路径文字

路径指的是使用钢笔工具或形状工具创建的直线或曲线轮廓。创建路径后，可以使用文字工具沿着路径输入文字，使文字呈现各种不规则的排列效果，路径可以是封闭的，也可以是开放的。对于沿着路径输入的文字，同样可以选中全部或部分文字进行编辑，当改变路径形状时，路径文字也会随之发生变换。

11.3.5 边讲边练——沿路径边缘输入文字

Before　After

本实例介绍使用自定形状工具绘制路径，并使用横排文字工具在路径上输入文字，为图像添加路径文字效果。

文件路径：源文件\第 11 章\11.3.5

视频文件：视频\第 11 章\11.3.5.MP4

01 启动 Photoshop CS6，并打开一张素材图片，如图 11-57 所示。

图 11-57　打开素材

02 选择钢笔工具 ，在图像窗口中绘制一条弯曲的路径线，如图 11-58 所示。

图 11-58　绘制路径

03 选择横排文字工具 T ，设置前景色为黑色，在工具选项栏"设置字体"下拉列表框 宋体 中选择"黑体"字体，在"设置字体大小"下拉列表框 T 30点 中输入 12，确定字体大小设置，完成后放置光

标至路径上方，光标会显示为 I 形状，单击鼠标输入文字，文字会自动沿着路径排列，按快捷键〈Ctrl+ Enter〉确定，完成文字的输入，如图 11-59 所示。

图 11-59　输入文字

04 按下快捷键〈Ctrl+H〉隐藏路径。至此，本实例制作完成，最终效果如图 11-60 所示。

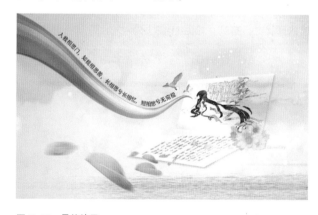

图 11-60　最终效果

专家提示：文字路径是无法在路径面板中直接删除的，除非在图层面板中删除这个文字层。

11.3.6 边讲边练——在闭合路径内输入文字

Before　　　　　After

下面通过一个小练习介绍使用钢笔工具绘制闭合路径，并使用横排文字工具将文字放置于闭合路径中，制作异形轮廓文字。

文件路径：源文件\第 11 章\11.3.6

视频文件：视频\第 11 章\11.3.6.MP4

01 按下快捷键〈Ctrl+O〉，打开如图 11-61 所示素材。

02 在工具箱中选择钢笔工具 ，然后在图像窗口中绘制路径，如图 11-62 所示。

图 11-61　打开素材文件　　图 11-62　绘制路径

03 选择横排文字工具 ，移动光标至路径内，此时光标会显示为 形状，单击光标输入文字，文字即可按照路径的形状进行排列，如图 11-63 所示。

04 按快捷键〈Ctrl+H〉隐藏路径，如图 11-64 所示。

图 11-63　输入文字　　图 11-64　隐藏路径

05 单击图层面板中的"创建图层组"按钮 ，新建一个图层组，如图 11-65 所示。

图 11-65　新建图层组

06 使用相同的路径方法完成其他的路径文字，效果如图 11-66 所示。

图 11-66　最终效果

专家提示：如果对文字排列效果不满意，可以通过选择工具对路径进行修改，以调整文字排列效果。在编辑文字的过程中出现文字疏密不理想，可以按快捷键〈Ctrl+A〉全选要调整的文字，再按〈Alt〉+上/下/左/右键进行调整。

11.3.7 将文字创建为工作路径

选择文字图层为当前图层，然后执行"图层"→"文字"→"创建工作路径"或"转换为形状"命令，可创建得到文字轮廓路径。选择"视图"→"路径"命令，在窗口中显示路径面板，即可看到转换完成的路径。

通过文字创建路径，然后使用路径调整工具进行变形，可以非常方便创建一些特殊艺术字效果，如图 11-67 所示。

图 11-67　艺术字效果

11.3.8 将文字图层转换为普通图层

文字图层不能直接使用选框工具、绘图工具等进行编辑，也不能添加滤镜，所以必须将文字栅格化为图像。

选择文字图层为当前图层，然后执行"图层"→"栅格化"→"文字"命令，或在图层上单击右键，在弹出的快捷菜单中选择"栅格化文字"选项，可将文字图层转换为普通图层，文字转换为普通图层后，可以对其进行图像的所有操作，如图 11-68 所示。

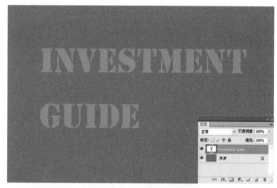

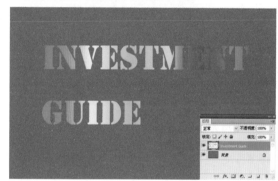

图 11-68　栅格化文字并填充渐变

11.4 实战演练——制作趣味图案字

本实例介绍使用文字工具和套索工具制作不规则文字选区，并结合添加图层样式、图层蒙版等操作，制作趣味文字。

文件路径：源文件\第 11 章\11.4

视频文件：视频\第 11 章\11.4.MP4

❶　启动 Photoshop 后，执行"文件"→"打开"命令，在文件夹中找到背景素材，单击"确定"按钮，如图 11-69 所示。

❷　按快捷键〈Ctrl＋O〉，打开产品素材拖入背景素材中，如图 11-70 所示。

图 11-69　打开素材 1

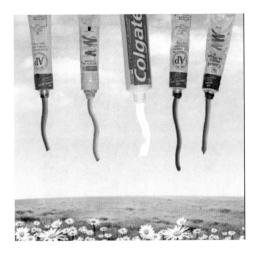

图 11-70　打开素材 2

③　单击图层面板中的"创建图层组"按钮 📁，新建一个图层组，如图 11-71 所示。

图 11-71　建立图层组

④　运用横排文字工具 T，在工具选项栏字体为黑体，字体大小设为 228，颜色设为蓝色（#6c8fb7），在图像中编辑"c"按快捷键〈Ctrl+T〉调整字体大小和位置，效果如图 11-72 所示。

图 11-72　编辑文字

⑤　参照上述方法，继续编辑文字"o"完成后，按住〈Ctrl〉键，单击"o"图层缩览图，建立选区，选择渐变工具 🔳，参数值设置如图 11-73 所示，效果如图 11-74 所示。

图 11-73　渐变填充

图 11-74　渐变图层效果

⑥　运用相同的方法完成其他的几个字母，效果如图 11-75 所示。

图 11-75 文字编辑

⑦ 选择图层"c"双击缩览图,弹出"图层样式"对话框,设置如图 11-76 所示的参数,单击"确定"按钮。

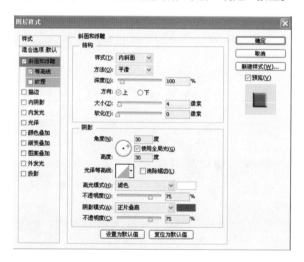

图 11-76 更改图层属性效果

⑧ 单击缩览图上的图层样式,按〈Alt〉键拖动至其他字母图层上,如图 11-77 所示。

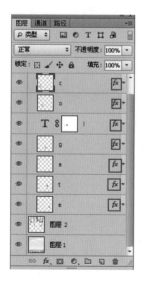

图 11-77 复制图层样式

⑨ 选择"1"图层,单击图层面板上的"添加图层蒙版"按钮 ,为图层添加图层蒙版。编辑图层蒙版,设置前景色为黑色,选择画笔工具 ,按〈[〉或〈]〉键调整合适的画笔大小,在图像边缘部分涂抹,完成后效果如图 11-78 所示。

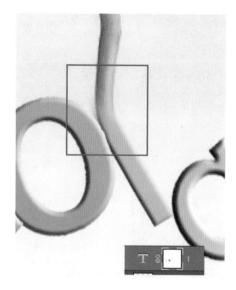

图 11-78 添加图层蒙版效果

⑩ 选择模糊工具 ,对字母与牙膏相交的边缘进行模糊处理,效果如图 11-79 所示。

图 11-79 模糊边缘

⑪ 选择图层"c",复制图层样式至组 1 上,如图 11-80 所示。

图 11-80 复制图层样式

⑫ 复制图层样式的效果如图 11-81 所示。

图 11-81　复制图层样式

图 11-82　最终效果

⑬　完成后的最终效果如图 11-82 所示。

11.5　习题——制作立体文字

本实例主要使用文字工具输入文字，并对文字进行编辑，制作文字的立体效果。

🔹 文件路径：源文件\第 11 章\11.5

💿 视频文件：视频\第 11 章\11.5 习题

操作提示：

① 新建一个空白文件。

② 添加背景素材。

③ 制作立体文字。

④ 添加水花效果。

⑤ 添加人物。

⑥ 添加花纹。

⑦ 制作水面倒影。

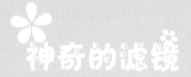

神奇的滤镜

——滤镜的综合运用

　　滤镜在 Photoshop 中具有非常神奇的作用，通过应用不同的滤镜可以模拟出各种神奇的艺术效果，如水彩画、插画、油画等，也可以使用滤镜来修饰和美化照片，如修饰人物脸部轮廓等。

　　Photoshop CS6 提供了将近 100 个内置滤镜，本章我们将重点介绍比较常用的一些滤镜，了解滤镜的特点和操作方法。

第 12 章

12.1 认识滤镜库

执行"滤镜"→"滤镜库"命令，可以打开滤镜库对话框，如图 12-1 所示。对话框左侧显示的是预览区，中间提供了 6 组可供选择的滤镜，右侧为参数设置区。

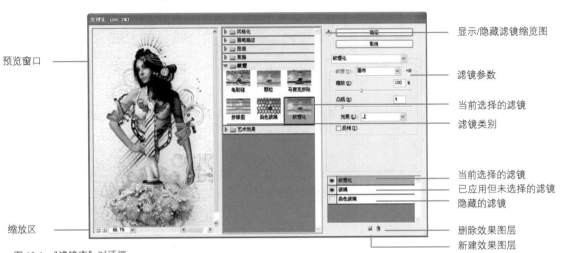

图 12-1 "滤镜库"对话框

- 预览窗口：用于预览应用滤镜的效果。
- 滤镜缩览图列表窗口：以缩览图的形式，列出了风格化、扭曲、画笔描边、素描、纹理、艺术效果等滤镜组的一些常用滤镜。
- 缩放区：可缩放预览窗口中的图像。
- 显示/隐藏滤镜缩览图按钮：单击 按钮，对话框中的滤镜缩览图列表窗口会立即隐藏，这样图像预览窗口得到扩大，可以更方便地观察应用滤镜效果；单击 按钮，滤镜列表窗口又会重新显示出来。
- 滤镜下拉列表框：该列表框以列表形式显示了滤镜缩览图列表窗口中的所有滤镜，单击下拉按钮 可从中进行选择。
- 滤镜参数：当选择不同的滤镜时，该位置就会显示出相应的滤镜参数，供用户进行设置。
- 应用到图像上的滤镜列表：该列表按照先后次序，列出了当前所有应用到图像上的滤镜列表。选择其中的某个滤镜，用户仍可以对其参数进行修改，或者单击其左侧的眼睛图标，隐藏该滤镜效果。
- 已应用但未选择的滤镜：已经应用到当前图像上的滤镜，其左侧显示了眼睛图标。
- 隐藏的滤镜：隐藏的滤镜，其左侧未显示眼睛图标。
- 新建效果图层：单击 按钮可以添加新的滤镜。
- 删除效果图层：单击 按钮可删除当前选择的滤镜。

12.2 独立滤镜

在 Photoshop 中，独立滤镜包括液化、消失点、镜头校正、自适应广角、油画滤镜。下面我们重点对液化和消失点滤镜进行介绍。

12.2.1 液化

执行"滤镜"→"液化"命令，可以打开"液化"对话框，该对话框中包括多个变形的工具，可以对图像进行推、拉伸、膨胀等操作。其中向前变形工具 可通过在图像上拖动、向前推动图像而产生变形；重建工具 通过绘

制变形区域，部分或全部恢复图像的原始状态；冻结蒙版工具 将不需要液化的区域创建为冻结的蒙版；解冻蒙版工具 则可以取消冻结，使图像可被重新编辑。

技巧点拨：在扭曲图像时，使用冻结蒙版工具 在图像上拖曳鼠标，在不需要进行变形的地方进行涂抹，被涂抹的区域会被冻结，使用任何变形工具都不能对冻结区域起作用。在对图像进行变形后使用解冻蒙版工具 在冻结区域进行涂抹，即可使冻结区域解冻，如图 12-2 所示。

| 原图 | 冻结人物区域 | | 对图像进行变形 | 解冻人物区域 |

图 12-2　冻结蒙版

12.2.2　边讲边练——制作超萌狗狗笑脸

本练习介绍通过使用"液化"滤镜来修饰狗狗脸型，制作狗狗趣味可爱表情。

Before　　　After

文件路径：源文件\第 12 章\12.2.2

视频文件：视频\第 12 章\12.2.2.MP4

01 执行"文件"→"打开"命令，在"打开"对话框中选择素材照片，单击"打开"按钮，或按下快捷键〈Ctrl+O〉，打开狗狗素材，如图 12-3 所示。

图 12-3　打开小狗照片

02 将"背景"图层拖拽到"图层"控制面板下方"创建新图层"按钮 上进行复制，生成新的"背景副本"图层。

03 执行"滤镜"→"液化"命令，打开"液化"对话框，如图 12-4 所示。

专家提示：此时按〈Ctrl〉+〈+〉或〈Ctrl〉+〈-〉键可以放大或缩小图像。

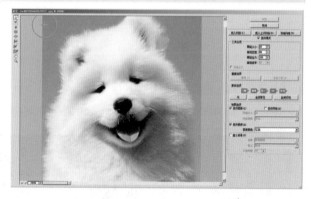

图 12-4　"液化"对话框

04 在左侧选择向前变形工具 ，在右侧"工具选项"面板中设置参数如图 12-5 所示。

05 移动鼠标至狗狗嘴下颚处，运用向前变形工具 向下侧拖动鼠标，进行变形，如图 12-6 所示。

06 将向前变形工具移至上嘴唇处往上拖动，变形图形，修饰完成效果，如图 12-7 所示。

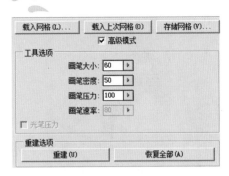

图 12-5 设置参数

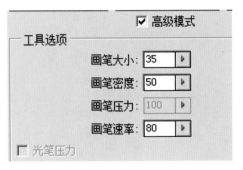

图 12-8 设置参数

图 12-6 变形下颚

图 12-7 变形上颚

图 12-9 膨胀眼睛

图 12-10 完成效果

07 在左侧选择膨胀工具 ⬥ ，在右侧"工具选项"面板中设置参数如图 12-8 所示。

08 将光标移至狗狗右眼处，按住鼠标左键，膨胀到合适大小后，释放鼠标，完成效果如图 12-9 所示。

09 参照同样的操作方法，放大左眼，单击"确定"按钮，得到最终效果如图 12-10 所示。

 技巧点拨： 在液化对话框中包含可以进行各种扭曲变形的工具，然而在进行各种变形时，有时会遇到扭曲变形过度或将不需要变形的地方也进行了变形的情况，所以结合重建工具 、冻结蒙版工具 和解冻蒙版工具 对图像进行编辑，可以使我们在对图像进行扭曲变形时更加轻松。

12.2.3 消失点

"消失点"滤镜可以在图像中创建透视网格，然后使用绘画、仿制、复制粘贴和变换等操作，使图像适应透视的角度和大小。

执行"滤镜"→"消失点"命令，可打开"消失点"对话框，如图 12-11 所示。在该对话框中可以使用左侧的多种工具创建和编辑网格，还可以设置网格在平面的大小和网格角度。

图 12-11 "消失点"对话框

12.2.4 边讲边练——制作广告牌

Before → After

下面我们运用"消失点"滤镜将海报按照透视网格添加至空白广告牌上，完成广告牌效果。

文件路径：源文件\第 12 章\12.2.4

视频文件：视频\第 12 章\12.2.4.MP4

01 按下快捷键〈Ctrl+O〉，打开广告牌素材，如图 12-12 所示。

图 12-12　打开素材

02 按下快捷键〈Ctrl+J〉，将"背景"图层复制一层。执行"滤镜"→"消失点"命令，打开"消失点"对话框。选择创建平面工具 📐，在广告牌上的四个角点位置分别单击鼠标，创建如图 12-13 所示形状的网格。

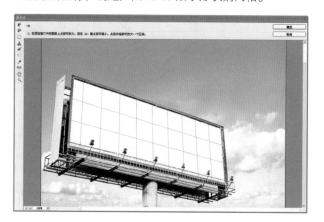

图 12-13　创建网格

03 广告牌变形平面创建完成，单击"确定"按钮暂时关闭"消失点"对话框。

04 按下快捷键〈Ctrl+O〉，打开平面广告图像，如图 12-14 所示。按下快捷键〈Ctrl+A〉，全选图像，按下快捷键〈Ctrl+C〉复制图像至剪贴板。

技巧点拨：按下〈Ctrl〉+〈+〉键放大图像显示，移动光标至角点位置，当光标显示 ⬦ 形状时，可以精确调整角点的位置，当光标显示 ▸⊞ 形状时，拖动鼠标可调整网格的位置。

按下退格键可以删除创建的变形网格。

图 12-14　打开图像

05 切换至广告牌图像窗口，执行"滤镜"→"消失点"命令，打开"消失点"对话框，此时图像上显示了刚刚创建的网格。

06 按下快捷键〈Ctrl+V〉，将图像粘贴至变形窗口，如图 12-15 所示。

图 12-15　粘贴图像

07 当光标显示为 ▸ 形状时向下拖动至网格内，图像即按照设置的变形网格形状进行变形，效果如图 12-16a 所

示。选择变换工具 ![], 适当调整图像的大小, 单击"确定"按钮关闭对话框, 得到如图 12-16b 所示的效果。

a)

b)

图 12-16 拖移位置及效果

a) 拖移位置 b) 拖移位置完成效果

技巧点拨: 在"消失点"对话框"角度"文本框中输入数值, 可以快速设置新平面的透视角度。

12.3 风格化滤镜

在 Photoshop 中, 风格化滤镜包括查找边缘、风、浮雕效果、拼贴等 9 个滤镜, 可以生产各种绘画或印象派的效果。下面我们对其中的查找边缘和拼贴滤镜进行详细介绍。

12.3.1 查找边缘

"查找边缘"滤镜可以自动搜索图像的主要颜色区域, 将高反差区域变亮, 低反差区域变暗, 其他区域则介于两者之间, 硬边变为线条, 柔边变粗, 可以自动形成一个清晰的轮廓, 突出图像的边缘。

执行"滤镜"→"风格化"→"查找边缘"命令, 系统自动将图像区域转换为清晰地轮廓, 如图 12-20 所示。

08 单击图层面板上的"添加图层蒙版"按钮 ![], 为图层添加图层蒙版。编辑图层蒙版, 按〈D〉键, 恢复前景色和背景色为默认的黑白颜色, 按快捷键〈Ctrl+ Delete〉填充蒙版为黑色, 选择画笔工具 ![], 按〈[〉或〈]〉键调整合适的画笔大小, 在图像上涂抹。按下〈Alt〉键单击图层蒙版缩览图, 图像窗口会显示出蒙版图像, 如图 12-17 所示。

09 如果要恢复图像显示状态, 再次按住〈Alt〉键单击蒙版缩览图即可, 此时图层面板如图 12-18 所示, 完成效果如图 12-19 所示。

图 12-17 蒙版   图 12-18 添加图层蒙版

图 12-19 最终效果

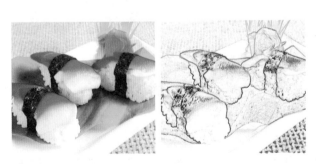

图 12-20 查找边缘滤镜示例

12.3.2 拼贴

"拼贴"滤镜可以将图像分解为瓷砖方块, 并使其偏离原来的位置。

执行"滤镜"→"风格化"→"拼贴"命令，弹出"拼贴"对话框，在该对话框中可以设置图像拼贴块的数量和间隙，在"填充空白区域用"选项栏中可以选择填充间隙的颜色，如图 12-21 所示。

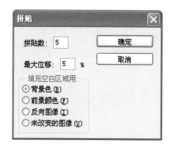

图 12-21 "拼贴"滤镜对话框

- "拼贴数"设置图像拼贴块的数量。
- "最大位移"设置拼贴块的间隙。
- "填充空白区域"设置间隙的填充，可以填充背景色、前景色、反向图像和未改变的图像。

如图 12-22 所示为使用"拼贴"滤镜为图像制作瓷砖效果示例。

图 12-22 拼贴滤镜示例

12.4　画笔描边滤镜

在 Photoshop 中，画笔描边滤镜包括成角的线条、喷色描边、强化的边缘等 8 个滤镜，可以为图像制作绘画效果和添加颗粒、杂色、纹理等。在 Photoshop CS6 中，画笔描边滤镜组都集成在滤镜库中。下面我们对其中的成角的线条和喷色描边滤镜进行详细介绍。

12.4.1　成角的线条

"成角的线条"滤镜可以使用对角描边重新绘制图像，暗部和亮部区域为不同的线条方向。

手把手 12-1　成角的线条

视频文件：视频\第 12 章\手把手 12-1.MP4

01 打开本书配套光盘中"源文件\第 12 章\12.4\12.4.1.jpg 文件"，单击"打开"按钮，如图 12-23 所示。

02 执行"滤镜"→"滤镜库"命令，打开"滤镜库"对话框，选择画笔描边选项组中的"成角的线条"，设置参数，如图 12-24 所示。在该对话框右侧可以设置方向平衡、描边长度和锐化程度的参数。

03 设置完成后单击"确定"按钮应用滤镜，效果如图 12-25 所示。

图 12-23 原图　　图 12-24 "成角的线条"对话框　　图 12-25 成角的线条示例

- "描边长度"可以设置对角线的长度。
- "方向平衡"可以设置对角线条的倾斜角度。
- "锐化程度"可以设置对角线的清晰程序。

12.4.2　喷色描边

"喷色描边"滤镜用喷溅的颜色线条重新绘制图像，产生斜纹飞溅效果。

手把手 12-2　喷色描边

视频文件：视频\第 12 章\手把手 12-2.MP4

01 打开本书配套光盘中"源文件\第 12 章\12.4\12.4.2.jpg 文件"，单击"打开"按钮，如图 12-26 所示。

图 12-26 原图

02 执行"滤镜"→"滤镜库"命令，打开"滤镜库"对话框，选择画笔描边选项组中的"喷色描边"，设置参数，如图 12-27 所示。在该对话框右侧可以设置描边长度、喷色半径和描边方向。

图 12-27　"喷色描边"对话框

03 设置完成后单击"确定"按钮，应用滤镜，效果如图 12-28 所示。

图 12-28　喷色描边效果

12.4.3　边讲边练——制作撕边效果

Before　　　　　　After

下面我们通过使用"喷色描边"滤镜，为照片制作撕边效果。

文件路径：源文件\第 12 章\12.4.3

视频文件：视频\第 12 章\12.4.3.MP4

01 启动 Photoshop CS6，并打开如图 12-29 所示素材。

图 12-29　打开素材

02 选择"背景"图层，按住鼠标左键并拖动至"创建新图层"按钮 上，得到"背景副本"图层。

03 使用"套索工具" 在图像窗口中任意绘制一形状，填充白色，如图 12-30 所示。

图 12-30　绘制选区并填充

04 执行"滤镜"→"滤镜库"命令，打开"滤镜库"对话框，选择画笔描边选项组中的"喷色描边"，设置参数，如图 12-31 所示，设置完成后单击"确定"按钮退出对话框，效果如图 12-32 所示。

图 12-31　"喷色描边"参数　　图 12-32　"喷色描边"效果

05 按下快捷键〈Ctrl+D〉键取消选择，打开文字素材文件，将其添加至图像中，放置在适当的位置，完成效果如图 12-33 所示。

图 12-33　完成效果

12.5 模糊滤镜

模糊滤镜包含场景模糊、光晕模糊、倾斜偏移、表面模糊、动感模糊、径向模糊等 14 种滤镜，它们可以柔化像素、降低相邻像素间的对比度，使图像产生柔和、平滑过渡的效果。下面我们对常用的几种模糊滤镜进行详细的介绍。

12.5.1 场景模糊

场景模糊可以给指定的区域进行模糊，通过图片上的每个点，设置模糊的大小。

 手把手 12-3 场景模糊

视频文件：视频\第 12 章\手把手 12-3.MP4

01 执行"文件"→"打开"命令，选择本书配套光盘中"源文件\第 12 章\12.5\12.5.1.jpg"，单击"打开"按钮，打开一张素材图像，如图 12-34 所示。

图 12-34 打开文件

02 执行"滤镜"→"模糊"→"场景模糊"命令，打开"场景模糊"面板，设置相应参数，如图 12-35 所。

03 按〈Enter〉键确定设置，效果如图 12-36 所示。

图 12-35 设置场景模糊参数　　图 12-36 场景模糊效果

12.5.2 表面模糊

"表面模糊"滤镜可以在模糊图像的同时保留图像边缘的清晰度，经常被用来为人像照片消除杂色或颗粒、光滑皮肤等。

打开一张如图 12-37 所示素材，执行"滤镜"→"模糊"→"表面模糊"命令，可以打开"表面模糊"对话框，如图 12-38 所示。其中，"半径"可以指定模糊取样区域的大小，"阈值"可以控制相邻像素色调值与中心像素值相差多大时才能成为模糊的一部分，色调值差小于阈值的像素被排除在模糊之外。效果如图 12-39 所示。

图 12-37 原图　　图 12-38 "表面模糊"对话框　　图 12-39 表面模糊效果

12.5.3 径向模糊

"径向模糊"滤镜可以模拟缩放或旋转地相机所产生的模糊效果。执行"滤镜"→"模糊"→"径向模糊"命令，打开"径向模糊"对话框，如图 12-40 所示。

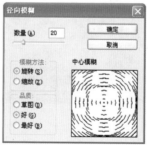 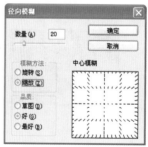

图 12-40 "径向模糊"对话框

其中，"数量"用来设置模糊的强度，数值越大，模糊效果越强烈。

"模糊方法"中包括两种选项，选择"旋转"选项，将沿同心圆环线模糊图像，然后指定旋转的角度。若选择"缩放"选项，则沿径向线模糊，产生放射状的图像效果。

技巧点拨：移动光标至"中心模糊"框中单击，可指定模糊的中心位置。

"品质"控制应用模糊效果后图像的显示品质，分为

"草图"、"好"和"最好"三种类型:"草图"处理速度最快但会产生颗粒状的结果,"好"和"最好"可以产生比较平滑的结果,但除非在较大的图像上,否则看不出区别。

手把手 12-4　径向模糊

　　视频文件:视频\第 12 章\手把手 12-4.MP4

01 执行"文件"→"打开"命令,选择本书配套光盘中"源文件\第 12 章\12.5\12.5.3.jpg",单击"打开"按钮,打开一张素材图像,如图 12-41 所示。

图 12-41　原图

02 执行"滤镜"→"模糊"→"径向模糊"命令,打开"径向模糊"面板,选中"缩放"单选框,效果如图 12-42 所示。

图 12-42　缩放模糊效果

03 选中"旋转"单选框,效果如图 12-43 所示。

图 12-43　旋转模糊效果

12.5.4　边讲边练——突出足球的精彩瞬间

Before

After

　　原照片中两人争夺足球,下面通过使用径向模糊滤镜,突出争夺足球的精彩瞬间。

　　文件路径:源文件\第 12 章\12.5.4

　　视频文件:视频\第 12 章\12.5.4.MP4

01 执行"文件"→"打开"命令,在"打开"对话框中打开一张素材,如图 12-44 所示。

图 12-44　打开素材

02 执行"滤镜"→"模糊"→"径向模糊"命令,在弹出的径向模糊对话框中设置参数,如图 12-45 所示,效果如图 12-46 所示。

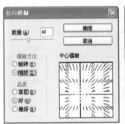

图 12-45　径向模糊　　　　图 12-46　径向模糊效果

03 选择历史记录画笔工具 ，设置大小为 60 像素，笔触柔边圆，把足球和右下角的红色部分涂抹出来如图 12-47 所示。

图 12-47　涂抹效果

04 新建一个图层，选择钢笔工具 ，在工具选项栏中单击路径按钮 路径 ，绘制如图 12-48 所示的路径，按快捷键〈Ctrl+Enter〉将路径转换为选区，填充为白色，如图 12-49 所示。

图 12-48　绘制路径

图 12-49　填充颜色

05 "滤镜"→"模糊"→"动感模糊"在弹出的对话框中设置参数如图 12-50 所示，效果如图 12-51 所示，

图 12-50　设置参数

图 12-51　绘制光条

06 加上文字，将光束复制多分，调整位置和大小以及不透明度得到最后效果如图 12-52 所示。

图 12-52　完成效果

12.6　扭曲滤镜

　　扭曲滤镜包括波浪、海洋波纹、极坐标、球面化、切变等 12 个滤镜，它们通过创建三维或其他形体效果对图像进行几何变形，创建 3D 或其他扭曲效果。下面我们对其中的极坐标和切变进行详细介绍。

12.6.1　极坐标

　　"极坐标"滤镜以坐标轴为基准，将图像从平面坐标转换到极坐标，或将极坐标转换为平面坐标。执行"滤镜"→"扭曲"→"极坐标"命令，可以打开"极坐标"

对话框，在该对话框中，有"平面坐标到极坐标"和"极坐标到平面坐标"两个选项，如图 12-53 所示。

12.6.2　切变

　　"切变"滤镜通过调整曲线，使图像产生扭曲效果。执行"滤镜"→"扭曲"→"切变"命令，可以打开"切变"对话框，如图 12-54 所示，在变形框内单击可以添加节点，拖移节点即可设定扭曲曲线形状。若要删除控制点，只要拖动该点至变形框外即可。

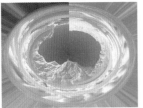

原图　　　　　　　　　平面坐标到极坐标

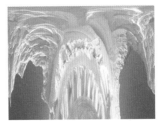

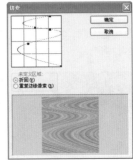

极坐标到平面坐标

图 12-53　"极坐标"实例

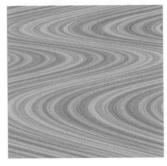

图 12-54　"切变"滤镜示例

12.6.3　边讲边练——将直发变为卷发

Before　　　　　　　After

下面我们运用"切变"滤镜，为人物制作卷发效果。

文件路径：源文件\第 12 章\12.6.3

视频文件：视频\第 12 章\12.6.3.MP4

01 执行"文件"→"打开"命令，在"打开"对话框中选择素材照片，单击"打开"按钮，或按快捷键〈Ctrl+O〉打开人物素材照片，如图 12-55 所示。

02 选择工具箱中的魔棒工具，选择人物的头发部分，如图 12-56 所示。

03 按快捷键〈Ctrl+J〉，将选区内的图像复制至新的图层。执行"滤镜"→"扭曲"→"切变"命令，弹出"切变"对话框，运用鼠标在变形框内的直线段上单击添加点，然后调整位置，如图 12-57 所示。

图 12-55　人物素材　　　图 12-56　绘制选区

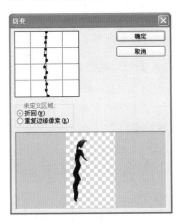

图 12-57　"切变"对话框

04 单击"确定"按钮，退出"切变"对话框，得到如图 12-58 所示的卷发效果。

图 12-58　卷发效果

05 选择移动工具 ，适当调整卷发的位置，完成效果如图 12-59 所示。

图 12-59　完成效果

12.7　素描滤镜

　　素描滤镜包括半调图案、水彩画纸、图章、影印等 14 个滤镜，它们可以将纹理添加到图像中，或者模拟素描、速写等手绘效果。在 Photoshop CS6 中，素描滤镜组都集成在滤镜库中，下面我们对几个常用的素描滤镜进行详细介绍。

12.7.1　半调图案

　　半调图案滤镜可以在保持连续的色调范围的同时，模拟半调网屏的效果。

手把手 12-5　半调图案
　　视频文件：视频\第 12 章\手把手 12-5.MP4

01 执行"文件"→"打开"命令，选择本书配套光盘中"源文件\第 12 章\12.7\12.7.1.jpg"，单击"打开"按钮，打开一张素材图像。

02 执行"滤镜"→"滤镜库"命令，打开"滤镜库"对话框，选择素描选项组中的半调图案，设置参数，如图 12-60 所示。

图 12-60　"半调图案"参数

03 单击"确定"按钮，如图 12-61 所示。

图 12-61　"半调图案"前后对比效果

12.7.2　影印

　　"影印"滤镜可以模拟影印图像的效果。

手把手 12-6　影印
　　视频文件：视频\第 12 章\手把手 12-6.MP4

01 执行"文件"→"打开"命令，选择本书配套光盘中"源文件\第 12 章\12.7\12.7.2\人物.jpg"，单击"打开"按钮，打开一张素材图像。如图 12-62 所示。

图 12-62　原图

02 执行"滤镜"→"滤镜库"命令，打开"滤镜库"对话框，选择素描选项组中的影印，设置相关参数，如图 12-63 所示。

图 12-63　"影印"对话框

图 12-64　影印效果

03 单击"确定"按钮，如图 12-64 所示。

12.8　像素化滤镜

像素化滤镜包括彩色半调、点状化、马赛克、铜版雕印等 7 种滤镜，它们可以使单元格中颜色值相近的像素结成块状。下面我们来详细介绍几种像素化滤镜。

12.8.1　彩色半调

"彩色半调"可以使图像变为网点状效果，它将图像划分为矩形，并用圆形替换每个矩形。执行"滤镜"→"像素化"→"彩色半调"命令，打开"彩色"对话框。在该对话框中，"最大半径"用来设置生成的最大网点的半径，"网角（度）"则用来设置图像各个通道的网点角度，如图 12-65 所示。

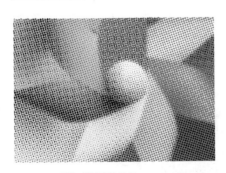

图 12-65　彩色半调滤镜示例

12.8.2　马赛克

"马赛克"滤镜可以使像素结成方块状，模拟像素效果。执行"滤镜"→"像素化"→"马赛克"命令，弹出"马赛克"对话框，在该对话框中，可通过"单元格大小"调整马赛克大小，如图 12-66 所示。

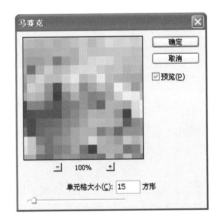

图 12-66　马赛克滤镜示例

12.8.3 边讲边练——制作马赛克效果

Before   After

下面我们使用"马赛克"滤镜和"锐化"滤镜进行操作,为照片制作马赛克效果。

文件路径:源文件\第 12 章\12.8.3

视频文件:视频\第 12 章\12.8.3.MP4

01 启动 Photoshop,执行"文件"→"打开"命令,在"打开"对话框中选择一张照片,单击"打开"按钮,如图 12-67 所示。

图 12-67 原图

02 按快捷键〈Ctrl+J〉复制一份,执行"滤镜"→"像素化"→"马赛克"命令,在弹出的对话框中设置参数如图 12-68 所示,效果如图 12-69 所示。

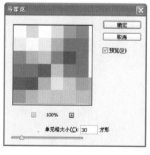

图 12-68 设置参数   图 12-69 效果图

03 执行"滤镜"→"锐化"→"智能锐化"命令,在弹出的对话框中设置参数如图 12-70 所示,单击确定后效果如图 12-71 所示。

04 设置图层属性为"变亮",不透明度为 80%,效果如图 12-72 所示。

05 选择历史记录画笔工具,涂抹要恢复的部分,最后效果如图 12-73 所示。

图 12-70 智能锐化参数   图 12-71 智能锐化效果

图 12-72 调整不透明度

图 12-73 最终效果

12.8.4　铜版雕刻

"铜版雕刻"滤镜可以在图像中随机生成各种不规则的直线、曲线和斑点。在"铜版雕刻"滤镜对话框中，可以在"类型"下拉列表中选择一种网点图案，如图 12-74 所示。其中包括"精细点"、"短直线"、"短描边"等，效果如图 12-75 所示。

图 12-74　"铜版雕刻"对话框

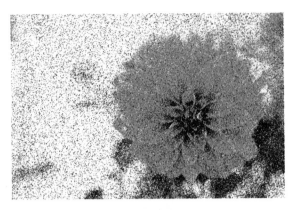

图 12-75　"中等点"效果

12.9　渲染滤镜

渲染滤镜包括分层云彩、光照效果、镜头光晕、纤维、云彩 5 种滤镜，它们可以使图像产生三维、云彩或光照效果，以及添加模拟的镜头折射和反射效果。下面我们来认识几种常用的渲染滤镜。

12.9.1　镜头光晕

"镜头光晕"滤镜模拟亮光照射到相机镜头所产生的折射效果，执行"滤镜"→"渲染"→"镜头光晕"命令，打开"镜头光晕"对话框，如图 12-76 所示。在该对话框中，通过单击图像缩览图的任一位置或拖移其十字线，可以指定光晕中心的位置；拖动"亮度"滑块可以控制光晕的强度；选择不同的镜头类型，适当运用，可以使图像的整体效果更好。

图 12-76　"镜头光晕"对话框

12.9.2　边讲边练——为照片添加光晕效果

Before　　　After

下面我们通过"镜头光晕"命令的操作，为照片添加光晕效果。

📁 文件路径：源文件\第 12 章\12.9.2

🎬 视频文件：视频\第 12 章\12.9.2.MP4

01 启动 Photoshop CS6，执行"文件"→"打开"命令，并打开一张素材图像，如图 12-77 所示。

图 12-77　打开素材

02 选择"背景"图层，按住鼠标左键并拖动至"创建新图层"按钮 🔲 上，释放鼠标得到"背景副本"图层。

03 执行"滤镜"→"渲染"→"镜头光晕"命令，在弹出的对话框中设置参数如图 12-78 所示。

图 12-78　"镜头光晕"对话框

04 完成后单击"确定"按钮，效果如图 12-79 所示。

05 复制"背景副本"图层得到"背景副本 2"图层，再执行"滤镜"→"渲染"→"镜头光晕"命令，在弹出的对话框中设置参数如图 12-80 所示。

图 12-79　添加镜头光晕效果

图 12-80　"镜头光晕"对话框

06 完成后单击"确定"按钮，完成效果如图 12-81 所示。

图 12-81　最终效果

12.9.3　云彩

"云彩"滤镜使用介于前景色与背景色之间随机值生成柔和的云彩图案。

执行"云彩"命令时，现有图层上的图像将被替换，如图 12-82 所示，若在应用"云彩"滤镜时按住〈Alt〉键，则可以生产色彩更加鲜明的云彩图案，如图 12-83 所示。

图 12-82　云彩效果　　图 12-83　色彩更加鲜明

12.10 艺术效果滤镜

艺术效果滤镜包括壁画、彩色铅笔、水彩、粗糙蜡笔等 15 种滤镜，它们可以模仿各种涂抹手法，将普通的图像绘制成具有绘画风格和绘画技巧的艺术效果，包括油画、水彩画、壁画等。艺术效果滤镜同样集成在滤镜库中，下面我们对几种常用的艺术效果滤镜进行详细介绍。

12.10.1 彩色铅笔

"彩色铅笔"滤镜使用彩色铅笔在纯色的背景上绘制图像，同时保留重要边缘，外观呈粗糙阴影线，背景色会透过平滑的区域显示出来。

 手把手 12-7 彩色铅笔

视频文件：视频\第 12 章\手把手 12-7.MP4

01 执行"文件"→"打开"命令，选择本书配套光盘中"源文件\第 12 章 12.10\12.10.1.jpg"，单击"打开"按钮，打开一张素材图像，如图 12-84 所示。

02 执行"滤镜"→"滤镜库" 命令，打开"滤镜库"对话框，选择"艺术效果"选项组中的彩色铅笔，设置相关参数，如图 12-85 所示。

03 单击"确定"按钮，如图 12-86 所示。

图 12-84 原图　　图 12-85 "彩色铅笔"　　图 12-86 彩色铅笔
　　　　　　　　　滤镜参数　　　　　　　滤镜效果

- "铅笔宽度"可以设置铅笔线条的宽度，该值越高，铅笔线条越粗。
- "描边压力"选项可以设置铅笔的压力效果，该值越高，铅笔线条越粗犷。
- "纸张亮度"选项可以设置画纸纸色的明暗程度，该值越高，纸张的颜色越接近背景色。

12.10.2 壁画

"壁画"滤镜通过改变图像对比度，模拟使用小块颜料涂抹绘制，以创建壁画效果。在"壁画"对话框右侧可以设置画笔大小、图像细节的保留程度、添加的纹

理的数量。

 **手把手 12-8 壁画**

视频文件：视频\第 12 章\手把手 12-8.MP4

01 执行"文件"→"打开"命令，选择本书配套光盘中"源文件\第 12 章\12.10\12.10.2.jpg"，单击"打开"按钮，打开一张素材图像，如图 12-87 所示。

图 12-87 原图

02 执行"滤镜"→"滤镜库"命令，打开"滤镜库"对话框，选择"艺术效果"选项组中的"壁画"，设置相关参数，如图 12-88 所示。

03 单击"确定"按钮，如图 12-89 所示。

图 12-88 "壁画"滤镜参数　　　图 12-89 壁画滤镜效果

- "画笔大小"选项可以设置画笔的大小。
- "画笔细节"可以设置图像细节的保留程度。
- "纹理"选项可以设置添加纹理的数量，该值越高，绘制的效果越粗犷。

12.10.3 水彩

"水彩"滤镜使用以水彩的风格绘制图像，通过设置画笔细节表现水彩不同的精细度。在"水彩"对话框中，还可以设置暗调区域的范围和图像边界的纹理效果。

12.10.4 边讲边练——制作壁画效果

Before　　　　　After

下面我们使用"水彩"和"壁画"滤镜进行操作，制作个人壁画效果。

文件路径：源文件\第 12 章\12.10.4

视频文件：视频\第 12 章\12.10.4.MP4

01 执行"文件"→"打开"命令，在"打开"对话框中选择素材照片，单击"打开"按钮，如图 12-90 所示。

图 12-90　素材照片

02 选择"背景"图层，按住鼠标左键并拖动至"创建新图层"按钮 上，释放鼠标得到"背景副本"图层。执行"滤镜"→"滤镜库" 命令，打开"滤镜库"对话框，选择"艺术效果"选项组中的"水彩"，设置相关参数，如图 12-91 所示。设置完成后单击"确定"按钮，效果如图 12-92 所示。

专家提示："水彩滤镜"可以产生一种水彩画的效果。如图 12-91 所示的水彩滤镜的相关参数，其中"画笔细节"的值越高，画面越精细；"阴影强度"的值越高，暗调范围越大；"纹理"的值越高，纹理的效果越明显。

图 12-91　"水彩"参数　　　　图 12-92　效果

03 执行"滤镜"→"滤镜库"命令，打开"滤镜库"对话框，选择"艺术效果"选项组中的"壁画"，设置相关参数如图 12-93 所示。设置完成后单击"确定"按钮，效果如图 12-94 所示。

图 12-93　"壁画"参数　　　　图 12-94　壁画滤镜效果

12.11 杂色滤镜

杂色滤镜包含减少杂色、添加杂色、蒙尘与划痕、去斑和中间值 5 种滤镜，它们可以添加或去除杂色或一些带有随机分布色阶的像素，创建特殊的图像纹理和效果。下面我们对其中的添加杂色和蒙尘与划痕进行详细介绍。

12.11.1 添加杂色

"添加杂色"滤镜可以将随机的像素应用于图像，以

模拟在高速胶片上拍摄所产生的颗粒效果，也可以用来减少羽化选区或渐变填充中的条纹。

执行"滤镜"→"杂色"→"添加杂色"命令，弹出"添加杂色"对话框，如图 12-95 所示。在该对话框中可以设置杂色的数量；在"分布"选项中可以选择"平均分布"或"高斯分布"方式；选中"单色"选项，杂点只应用于图像中的色调元素，而不改变颜色，如图 12-96 所示。

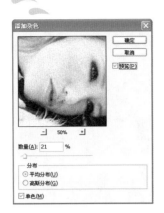

图 12-95　"添加杂色"对话框

图 12-96　"添加杂色"效果

12.11.2　边讲边练——打造下雪效果

Before　　　　After

本实例主要介绍使用"添加杂色"滤镜、"高斯模糊"滤镜、"动感模糊"滤镜和使用"阈值"命令、添加"外发光"图层样式进行操作，为照片打造下雪效果。

文件路径：源文件\第 12 章\12.11.2

视频文件：视频\第 12 章\12.11.2.MP4

01 启动 Photoshop CS6，执行"文件"→"打开"命令，在"打开"对话框中选择素材照片，单击"打开"按钮，如图 12-97 所示。

02 在图层面板中单击选中"背景"图层，按住鼠标将其拖动至"创建新图层"按钮 上，复制得到"背景副本"图层。

03 执行"滤镜"→"杂色"→"添加杂色"命令，弹出"添加杂色"对话框，在该对话框中设置参数如图 12-98 所示，完成后单击"确定"按钮。

图 12-97　打开素材

图 12-98　"添加杂色"对话框

04 执行"滤镜"→"模糊"→"高斯模糊"命令，弹出"高斯模糊"对话框，在该对话框中设置参数如图 12-99 所示，完成后单击"确定"按钮，退出该对话框，效果如图 12-100 所示。

图 12-99　"高斯模糊"对　图 12-100　高斯模糊效果
话框

05 执行"图像"→"调整"→"阈值"命令，弹出"阈值"对话框，在该对话框中设置参数如图 12-101 所示，完成后单击"确定"按钮，效果如图 12-102 所示。

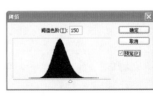

图 12-101　"阈值"对话框　　图 12-102　阈值效果

06 在图层面板中设置"背景副本"图层的"混合模式"为"滤色"，效果如图 12-103 所示。

07 执行"滤镜"→"模糊"→"动感模糊"命令，弹

出"动感模糊"对话框,在该对话框中设置参数如图 12-104 所示,完成后单击"确定"按钮。

 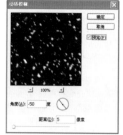

图 12-103 "滤色"效果　　图 12-104 "动感模糊"参数

图 12-105　完成效果

08 按下快捷键〈Ctrl+O〉,打开文字素材并添加至图像中,放置在合适位置,完成效果如图 12-105 所示。

专家提示:"高斯模糊"滤镜利用钟形高斯曲线,有选择性地快速模糊图像,其特点是中间高,两边低,呈尖峰状。而且高斯模糊可通过调节对话框中的"半径"参数控制模糊的程度,在实际应用中非常广泛。

12.11.3　蒙尘与划痕

　　"蒙尘与划痕"通过更改图像中有差异的像素来减少杂色、灰尘、瑕疵等。执行"滤镜"→"杂色"→"蒙尘与划痕"命令,打开"蒙尘与划痕"对话框,如图 12-106 所示,可以在图像缩览图中调整缩放比例,拖动"半径"滑块可以调整模糊程度,拖动"阈值"滑块可以检查图像中或选区中的所有像素。

图 12-106　"蒙尘与划痕"滤镜对话框

12.11.4　边讲边练——去除面部瑕疵

Before　　　After

原照片中人物面部的痘印影响了人物照片的美观,下面我们运用"蒙尘与划痕"滤镜为照片中人物去除面部瑕疵,美化人物的形象。

文件路径:源文件\第 12 章\12.11.4

视频文件:视频\第 12 章\12.11.4.MP4

01 执行"文件"→"打开"命令,在"打开"对话框中选择素材照片,单击"打开"按钮,或按快捷键〈Ctrl+O〉,打开人物素材照片,如图 12-107 所示。

02 在图层面板中单击选中背景图层,按住鼠标将其拖动至"创建新图层"按钮 上,复制得到"背景副本"图层。设置图层混合模式为"滤色"如图 12-108 所示。

03 按快捷键〈Ctrl+Shift+Alt+E〉,盖印图层,执行"滤镜"→"杂色"→"蒙尘与划痕"命令,打开"蒙尘与划痕"对话框,在该对话框中设置数如图 12-109 所示。

图 12-107　素材照片　　　　图 12-108　提亮人物

图 12-109 "蒙尘与划痕"对话框

04 单击"确定"按钮，效果如图 12-110 所示。

图 12-110 "蒙尘与划痕"效果

05 单击图层面板上的"添加图层蒙版"按钮 ⬜，为"图层 1"图层添加图层蒙版。按〈D〉键，恢复前景色和背景色为默认的黑白颜色，按快捷键〈Alt+Delete〉填充蒙版为黑色，然后选择画笔工具 ✏，设置前景色为白色，在人物面部皮肤上涂抹，此时图层面板如图 12-111 所示，人物效果如图 12-112 所示。

图 12-111 添加图层蒙版　　　图 12-112 最终效果

💡 **专家提示：**"蒙尘与划痕"滤镜通过更改相异的像素减少杂色。

12.12 实战演练——制作极地效果

本实例通过使用"极坐标"滤镜，制作极地效果。

💿 文件路径：源文件\第 12 章\12.12

🎬 视频文件：视频\第 12 章\12.12.MP4

① 按下快捷键〈Ctrl+O〉，打开一张图片素材，如图 12-113 所示。

图 12-113 图片素材

② 执行"图像"→"图像大小"命令，弹出"图像大小"对话框，取消对"约束比例"复选框的选中，设置

"宽度"和"高度"均为 36 厘米，如图 12-114 所示。单击"确定"按钮，效果如图 12-115 所示。

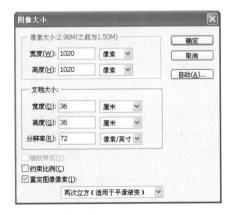

图 12-114 设置参数

图 12-115　调整大小

③　执行"图像"→"图像旋转"→"180 度"命令，效果如图 12-116 所示。

图 12-116　旋转 180 度

④　执行"滤镜"→"扭曲"→"极坐标"命令，弹出"极坐标"对话框，设置参数如图 12-117 所示。单击"确定"按钮，效果如图 12-118 所示。

图 12-117　"极坐标"对话框

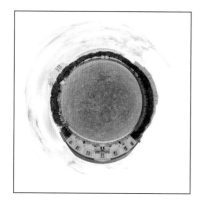

图 12-118　极坐标效果

⑤　执行"文件"→"打开"命令，打开云彩素材图片，并添加至文件中，如图 12-119 所示，图层面板自动生成"图层 1"图层。

图 12-119　添加云彩素材

⑥　设置"图层 1"图层的"混合模式"为"深色"，效果如图 12-120 所示。

图 12-120　深色效果

⑦　单击图层面板上的"添加图层蒙版"按钮，设置前景色为黑色，选择画笔工具，按〈[〉或〈]〉键调整合适的画笔大小，在图像中心的球形上涂抹，图层面板如图 12-121 所示。

⑧　添加图层蒙版后的效果如图 12-122 所示。

图 12-121　图层面板

图 12-122　添加图层蒙版效果

⑨　按下快捷键〈Ctrl+O〉，打开素材文件并运用移动工具将所有素材依次添加至文件中，如图 12-123 所示。

图 12-123　添加素材

⑩ 运用同样的操作方法添加文字素材至图像中，完成后

效果如图 12-124 所示。

图 12-124　完成效果

12.13　习题——制作水墨画

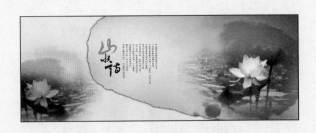

本实例制作一幅山水画，练习了高斯模糊、水彩等滤镜的操作。

文件路径：源文件\第 12 章\12.13

视频文件：视频\第 12 章\12.13 习题

操作提示：

① 打开荷花素材，制作水墨画效果。

② 新建一个空白文件。

③ 添加背景素材和墨迹素材。

④ 添加刚刚制作好的荷花水墨画素材。

⑤ 添加图层蒙版。

⑥ 添加文字素材。

让 Photoshop 自己动手
——动作与任务自动化

在图像编辑时，常常会使用重复的操作步骤，而重复这些操作无疑会浪费时间和精力。针对这一问题，我们可以将图像的处理过程运用"动作"记录下来，然后执行该动作，Photoshop 便可自动快速地将处理过程应用到其他图像中。

本章我们将详细介绍如何创建、编辑和应用动作，以及如何通过使用各种动作自动化命令来提高工作效率。

第 13 章

13.1 动作

动作是用于处理单个文件或一批文件的一系列命令，Photoshop 可以将执行过的操作记录成动作，然后将动作应用于其他图像中。

13.1.1 了解动作面板

"动作面板"可以记录、编辑、自定义和批处理动作，也可以使用动作组来管理各个动作。执行"窗口"→"动作"命令，在图像窗口中显示动作面板如图 13-1 所示。

- 屏蔽切换开/关 ✓：单击名称最左侧的灰色框 ✓ 可以激活或隐藏动作，若去掉"√"显示，则隐藏此命令，使其在播放动作时不被执行。
- 切换对话开/关 □：若动作中的命令显示 □ 标记，表示在执行该命令时会弹出对话框以供用户设置参数。
- "停止播放／记录"按钮 ■：单击该按钮停止动作的播放／记录。
- "开始记录"按钮 ●：单击该按钮可开始记录动作，接下来的操作、应用的命令包括参数被录制在动作中。
- "播放选定的动作"按钮 ▶：单击该按钮可播放当前选定的动作。

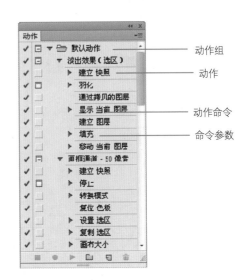

图 13-1 动作面板

- "创建新组"按钮 ▭：单击该按钮创建一个新的动作序列，可以包含多个动作。
- "创建新动作"按钮 ▭：单击该按钮可创建一个新的动作。
- "删除"按钮 🗑：单击该按钮删除当前选定的动作。

13.1.2 边讲边练——应用动作

Before   After

下面通过应用 Photoshop 提供的预设动作，快速制作仿旧照片效果。

文件路径：源文件\第 13 章\13.1.2

视频文件：视频\第 13 章\13.1.2.MP4

01 打开一张素材图像，如图 13-2 所示。

图 13-2 素材图像

02 单击动作面板中右上角 ▼ 按钮，在弹出的面板快捷菜单中选择"图像效果"选项，如图 13-3 所示。

03 将"图像效果"动作组载入到面板中，如图 13-4 所示，选择"仿旧照片"动作，如图 13-5 所示。

04 按下动作面板下方的"播放选定的动作"按钮 ▶，播放"仿旧照片"动作，得到如图 13-6 所示的效果。

专家提示：Photoshop 可记录大多数的操作命令，但并不是所有的命令，像绘画、视图放大、缩小等操作就不能被记录。

图 13-3 面板菜单

图 13-4 "图像效果"动作组

图 13-5 "仿旧照片"动作　　图 13-6 仿旧照片效果

13.1.3 修改动作的名称和参数

在动作面板中双击动作或组的名称，可以显示文本输入框，如图 13-7 所示，在输入框中修改它们的名称，按下〈Enter〉键确认即可修改动作的名称。

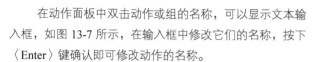

图 13-7 显示文本输入框

双击动作面板中的一个命令，可以打开该命令的选项设置对话框，如图 13-8 所示，在该对话框中可以修改命令的参数。

13.1.4 在动作中插入命令

打开任意图像文件，选择动作面板中的命令，按下面板"开始记录"按钮，新记录的操作将添加在该命令之后；若当前所选的是动作，则新记录的操作将被添加到动作的末尾。

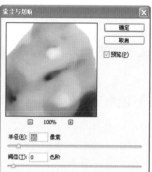

图 13-8 打开"蒙尘与划痕"对话框

13.1.5 在动作中插入菜单项目

插入菜单项目是指在动作中插入菜单中的命令，可以将一些可能无法记录的命令插入到动作中，如绘画和上色工具、工具选项、视图命令和窗口命令等。

选择动作面板中的任一命令，单击动作面板中右上角按钮，在弹出的快捷菜单中选择"插入菜单项目"选项，打开如图 13-9 所示的对话框，单击"确定"按钮即可在该命令后面插入菜单项目。

图 13-9 "插入菜单项目"对话框

13.1.6 边讲边练——在动作中插入停止命令

本实例介绍如何在动作中插入停止命令，让动作播放到停止命令时自动停止，以便于在操作中编辑无法录制为动作的命令。

文件路径：源文件\第 13 章\13.1.6

视频文件：视频\第 13 章\13.1.6.MP4

01 打开一张素材图像，如图 13-10 所示。

图 13-10　素材图像

02 选择"背景"图层，按住鼠标左键并拖动至"创建新图层"按钮 上，释放鼠标即可得到"背景副本"图层，如图 13-11 所示。

图 13-11　复制图层

03 打开动作面板，选择"色彩汇聚（色彩）"动作中的"建立"命令，如图 13-12 所示。

图 13-12　选择"建立"命令

04 单击动作面板中右上角 按钮，在弹出的快捷菜单中选择"插入停止"选项，打开"记录停止"对话框，输

入提示信息，选中"允许继续"复选框，如图 13-13 所示。

图 13-13　输入提示信息

05 单击"确定"按钮，关闭对话框，便可以将停止插入到动作中，如图 13-14 所示。

图 13-14　插入停止命令

06 选择"色彩汇聚（色彩）"动作，单击"播放选定的动作"按钮 ，播放动作。当播放至"停止"命令时，系统会停止这一步骤，弹出"信息"提示框，如图 13-15 所示。

图 13-15　"信息"提示框

07 单击"停止"按钮，可停止播放动作，图像效果如图 13-16 所示，可以对图像进行编辑，编辑完成后，单击面板中"播放选定的动作"按钮 ，即可继续播放后面的命令。

08 若单击"继续"按钮，则继续播放后面的动作，完成后图像效果如图 13-17 所示。

图 13-16　停止播放效果

图 13-17　播放全部效果

13.1.7　在动作中插入路径

插入路径是指将路径作为动作中的一部分包含在动作内。在记录动作的过程中，如果用户绘制了路径，动作是无法记录的。在动作中选择任一命令，在图像窗口中绘制路径，单击动作面板中右上角 按钮，在弹出的快捷菜单中选择"插入路径"选项，即可在该命令后面插入路径。

专家提示：在动作中每记录一个路径都会替换掉前一个路径，所以如果要在一个动作中记录多个"插入路径"命令，需要在记录每个"插入路径"命令之后，都执行路径面板菜单中的"存储路径"命令。

13.1.8　重排、复制与删除动作

1．重新排列动作中的命令。

在"动作"面板中，将命令拖移至同一动作中或另一动作中的新位置，释放鼠标即可重新排列动作中的命令。

2．复制动作或命令。

选中动作或动作中的命令后，将其拖动该动作至面板上的创建新动作按钮 上，即可完成复制。或在按住〈Alt〉键的同时拖动动作或命令，也可以快速复制动作或命令。

3．删除动作或命令。

选中要删除的动作或命令，单击面板中的删除按钮 即可。单击动作面板中右上角 按钮，在弹出的快捷菜单中选择"清除全部动作"选项，即可将所有的动作删除。

13.1.9　指定回放速度

单击动作面板中右上角 按钮，在弹出的快捷菜单中选择"回放选项"命令，可以打开"回放选项"对话框，如图 13-18 所示。在对话框中可以设置动作的回放速

度，也可以将其暂停，以便对动作进行调试。

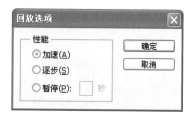

图 13-18　"回放选项"对话框

其中各选项含义如下：

● 加速：默认以正常的速度播放动作。

● 逐步：显示每个命令产生的效果，然后再进入到下一个命令，动作的播放速度较慢。

● 暂停：选中该选项后，可以在它右侧的数值框中输入时间，以指定播放动作时各个命令的间隔时间。

13.1.10　载入外部动作

动作面板默认只显示"默认动作"组，如果需要使用 Photoshop 预设的或其他用户录制的动作组，可以选择载入动作组文件。

单击面板右上角 按钮，在弹出的快捷菜单中选择"载入动作"命令，在弹出的对话框中选择以".atn"为扩展名的动作组文件，如图 13-19 所示，单击"载入"按钮，即可在动作面板中看到载入的动作组。

图 13-19　"载入"动作对话框

13.2 自动化

任务自动化通过将任务组合到一个或多个对话框中来简化复杂的任务，可以节省工作时间，并保持操作结果的一致性。

13.2.1 批处理

"批处理"命令可以对文件夹中的文件或当前打开的多个图像文件执行同一个动作，实现图像处理的自动化。使用批处理前，应该先将需要批处理的文件保存于同一个文件夹中或者全部打开，执行的动作也需先载入至动作面板。

13.2.2 边讲边练——批量处理图像

本实例通过载入动作、批处理文件，将文件夹中的多个文件快速制作成反转负冲效果。

文件路径：源文件\第 13 章\13.2.2

视频文件：视频\第 13 章\13.2.2.MP4

01 执行"窗口"→"动作"命令，打开动作面板。单击动作面板中右上角▼≡按钮，在弹出的快捷菜单中选择"载入动作"选项，将"反转负冲"动作组载入到动作面板中，如图 13-20 所示。

图 13-20　载入动作

02 执行"文件"→"自动"→"批处理"命令，弹出"批处理"对话框，在"播放"选项中选择要播放的动作，如图 13-21 所示。

03 单击"选择"按钮，打开"浏览文件夹"对话框，在该对话框中选择需要批处理的图像所在的文件夹，如图 13-22 所示，单击"确定"按钮。

图 13-21　选择动作

图 13-22　选择文件夹

04 在"目标"下拉列表中选择"文件夹"选项，然后单击"选择"按钮，如图 13-23 所示。

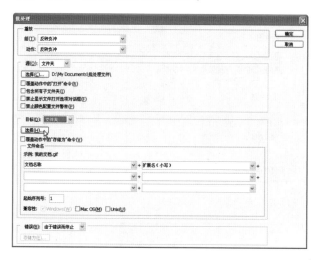

图 13-23 单击"选择"按钮

05 在弹出的"浏览文件夹"对话框中指定完成批处理后文件的保存位置，然后关闭该对话框，如图 13-24 所示。

06 单击"确定"按钮，Photoshop 使用"反转负冲"动作对文件夹中的所有图像进行批处理操作，制作反转负冲效果，在批处理过程中，Photoshop 会自动弹出存储为"JPEG 选项"对话框，单击"确定"即可，完成后效果如图 13-25 所示。

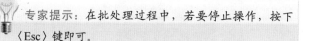
专家提示：在批处理过程中，若要停止操作，按下〈Esc〉键即可。

图 13-24 指定保存位置

图 13-25 完成效果

13.3 脚本

Photoshop 通过脚本支持外部自动化。在 Windows 中，可以使用支持 COM 自动化的脚本语言，这些语言不是跨平台的，但可以控制多个应用程序。例如，Adobe Photoshop、Adobe Illustrator 和 Microsoft Office。执行"文件"→"脚本"命令，打开"脚本"命令子菜单，在该子菜单中包含 11 种脚本命令，如图 13-26 所示，使用这些命令可以对脚本的相关功能进行设置。

图 13-26 "文件"→"脚本"子菜单

13.4 自动命令

文件自动子菜单中包含一系列非常实用的命令，通过这些命令可以快速地制作全景图、合成图像、裁剪并修齐照片等。

13.4.1 图层的自动对齐和混合

"自动对齐图层"命令可以快速分析图层，并移动、旋转或变形图层以将它们自动对齐，而"自动混合图层"命令可以混合颜色和阴影以创建平滑的、可编辑的图层混合效果，如图 13-27 所示。

打开的素材。

图 13-27　自动对齐图层和自动混合图层效果

执行"编辑"→"自动对齐图层"命令，可以打开"自动对齐图层"对话框，如图 13-28 所示，在该对话框中可以选择对齐的方式。

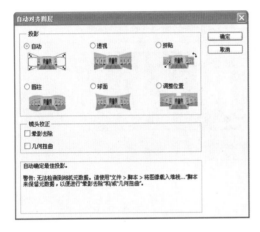

图 13-28　"自动对齐图层"对话框

图层对齐之后，执行"编辑"→"自动混合图层"命令，可以打开"自动混合图层"对话框，如图 13-29 所示，在该对话框中可以选择混合方法。如图 13-30 所示为

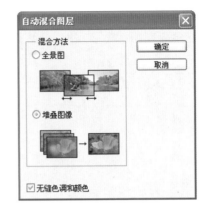

图 13-29　"自动混合图层"对话框

图 13-30　打开图像素材

13.4.2　边讲边练——多照片合成为全景图

通过 Photomerge 功能可以将同一个取景位置拍摄的多张照片合成到一张图像中，制作出视野开阔的全景照片。下面我们通过运用 Photomerge 功能，将三张同一取景位置拍摄的照片合成为一张长幅全景照片。

文件路径：源文件\第 13 章\13.4.2

视频文件：视频\第 13 章\13.4.2.MP4

01 执行"文件"→"自动"→"Photomerge"命令，打开"Photomerge"对话框，如图 13-31 所示。

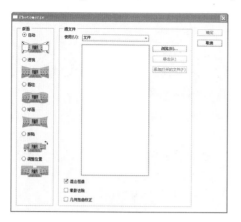

图 13-31 Photomerge 对话框

02 单击"浏览"按钮，在打开的对话框中选择如图 13-32 所示的 3 张照片。单击"确定"按钮，将照片导入到源文件列表中。

图 13-32 选择照片

03 在"版面"选项组中选择"自动（Auto）"选项如图 13-33 所示。

04 单击"确定"按钮，程序即对各照片进行分析并自动进行拼接和调整，生成如图 13-34 所示的全景图像。

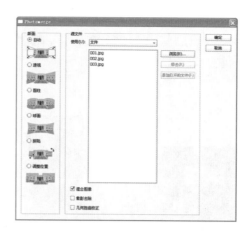

图 13-33 选择"自动（Auto）"选项

图 13-34 合并得到的图像效果

05 此时的图层面板如图 13-35 所示，Photoshop 使用蒙版对各照片进行拼接合并成一幅长幅图像。

图 13-35 图层面板

06 选择裁剪工具，在图像中绘制一个裁剪框，如图 13-36 所示，按下〈Enter〉键确认，裁剪掉合并后出现的空白区域，效果如图 13-37 所示。

图 13-36 裁剪图像

图 13-37 完成效果

13.5 实战演练——利用动作处理数码照片

本实例介绍在动作面板中录制调色动作，并将录制的动作应用到其他图像中。

文件路径：源文件\第 13 章\13.5

视频文件：视频\第 13 章\13.5.MP4

1．录制动作

① 执行"文件"→"打开"命令，打开一张素材图像，如图 13-38 所示。

图 13-38　素材图像

② 单击动作面板"创建新组"按钮 ，打开"新建组"对话框，在"名称"框中输入组的名称，如图 13-39 所示。

图 13-39　"新建组"对话框

③ 单击动作面板"创建新动作"按钮 ，打开"新建动作"对话框，如图 13-40 所示。

图 13-40　"新建动作"对话框

④ 单击"记录"按钮，关闭"新建动作"对话框，进入动作记录状态。此时的"开始记录"按钮 呈按下状态并显示为红色，如图 13-41 所示。

⑤ 单击图层面板中的"创建新图层"按钮 ，新建"图层 1"。设置前景色为深蓝色（RGB 参考值分别为 6、18、50），按快捷键〈Alt+Delete〉填充颜色。

⑥ 设置"图层 1"的"混合模式"为"排除"，图像效果如图 13-42 所示。

图 13-41　进入记录状态　　　图 13-42　素材照片

⑦ 单击"创建新的填充或调整图层"按钮 ，在弹出的快捷菜单中选择"可选颜色"，分别选择"红色"、"黄色"、"蓝色"和"黑色"，设置参数如图 13-43 所示。

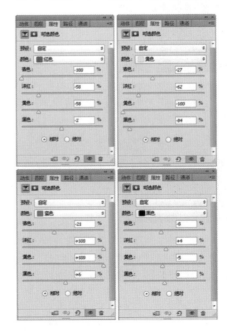

图 13-43　参数设置

⑧ 单击"创建新的填充或调整图层"按钮 ⊘.，在弹出的快捷菜单中选择"曲线"，分别选择"RGB"、和"蓝"通道，设置参数如图 13-44 所示，效果如图 13-45 所示。

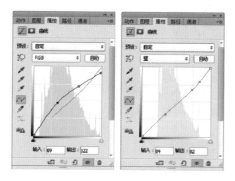

图 13-44　参数设置

图 13-45　效果

💡 专家提示：选择需要调整的颜色通道，系统默认为复合颜色通道。在调整复合通道时，各颜色通道中的相应像素会按比例自动调整以避免改变图像色彩平衡。

⑨ 单击"创建新的填充或调整图层"按钮 ⊘.，在弹出的快捷菜单中选择"色阶"，分别选择"RGB"、"红"、"绿"和"蓝"通道，设置参数如图 13-46 所示。

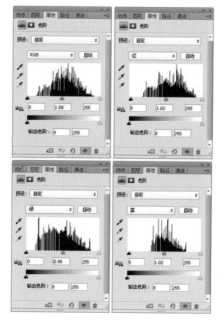

图 13-46　参数设置

⑩ 单击"创建新的填充或调整图层"按钮 ⊘.，在弹出的快捷菜单中选择"通道混合器"，分别选择"红"、"绿"和"蓝"通道，设置参数如图 13-47 所示。

图 13-47　参数设置

⑪ 至此，本实例制作完成，最终效果如图 13-48 所示。

图 13-48　最终效果

⑫ 单击动作面板"停止播放 / 记录"按钮 ■，完成动作记录，此时动作面板如图 13-49 所示。

图 13-49　动作面板

2．播放动作

① 执行"文件"→"打开"命令，打开另一张素材图像，如图 13-50 所示。

② 选择刚刚录制的动作，单击"播放选定的动作"按钮 ▶，如图 13-51 所示，播放动作，播放完成后效果如图 13-52 所示。

图 13-50　打开素材照片　　　图 13-51　播放动作

图 13-52　播放动作效果

如图 13-53 所示为将录制的动作应用于其他图像的效果。

图 13-53　其他图像应用效果

13.6　习题——录制调色动作

Before　　After

本实例介绍在动作面板中录制"反转负冲效果"动作，并将录制的动作应用到其他图像中。

文件路径：源文件\第 13 章\13.6

视频文件：视频\第 13 章\13.6 习题

操作提示：

1　打开照片素材。

2　创建新动作。

3　录制动作。

4　调色。

5　停止动作。

6　打开其他素材。

7　播放动作。

自己动手，将想象变为现实
——综合练习

通过前面的学习，相信读者已经掌握了 Photoshop CS6 的专业知识，下面我们将前面学到的专业知识应用到实际操作中，并发挥自己的想象力，对数码照片进行处理，设计海报、照片模板、包装设计、创意合成和文字特效等，以制作出精美的设计作品。

第14章

14.1 数码照片处理

14.1.1 调整大小眼

Before   After

本实例介绍使用"液化"滤镜进行操作，为人物修复难看的大小眼，打造出迷人眼神。

🔘 文件路径：源文件\第 14 章\14.1.1

📹 视频文件：视频\第 14 章\14.1.1.MP4

01 执行"文件"→"打开"命令，在"打开"对话框中选择素材照片，单击"打开"按钮，或按快捷键〈Ctrl+O〉，打开人物素材照片，如图 14-1 所示。

02 按快捷键〈Ctrl+J〉，将背景图层复制一层，得到"图层 1"。执行"滤镜"→"液化"命令，弹出"液化"对话框，在左侧选择膨胀工具🔷，在右侧"工具选项"面板中设置参数如图 14-2 所示。

图 14-1　人物素材

图 14-2　参数设置

03 移动鼠标至右眼位置，如图 14-3 所示。

04 按住左键不放，膨胀放大眼睛，效果如图 14-4 所示。

图 14-3　移动鼠标　　　　图 14-4　最终效果

💡 专家提示：使用"液化"滤镜可非常方便地变形和扭曲图像，就好像这些区域已被熔化而像流体一样。在数码照片处理中，常使用"液化"工具修饰脸形或身材，或得到怪异的变形效果。

14.1.2 打造靓丽刘海

Before   After

本实例介绍使用套索工具围绕刘海建立选区、添加"色相/饱和度"调整图层、调整"不透明度"的操作，为照片中人物变换刘海。

🔘 文件路径：源文件\第 14 章\14.1.2

📹 视频文件：视频\第 14 章\14.1.2.MP4

01 启动 Photoshop，执行"文件"→"打开"命令，在"打开"对话框中选择素材照片，单击"打开"按钮，如图 14-5 所示。

02 按快捷键〈Ctrl+O〉打开人物素材图像，选择套索工具🔾，沿着刘海部分建立如图 14-6 所示选区。

图 14-5　打开素材　　　图 14-6　建立选区

03 选择移动工具 ，将选区移动至图像中，按快捷键
〈Ctrl+T〉，移动光标至定界框内，单击鼠标右键，在弹出
的快捷菜单中选择"水平翻转"选项，将刘海图像水平翻
转，并调整好大小、位置和角度，效果如图 14-7 所示，图
层面板自动生成"图层 1"。

图 14-7　添加刘海图像效果

04 选择"图层 1"，运用橡皮擦工具 ，在工具栏中适
当降低其"不透明度"，将多余的刘海部分擦除，完成后效
果如图 14-8 所示。

图 14-8　擦除多余的部分

05 单击"创建新的填充或调整图层"按钮 ，在弹出
的快捷菜单中选择"自然饱和度"，设置参数如图 14-9 所
示，设置完成后按快捷键〈Ctrl+Alt+G〉，为调整图层创建
剪贴蒙版。

06 运用同样的方法添加"色彩平衡"和"色相/饱和度"
调整图层，设置参数如图 14-10 和图 14-11 所示。

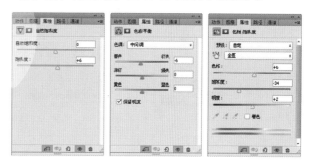

图 14-9　"自然饱　图 14-10　"色彩平　图 14-11　"色相/
和度"参数　　　衡"参数　　　饱和度"参数

07 设置完成后按快捷键〈Ctrl+Alt+G〉，为调整图层创
建剪贴蒙版，完成后图层面板如图 14-12 所示，效果如
图 14-13 所示。

图 14-12　图层面板　　　图 14-13　最终效果

14.13　打造时尚发色

Before　　　After

本实例通过"色彩平衡"调整命令和"可选颜色"
调整命令等操作，制作打造成时尚流行发色效果。

文件路径：源文件\第 14 章\14.1.3

视频文件：视频\第 14 章\14.1.3.MP4

操作提示：

01 打开人物素材并抠出头发部分。

02 创建"可选颜色"、"色彩平衡"和"曲线"调整图层。

03 新建图层，使用棕色柔角画笔在头顶上涂抹，并设置图层混合模式。

14.1.4 为人物添加唇彩

Before　　　　After

本实例通过使用画笔工具和更改图层属性，为人物添加诱人唇彩。

文件路径：源文件\第 14 章\14.1.4

视频文件：视频\第 14 章\14.1.4.MP4

01 执行"文件"→"打开"命令，在"打开"对话框中选择素材照片，单击"打开"按钮，或按快捷键〈Ctrl+O〉，打开"人物"素材照片，如图 14-14 所示。

02 单击图层面板中的"创建新图层"按钮 ，新建一个图层。

图 14-14　素材照片

03 选择画笔工具 ，设置前景色为红色（RGB 参考值分别为 182、14、42），设置完成后在人物嘴唇上涂抹，如图 14-15 所示。

04 设置"图层 1"的"混合模式"为"颜色"，"不透明度"为 80%，完成后效果如图 14-16 所示。

图 14-15　画笔涂抹　　　　图 14-16　最终效果

14.1.5 打造苗条身材

Before　　　　After

本实例通过使用液化命令，去除人物身上多余赘肉，打造出性感苗条身材。

文件路径：源文件\第 14 章\141.5

视频文件：视频\第 14 章\14.1.5.MP4

01 执行"文件"→"打开"命令，在"打开"对话框中选择素材照片，单击"打开"按钮，或按快捷键〈Ctrl+O〉，打开人物素材照片，如图 14-17 所示。

02 按快捷键〈Ctrl+J〉复制一层，执行"滤镜"→"液化"命令，弹出"液化"对话框，在左侧选择向前变形工具 ，在右侧"工具选项"面板中设置参数如图 14-18 所示。

04 参照上述操作，将肚皮处赘肉去除，得到最终效果如图 14-20 所示。

图 14-17　打开素材　　　图 14-18　设置参数

图 14-19　变形图像　　　图 14-20　最终效果

03 将鼠标移至腰部，按住左键向左拖动，如图 14-19 所示。

14.1.6　美白皮肤

Before　　　After

本实例通过使用画笔工具和修复工具，图层属性和图层样式，让嫩白肌肤不再是梦想。

文件路径：源文件\第 14 章\14.1.6

视频文件：视频\第 14 章\14.1.6.MP4

操作提示：

01 打开人物素材照片并使用污点修复画笔工具 修复皮肤。

02 添加"表面模糊"效果，并为图层添加图层蒙版。

03 创建"亮度/对比度"和"曲线"调整图层。

04 盖印图层，使用修补工具 修复人物脸上和手上的暗处。

05 盖印图层后添加"USM 锐化"效果，并设置图层不透明度。

06 创建"自然饱和度"、"色彩平衡"和"曲线"调整层。

14.1.7　调出经典的朦胧紫色调

Before　　　After

本实例介绍使用"创建新的填充或调整图层"并结合使用图层蒙版进行处理，使人物身处朦胧梦幻之境。

文件路径：源文件\第 14 章\14.1.7

视频文件：视频\第 14 章\14.1.7.MP4

操作提示：

01 打开人物素材，使用仿制图章工具 🔲 去除黑痣。

02 添加"高斯模糊"效果，并为图层添加蒙版。

03 创建"色彩平衡"、"可选颜色"和"亮度/对比度"调整图层。

04 盖印图层后添加"动感模糊"效果。

14.1.8 调出清透水润感彩妆效果

Before　　　After

本实例介绍使用画笔工具并结合图层蒙版，为人物调整出清透水润的肌肤。

文件路径：源文件\第 14 章\14.1.8

视频文件：视频\第 14 章\14.1.8.MP4

操作提示：

01 打开人物素材照片，并创建"色彩平衡"、"可选颜色"、"照片滤镜"和"色相/饱和度"调整图层。

02 盖印图层，并创建"曲线"、"照片滤镜"和"可选颜色"调整图层。

03 盖印图层，添加"高斯模糊"效果，并为图层添加蒙版。

04 盖印图层，设置图层混合模式。

14.1.9 梦幻蝴蝶仙子

Before　　　After

本实例介绍使用通道、画笔工具并结合使用图层蒙版进行处理，从而打造神秘梦幻场景。

文件路径：源文件\第 14 章\14.1.9

视频文件：视频\第 14 章\14.1.9.MP4

01 执行"文件"→"打开"命令，在"打开"对话框中选择素材照片，单击"打开"按钮，或按快捷键〈Ctrl+O〉，打开"人物"素材照片和"树林"素材如图 14-21、图 14-22 所示。

02 进入通道面板，观察发现，红色通道对比明显，将红色通道拖至通道下面的新建通道按钮 🔲，复制红色通道。

图 14-21　人物素材　　　图 14-22　树林素材

03 用磁性套索工具 ，套出头发部分，如图 14-23 所示。

04 执行"选择"→"色彩范围"命令，弹出"色彩范围"对话框，运用吸管在头发上单击取样，其他参数如图 14-24 所示。

图 14-23 建立选区

图 14-24 色彩范围参数

05 单击"确定"按钮，设置前景色为白色，按快捷键〈Alt+Delete〉填充白色，如图 14-25 所示。

06 选择画笔工具 ，涂抹人物头部，如图 14-26 所示。

图 14-25 填充白色

图 14-26 画笔涂抹

07 按快捷键〈Ctrl+L〉，弹出"色阶"对话框，参数如图 14-27 所示，单击"确定"按钮，图像效果如图所示。

图 14-27 色阶参数

图 14-28 色阶效果

08 按住〈Ctrl〉键，单击"红副本"，载入选区，选择"RGB"通道，回到图层面板，单击"添加图层蒙版"按钮，如图 14-29 所示。

09 运用移动工具 ，将人物拖入树林文件中，如图 14-30 所示。

图 14-29 抠出人物　　　　图 14-30 组合图形

10 打开"蝴蝶"素材，放置到人物图层下面，如图 14-31 所示。运用磁性套索工具，套出大蝴蝶，保留选区，建立图层蒙版，去除白底，设置图层不透明度为 70%，如图 14-32 所示。

图 14-31 添加蝴蝶素材　　　图 14-32 添加蒙版

11 参照上述操作，添加其他蝴蝶素材，如图 14-33 所示。

12 新建一个图层，命名为"星光"，选择画笔工具 ，在选项栏中选择柔角画笔，按〈F5〉键，弹出画笔面板，设置参数如图 14-34 所示。关闭面板，设置前景色为白色，在画面中绘制星光，设置不透明度为 30%，如图 14-35 所示。

图 14-33 添加其他　图 14-34 画笔属　图 14-35 绘制星光
蝴蝶　　　　　　　性设置

13 按快捷键〈Shift+Ctrl+Alt+E〉，盖印图层，执行"图像"→"模式"→"Lab 模式"命令，进入通道面板，选择 b 通道，填充灰色（R128，G128，B128），单击选中 Lab 图层，图像效果如图 14-36 所示。

14 按快捷键〈Ctrl+J〉复制一层，设置混合模式为"正片叠底"，添加图层蒙版，选中蒙版层，选择渐变工具 ，在工具选项栏中选择从黑色到白色的径向渐变，在画面中拖出渐变色，压暗周围，效果如图 14-37 所示。

图 14-36　更改模式　　　　图 14-37　压暗周围

15 新建一个图层，填充绛紫色（R51，G23，B35），添加图层蒙版，选择蒙版层，设置前景色为黑色，运用画笔涂抹人物，效果如图 14-38 所示。

16 选中星光图层，放置到图层最上层，设置不透明度为 50%，得到最终效果如图 14-39 所示。

图 14-38　压暗周围　　　　图 14-39　最终效果

14.2　照片模板设计

14.2.1　可爱儿童图片模板

本实例制作一副儿童图片模板，练习了自定义形状，剪贴蒙版、图层样式。

文件路径：源文件\第 14 章\14.2.1

视频文件：视频\第 14 章\14.2.1.MP4

01 启用 Photoshop 后，按快捷键〈Ctrl+O〉，打开一张背景素材，如图 14-40 所示。

02 选择自定形状工具，在工具选项栏中选择"形状"选项，设置填充色为白色，在形状下拉列表中选择"云彩 1"，绘制如图 14-41 所示的形状，调整好位置以及大小。

图 14-40　打开背景素材　　　图 14-41　绘制形状

03 双击图层缩览图，在弹出的图层样式对话框中设置如图 14-42 和图 14-43 所示参数。

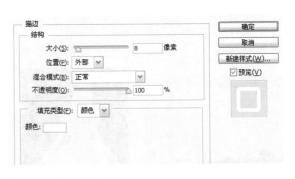

图 14-42　图层样式参数 1

图 14-43　图层样式参数 2

04 将云彩 1 复制一份调整好位置和大小如图 14-44 所示。

05 打开一张"小女孩 1"素材，调整图到形状 1 上方，按快捷键〈Ctrl+Alt+G〉创建剪切蒙版，调整好小女孩的大小和位置如图 14-45 所示。

图 14-44　图层样式效果　　图 14-45　添加儿童素材

06 使用同样的方法添加另一个小女孩，最后效果如图 14-46 所示。

图 14-46　最终效果

14.2.2　唯美婚纱照片模板

本实例制作一副婚纱照片模板，练习了剪贴蒙版、图层样式、画笔工具，与添加调整图层的操作。

文件路径：源文件\第 14 章\14.2.2

视频文件：视频\第 14 章\14.2.2.MP4

01 按快捷键〈Ctrl+O〉，弹出"打开"对话框，打开一张背景素材，如图 14-47 所示。

02 打开"云层"素材，添加进文件中，调整好大小和位置，如图 14-48 所示。

图 14-47　打开背景　　　图 14-48　添加云层

03 添加"人物"素材，单击图层面板下的添加图层蒙版按钮 ，为图层添加蒙版，选择渐变工具 ，在工具选项栏中双击渐变条，选择黑白渐变，单击"确定"按钮，勾选反向，在蒙版中填充适当的渐变，如图 14-49 所示。

04 打开另一张"人物素材 2"，为素材添加蒙版，选择画笔工具 ，笔触为柔边圆，涂抹适当部分，效果如图 14-50 所示。

05 新建一个图层，选择自定形状工具 ，在工具选项栏中单击"路径"，绘制一个心形，选择画笔工具 ，大小为 15 像素，按〈F5〉键打开画笔预设面板，设置参数如

图 14-51 所示。

图 14-49　添加人物　　　图 14-50　添加蒙版

图 14-51　设置画笔参数参数

06 在路径面板中,单击用画笔描边路径按钮 ⭕,效果如图 14-52 所示。

07 新建一个图层,按快捷键〈Ctrl+Enter〉将路径转换为选区,填充为白色,按快捷键〈Ctrl+D〉取消选区,如图 14-53 所示。

图 14-52　画笔描边　　　　图 14-53　绘制心形

08 打开人物素材 2,添加到文件中,按快捷键〈Ctrl+Alt+G〉创建剪切蒙版,调整好位置和大小如图 14-54 所示。运用同样的方法制作另一个心形。

09 单击图层面板下的创建新的填充或调整图层 ⬤.,在弹出的菜单中选择"色彩平衡",参数如图 14-55 所示。

 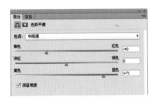

图 14-54　创建剪切蒙版　　　图 14-55　调整色彩平衡

10 新建一个图层,选择自定形状工具🔲,绘制一个心形,按快捷键〈Ctrl+Enter〉转换为选区,填充为白色,图层的不透明度设置为 30%,选择橡皮擦工具,涂抹心形,如图 14-56 所示,复制多份放置合适位置。

11 选择画笔工具🖌,选择不同的大小和颜色绘制光点,改变不同的透明度,如图 14-57 所示,复制多份放置合适位置。

图 14-56　涂抹心形　　　　图 14-57　绘制光点

12 添加文字素材,调整好大小和位置,最后效果如图 14-58 所示。

图 14-58　最终效果

14.3　海报设计

14.3.1　芭蕾舞演出海报

本实例制作一幅芭蕾舞海报,练习了图层蒙版、图层模式和图层样式的操作。

📁 文件路径:源文件\第 14 章\14.3.1

🎬 视频文件:视频\第 14 章\14.3.1.MP4

01 启用 Photoshop 后,执行"文件"→"打开"命令,弹出"打开"对话框,在对话框中找到背景素材,如图 14-59 所示,单击"确定"按钮。

01 按快捷键〈Ctrl+O〉,打开"人物"素材,移至背景上,

按快捷键〈Ctrl+T〉,调整人物的大小和位置,如图 14-60 所示。

03 按快捷键〈Ctrl+O〉,打开"草地"素材,移至图层中。按快捷键〈Ctrl+T〉,调整人物的大小和位置,图层混合模

式设置为正片叠底，如图 14-61 所示。

图 14-59　打开背　　图 14-60　打开素　　图 14-61　添加草地

景素材　　　　　　材并调整　　　　　素材

04 按快捷键〈Alt+Ctrl+G〉创建剪贴蒙版，将超出人物区域的图像隐藏，单击图层面板底部的添加蒙版按钮 ▣，添加图层蒙版，选中蒙版层，使用柔角画笔涂抹草地，隐藏部分图形，如图 14-62 所示。

05 接下来绘制人物影子，在背景层上新建图层，选择椭圆框选工具 ⬭，绘制一个椭圆，按快捷键〈Shift+F6〉，羽化半径为 10 像素，填充黑色，使用模糊工具，在影子上涂抹，如图 14-63 所示。

图 14-62　隐藏多余的部分　　图 14-63　添加人物影子

06 按快捷键〈Ctrl+O〉，打开"树藤"素材，移至图层中，如图 14-64 所示。

07 单击图层面板底部的 **fx.** 按钮，添加图层样式，在弹出的对话窗选择阴影，设置合适的参数，单击"确定"按钮，效果如图 14-65 所示。

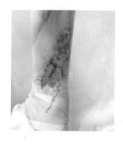 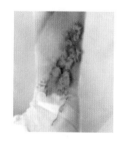

图 14-64　打开树藤素材　　图 14-65　添加图层样式效果

08 按快捷键〈Ctrl+J〉复制一层，按快捷键〈Ctrl+T〉调整，执行"编辑→变换→变形"命令，进行变形，效果如图 14-66 所示。

09 按快捷键〈Ctrl+O〉打开"花"素材，如图 14-67 所示。

10 将素材移至图层中，同时添加适当的投影，如图 14-68 所示。

图 14-66　复制层　　图 14-67　添加花素　　图 14-68　给素材添

　　　　　　　　　　材　　　　　　　　加投影

11 按快捷键〈Ctrl+O〉，打开"草"素材，将素材移至图层中，图层混合模式改为深色，如图 14-69 所示。

12 按快捷键〈Ctrl+O〉，打开"树枝"素材，将素材移至图层中，效果如图 14-70 所示。

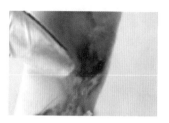 

图 14-69　打开草素材　　　　图 14-70　打开树枝素材

13 选择花素材层，按快捷键〈Ctrl+J〉，复制两次，按快捷键〈Ctrl+T〉进行调整，效果如图 14-71 所示。

14 单击图层面板底部的新建图层组按钮 ▭，添加图层组 1，将完成好的素材图层移至组 1 中，以便进行统一管理。

15 完成效果图，如图 14-72 所示。

16 添加"小鸟"和"蝴蝶"素材，效果如图 14-73 所示。

图 14-71　复制花素材　　图 14-72　效果图　图 14-73　打开素材

17 添加云朵至图层中，按〈Alt〉键的同时添加图层蒙版，前景色设为白色，使用画笔涂抹云朵，使其显示，效果如图所示。

18 按快捷键〈Ctrl+O〉，打开素材，并将其添加至文件中，如图 14-75 所示。创建图层组进行管理。

图 14-74　添加云朵

图 14-77　拷贝图层

图 14-78　画笔绘制

19 选择横排文字工具 [T]，编辑文字，效果如图 14-76 所示。

20 选择组 2 中的云朵素材，复制一次，移至背景图层上，效果如图 14-77 所示。

22 按快捷键〈Ctrl+O〉，打开素材，并将其移至背景图层上，如图 14-79 示。

23 按快捷键〈Ctrl+Alt+Shift+E〉盖印图层，选择加深工具，加强明暗，最终效果如图 14-80 所示。

图 14-75　添加素材　　　　图 14-76　编辑文字

图 14-79　打开素材　　　　图 14-80　最终效果

21 新建图层，选择画笔工具 [✏]，在工具选项栏设置合适的参数值，在图层上绘制，如图 14-78 所示。（使用过程中画笔不断更换大小）

14.3.2　公益海报

本实例制作一幅公益广告，练习蒙版的运用。

文件路径：源文件\第 14 章\14.3.2

视频文件：视频\第 14 章\14.3.2.MP4

01 执行"文件"→"新建"命令，弹出"新建"对话框，设置参数如图 14-81 所示，单击"确定"按钮。

02 新建一图层，运用矩形选框工具 [□] 绘制一个矩形选框，单击渐变工具 [■]，在选项栏中设置渐变色为（R180，G195，B198）0%，（R223，G241，B245）55%，（R202，G217，B221）100%，单击线性渐变按钮，在窗口的上部拖动渐变色，效果如图 14-82 所示。

图 14-81　新建文档

03 参照上述操作，再绘制一个横向渐变的矩形，效果如图 14-83 所示。

04 打开本书配套光盘中"地球.tif"文件，使用移动工具 ，将其拖到当前图层上，效果如图 14-84 所示。

图 14-82　渐变效果

图 14-83　绘制矩形

05 新建一个图层，命名为"烟囱"，单击钢笔工具绘制一个烟囱形状的图形，按快捷键〈Ctrl+Enter〉，将路径转换为选区后，按〈G〉键，切换到渐变工具 ，在选项栏中设置颜色为（R57，G39，B27）0%，（R32，G19，B13）25%，（R1，G1，B0）39%，（R6，G1，B0）69%，（R46，G29，B21）79%，（R132，G108，B98）100%，效果如图 14-85 所示。

图 14-84　添加地球素材

图 14-85　绘制烟囱

06 按快捷键〈Ctrl+D〉取消选区，单击图层面板中的"添加图层蒙版"按钮 ，设置前景色为黑色，将不要的部分隐藏，效果如图 14-86 所示。

07 参照制作烟囱的操作方法，绘制更多的烟囱，效果如图 14-87 所示。

图 14-86　添加蒙版

图 14-87　绘制烟囱

08 打开"岩浆.tif"文件，拖入当前编辑文件中，按快捷键〈Ctrl+T〉，调整好位置和大小，效果如图 14-88 所示。

09 在图层面板中单击添加图层蒙版按钮 ，选中蒙版层，设置前景色为黑色，运用画笔工具 ，隐去多余部分，效果如图 14-89 所示。

10 打开"脏水.tif"文件，拖入当前编辑文件中，拖至地球图层后面，效果如图 14-90 所示。

图 14-88　添加岩浆素材

图 14-89　添加蒙版

11 打开"烟.tif"文件，将烟文件里上面的两种烟，拖入当前编辑文件，并调整好大小和位置，效果如图 14-91 所示。

图 14-90　添加脏水素材

图 14-91　添加烟素材

12 再将烟文件里下面的一种烟，拖入当前编辑文件中，复制多个，放置到地球下面位置，效果如图 14-92 所示。

13 在地球图层上面新建一个图层，命名为"压黑"，单击画笔工具 ，设置前景色为黑色，画笔大小为 90px，硬度为 0，填充为 2%～20%对地球下部分涂抹，效果如图 14-93 所示。

图 14-92　添加烟素材

图 14-93　调整颜色

14 单击横排文字工具 T，输入文字，得到最终效果如图 14-94 所示。

图 14-94　最终效果

14.3.3　音乐会海报

本实例制作一幅音乐会海报，练习了图层蒙版和文字工具的操作。

文件路径：源文件\第 14 章\14.3.3

视频文件：视频\第 14 章\14.3.3.MP4

操作提示：

01 新建一个空白文件，并填充黑色。

02 打开素材，调整其大小并添加图层蒙版。

03 输入文字并置于合适位置。

14.4　创意合成

14.4.1　蘑菇城堡

本实例制作一幅魔幻场景，练习图层蒙版、自定形状和图层样式的操作。

文件路径：源文件\第 14 章\14.4.1

视频文件：视频\第 14 章\14.4.1.MP4

01 按快捷键〈Ctrl+N〉新建一个空白文件，设置参数如图 14-95 所示。

图 14-95　创建文件

02 按快捷键〈Ctrl+O〉打开一张土地素材，调整好位置和大小，单击图层面板下的添加图层蒙版 ，选择画笔工

具，大小为 200 像素，将图中多余部分隐藏，如图 14-96 所示。

03 单击图层面板下的创建新的填充或调整图层 ，在弹出的菜单中选择曲线，设置参数如图 14-97 所示。

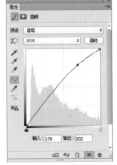

图 14-96　隐藏多余部分　　　　图 14-97　调整曲线

04 绿色通道和蓝色通道分别如图 14-98 所示。

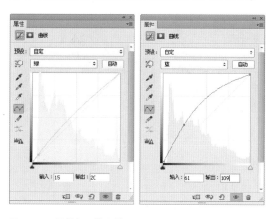

图 14-98 调整绿、蓝通道

05 再次创建"曲线"调层，参数设置如图 14-99 所示，完成后效果如图 14-100 所示。

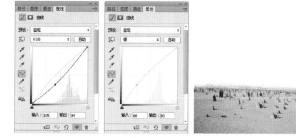

图 14-99 曲线 2 参数　　　　图 14-100 图像效果

06 按快捷键〈Ctrl+O〉打开一张"草地"素材，调整好位置和大小，为图层添加蒙版，选择画笔工具 ，设置画笔的不同大小隐藏草地的相应部分，如图 14-101 所示。

07 打开蘑菇素材，选择钢笔工具 ，在工具选项栏中单击"路径"，抠出蘑菇，如图 14-102 所示。

图 14-101 草素材　　　　　图 14-102 建立路径

08 按快捷键〈Ctrl+Enter〉将路径转换为选区，按快捷键〈Ctrl+C〉复制，按快捷键〈Ctrl+V〉粘贴到当前编辑文件中，按快捷键〈Ctrl+T〉进入自由变换状态，通过拉伸和调节四个控制点，把蘑菇调整到合适位置和大小，如图 14-103 所示。

09 选择钢笔工具 ，帮蘑菇瘦身去除多余部分，绘制如图 14-104 所示路径，按快捷键〈Ctrl+Enter〉将路径转换为选区，按快捷键〈Ctrl+Shift+I〉反选，删除多余部分。

图 14-103 添加蘑菇　　　　图 14-104 瘦腰

10 选择仿制图章工具 ，将蘑菇下面的草去掉只留下一棵，选择画笔工具 ，大小 100 像素，颜色为（R140，G120，B70），不透明度为 30%，绘制蘑菇的暗部，完成后效果如图 14-105 所示。

11 单击图层面板下的创建新的填充或调整图层 ，在弹出的菜单中选择曲线，设置参数如图 14-106 所示，按快捷键〈Ctrl+Alt+G〉创建剪贴蒙版。

图 14-105 绘制暗部　　　　图 14-106 调整红通道曲线

12 选择磁性套索工具 ，抠出蘑菇上的一块疤，复制多份放置到合适位置，效果如图 14-107 所示。

13 打开一张"窗户"素材，直接使用裁剪工具 ，裁去多余部分，添加进背景中，调整好位置和大小，选着魔棒工具 ，单击选择窗户中白色部分，单击鼠标右键，在弹出的快捷菜单中选择"选取相似"命令，按快捷键〈Ctrl+X〉剪切，按快捷键〈Ctrl+V〉粘贴，如图 14-108 所示。

图 14-107 添加疤痕　　　　图 14-108 导入窗户

14 选择窗户的白色部分的图层，双击图层缩览图，在弹出的混合选项菜单中设置参数，如图 14-109 所示。

15 新建一个图层，选择钢笔工具 ，绘制蘑菇的门，按快捷键〈Ctrl+Enter〉转换为选区，填充黑色，设置不透明度为 75%，如图 14-110 所示。

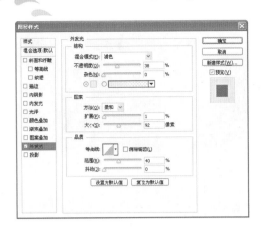

图 14-109　设置参数

16 打开草和"蘑菇"素材添加进文件中，调整好大小和位置，如图 14-111 所示。

图 14-110　绘制蘑菇的门　　　图 14-111　添加蘑菇和草

17 添加一张"天空"素材，设置图层的混合模式为"正片叠底"，不透明度为 80%，单击图层面板下的添加图层蒙版 ▣ ，选中蒙版层，设置前景色为黑色，选择画笔工具，擦出窗户亮部，如图 14-112 所示。

18 参照上述操作，再添加另一个"天空"素材，拖入画面，设置图层的混合模式为"正片叠底"，不透明度为 80%，添加蒙版，运用画笔工具渐隐图形，如图 14-113 所示。

图 14-112　改变色彩　　　　图 14-113　添加天空素材

19 新建一个图层，选择画笔工具 ✎，大小设置为 60 像素，绘制圆的光点，按快捷键〈Ctrl+T〉进入自由变换状态，改变形状完成椭圆光斑，复制多个，改变不同的透明度，效果如图 14-114 所示。

20 新建一个图层，选择画笔工具 ✎，设置大小 500 像素，颜色为浅蓝（R60，G200，B250），按快捷键〈Ctrl+T〉进入自由变换状态，调整四个控制点变成线形，如图 14-115 所示，按照同样的方法绘制不同颜色的光条，并调整不同的透明度，完成后如图 14-116 所示。

图 14-114　绘制星光　　　　图 14-115　绘制光条

21 打开精灵素材，拖入文件中，调整大小，放置合适位置，如图 14-117 所示。

图 14-116　绘制光条效果　　　图 14-117　添加精灵

22 单击"创建新的填充或调整图层"按钮，选择"曲线"命令，设置参数如图 14-118 所示。

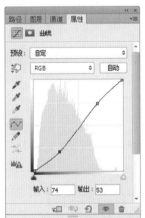
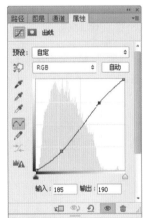

图 14-118　调整可选颜色曲线

23 得到最终效果如图 14-119 所示。

图 14-119　完成效果

14.4.2 天堂车站

本实例制作一个充满想象的天空车站，练习调整图层、图层蒙版和图层属性的操作。

文件路径：源文件\第 14 章\14.4.2

视频文件：视频\第 14 章\14.4.2.MP4

01 执行"文件"→"打开"命令，在"打开"对话框中选择背景素材，单击"打开"按钮，如图 14-120 所示。

图 14-120　背景素材

02 打开高楼图片，如图 14-121 所示。运用多边形套索工具，套出高楼，拖入背景画面，调整好位置和大小，效果如图 14-122 所示。

图 14-121　高楼素材　　　　图 14-122　调整图形

03 在图层面板中，单击"创建新的填充或调整图层"按钮 ⬤，选择"色相/饱和度"选项，参数设置如图 14-123 所示。图像效果如图 14-124 所示。

图 14-123　色相/饱和度参数

04 在图层面板中，单击"创建新的填充或调整图层"按钮 ⬤，选择"纯色"选项，设置颜色值为（R0，G0，B0），单击"确定"按钮，设置图层混合模式为"柔光"，按快捷键〈Ctrl+J〉复制一层，设置不透明度为 50%，效果如图 14-125 所示。

图 14-124　色相/饱和度效果　　　图 14-125　压暗桥面

05 创建"白色"调整层，选择蒙版层，按快捷键〈Ctrl+I〉进行反相，选择多边形套索工具，套出桥面边缘两处，填充白色，设置图层混合模式为"柔光"，如图 14-126 所示。

图 14-126　提亮桥面边缘

06 按快捷键〈Ctrl+J〉复制一层，设置不透明度为 50%，选中蒙版层，设置前景色为白色，涂抹桥头部分，效果如图 14-127 所示。

图 14-127　提亮桥头

07 打开火车素材，如图 14-128 所示。拖入画面中，调整好位置和大小，并添加图层蒙版，将火车尾部隐入空中，如图 14-129 所示。

图 14-128　火车素材　　　　图 14-129　调整图形

08 新建图层，设置前景色为白色，运用画笔工具在火车中尾部涂抹，设置图层混合模式为"柔光"，使火车产生在云中效果，如图 14-130 所示。

09 打开云素材，拖入画面，调整好位置和大小，如图 14-131 所示。

图 14-130　添加云雾　　　　图 14-131　添加云素材

10 添加图层蒙版，选中蒙版层，设置前景色为黑色，运用画笔工具涂抹云周边，效果如图 14-132 所示。

11 参照上述操作，继续添加云，效果如图 14-133 所示。

图 14-132　渐隐图形　　　　图 14-133　添加云

12 创建"曲线"调整图层，参数设置如图 14-134 所示。

13 创建"色相/饱和度"调整图层，参数设置如图 14-135 所示。

14 图像效果如图 14-136 所示。

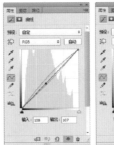 

图 14-134　曲线参数

图 14-135　色相/饱和度参数　　图 14-136　图像效果

15 打开路灯素材，拖入画面，如图 14-137 所示。

16 打开人物和箱子素材，运用魔棒工具去底后，拖入画面中，如图 14-138 所示。

图 14-137　添加路灯　　　　图 14-138　添加人物和箱子

17 选中人物图层，按快捷键〈Ctrl+J〉，复制一层，命名为"投影"，按快捷键〈Shift+Ctrl+U〉去色，按快捷键〈Ctrl+T〉，进入自由变换状态，单击右键，选择"垂直翻转"选项，并压矮图形，用同样的方法，给箱子添加投影，如图 14-139 所示。

18 新建一个图层，设置前景色为黑黄色（#a19f8d），运用画笔工具在画面中涂抹，如图 14-140 所示。

图 14-139　制作投影效果　　　图 14-140　涂抹画面

19 设置图层混合模式为"颜色"，不透明度为 56%，效果如图 14-141 所示。

20 创建"渐变映射"调整图层，如图 14-142 所示（颜色值为蓝色（#01315a）到黄色（#faf387））。设置图层混合模式为"柔光"，不透明度为 70%。

图 14-141　图层属性　　　图 14-142　渐变映射参数

21 创建"亮度/对比度"调整层，参数如图 14-143 所示。创建"色相/饱和度"调整层，参数如图 14-144 所示。

图 14-143　亮度/对比度参数　　图 14-144　色相/饱和度参数

22 得到最终效果如图 14-145 所示。

图 14-145　最终效果

14.4.3　梦想天梯

本实例制作一幅充满幻想的梦想云梯，练习了图层蒙版和图层样式的操作。

文件路径：源文件\第 14 章\14.4.3

视频文件：视频\第 14 章\14.4.3.MP4

操作提示：

01 打开素材图片，擦除上边天空部分。

02 新建图层，添加渐变效果并设置图层混合模式。

03 绘制正圆并添加图层样式。

04 添加图层蒙版，使用渐变工具 设置渐隐彩虹效果。

05 打开素材，添加图层蒙版。

06 使用钢笔工具 绘制不规则图形，制作电梯侧面透明玻璃效果。

07 打开素材，添加图层蒙版。

08 打开素材，调整大小和位置，并设置混合模式。

14.4.4 合成美丽女神

本实例制作一幅静默女神的合成图像，练习蒙版、图层调整和图层面板命令的操作。

📀 文件路径：源文件\第 14 章\14.4.4

🎬 视频文件：视频\第 14 章\14.4.4.MP4

操作提示：

01 新建一个空白文件，并打开素材。

02 创建"亮度/对比度"、"照片滤镜"、"色相/饱和度"和"色阶"调整图层。

03 打开素材，添加图层蒙版。

04 打开素材，创建"照片滤镜"和"亮度/对比度"调整图层。

14.5 包装设计

14.5.1 棒冰塑料包装

本实例通过使用钢笔工具绘制出图形，使包装层次分明，再将香橙和冰块融入画面中，使产品要传达的信息更简明，制作出棒冰塑料包装设计。

📀 文件路径：源文件\第 14 章\14.5.1

🎬 视频文件：视频\第 14 章\14.5.1.MP4

01 启用 Photoshop 后，执行"文件"→"新建"命令，弹出"新建"对话框，设置参数如图 14-146 所示，单击"确定"按钮，新建一个空白文件。

02 新建"图层 1"，运用钢笔工具 ✐，绘制如图 14-147 所示的路径。

图 14-146 "新建"对话框

图 14-147 绘制路径

03 设置前景色为绿色（RGB 参考值分别为 R143、G199、B62），按快捷键〈Ctrl+Enter〉，将路径转换为选区，再按快捷键〈Alt+Delete〉填充颜色，如图 14-148 所示，按快捷键〈Ctrl+D〉取消选区。

04 在工具箱中选择矩形工具 ▢，在工具选项栏中选择"形状"选项，设置填充色为白色，在图像窗口中，拖动鼠标绘制矩形，按快捷键〈Ctrl+H〉隐藏选区，如图 14-149 所示。

05 将绘制的矩形复制几层，并调整到合适的位置，如图 14-150 所示。

06 执行"文件"→"打开"命令，打开冰块素材文件，运用移动工具 ▶+ 将素材添加至文件中，调整至合适的大小和位置，如图 14-151 所示，图层面板自动生成"图层 2"。

图 14-148　填充颜色

图 14-149　绘制矩形

图 14-150　复制形状

图 14-151　添加冰块素材

07 将"图层 2"放置在"图层 1"的上方，按快捷键〈Alt+Ctrl+G〉创建剪贴蒙版，如图 14-152 所示。

08 运用同样的操作方法添加水果素材至图像中，如图 14-153 所示，图层面板自动生成"图层 3"。

图 14-152　创建剪贴蒙版

图 14-153　添加水果棒冰素材

09 新建"图层 4"，设置前景色为灰色（RGB 参考值分别为 R188、G190、B192），单击工具箱中的钢笔工具，在选项栏中选择"路径"选项，绘制如图 14-154 所示的路径，按快捷键〈Ctrl+Enter〉将路径转换为选区，再按快捷键〈Alt+Delete〉填充颜色，按快捷键〈Ctrl+D〉取消选区。

10 将"图层 4"放置在"图层 2"的上方，按快捷键〈Ctrl+Alt+G〉创建剪贴蒙版，图像效果如图 14-155 所示。

图 14-154　绘制路径

图 14-155　创建剪贴蒙版

11 新建"图层 5"，绘制另一个图形，按快捷键〈Ctrl+Alt+G〉创建剪贴蒙版，如图 14-156 所示。

12 选择工具箱中的渐变工具，在工具选项栏中单击渐变条，打开"渐变编辑器"对话框，设置参数为绿色（RGB 参考值分别为 R68、G176、B53）到黄色（RGB 参考值分别为 R232、G231、B57）到白色的渐变，单击"确定"按钮，关闭"渐变编辑器"对话框。

13 按下工具选项栏中的"线性渐变"按钮，在按下〈Ctrl〉键的同时单击"图层 5"缩览图，将其载入选区，在选区内由左至右拖动鼠标，填充渐变效果，图像效果如图 14-157 所示，按快捷键〈Ctrl+D〉取消选择。

图 14-156　绘制图形

图 14-157　填充渐变效果

14 新建"图层 6"，运用同样的操作方法绘制另一个图形，并填充白色，按快捷键〈Ctrl+Alt+G〉创建剪贴蒙版，如图 14-158 所示。

15 新建"图层 7"，设置前景色为深绿色（RGB 参考值分别为 R0、G104、B39），单击工具箱中的钢笔工具，绘制路径并填充颜色，完成后图像效果如图 14-159 所示。

图 14-158　复制图形

图 14-159　绘制图形

16 按快捷键〈Ctrl+Alt+G〉创建剪贴蒙版，如图 14-160 所示。

17 新建"图层 8"，选择画笔工具，设置前景色为黄色（RGB 参考值分别为 R250、G234、B0），设置画笔"大小"为 720px，"硬度"为 0%，设置完成后在图像上单击，绘制一个圆点，如图 14-161 所示。

图 14-160　创建剪贴蒙版

图 14-161　绘制圆点

18 按快捷键〈Ctrl+O〉，打开素材文件，运用移动工具 ，将素材添加至文件中，调整好大小、位置，如图 14-162 所示，图层面板自动生成"图层 9"。

19 单击图层面板上的"添加图层蒙版"按钮 ，为"图层 9"添加图层蒙版。编辑图层蒙版，设置前景色为黑色，选择画笔工具 ，按〈[〉或〈]〉键调整合适的画笔大小，在图像下边缘涂抹，完成后效果如图 14-163 所示。

图 14-162　添加素材　　　图 14-163　添加图层蒙版

20 将"图层 9"放置在"图层 2"的上方，此时图像效果如图 14-164 所示。

21 按快捷键〈Ctrl+O〉，打开素材文件，运用移动工具 ，将素材添加至文件中，调整好大小、位置，图层面板自动生成"图层 10"，将其放置在"图层 3"的上方，图像效果如图 14-165 所示。

图 14-164　调整图层顺序　　　图 14-165　添加素材

22 设置前景色为白色，单击工具箱中的横排文字工具 ，设置字体为"方正综艺简体"，字体大小为 67 点，输入文字。执行"窗口"→"字符"命令，弹出字符控制面板，按下"仿斜体"形状按钮 *T*，为文字添加字体样式，如图 14-166 所示。

23 按下〈Ctrl〉键的同时单击文字图层的缩览图，将文字载入选区。执行"选择"→"修改"→"扩展"命令，弹出"扩展选区"对话框，设置"扩展量"为 10 像素，如图 14-167 所示，单击"确定"按钮。

图 14-166　输入文字　　　图 14-167　"扩展选区"对话框

24 新建"图层 11"，并将其放置在文字图层的下方。设置前景色为绿色（RGB 参考值分别为 R0、G100、B45），按快捷键〈Alt+Delete〉填充选区，如图 14-168 所示，按快捷键〈Ctrl+D〉取消选择。

25 双击"图层 11"，弹出"图层样式"对话框，选择"投影"选项，设置参数如图 14-169 所示，设置完成后单击"确定"按钮，效果如图 14-170 所示。

图 14-168　填充选区　　　图 14-169　"投影"参数

26 按下〈Ctrl〉键并单击文字图层缩览图，载入文字选区。

27 新建一个图层，选择工具箱渐变工具 ，在工具选项栏中单击渐变条 ，打开"渐变编辑器"对话框，设置参数如图 14-171 所示。

图 14-170　添加投影效果　　　图 14-171　渐变编辑器

28 单击"确定"按钮，关闭"渐变编辑器"对话框。按下工具选项栏中的"对称渐变"按钮 ，在选区内单击并由上至下拖动鼠标填充渐变，效果如图 14-172 所示。

29 按快捷键〈Ctrl+O〉，打开素材文件，运用移动工具 ，将其他素材添加至文件中，调整好大小、位置，如图 14-173 所示。

图 14-172　填充渐变　　　图 14-173　添加其他素材

30 新建一个图层，单击工具箱中的钢笔工具 ，在选项栏中选择"路径"，绘制如图 14-174 所示的路径。

31 按快捷键〈Ctrl+Enter〉转换路径为选区，填充颜色为白色，按快捷键〈Ctrl+D〉取消选区，如图 14-175 所示。

图 14-174　填充路径　　　　图 14-175　填充颜色

32 执行"滤镜"→"模糊"→"高斯模糊"命令，弹出"高斯模糊"对话框，设置参数如图 14-176 所示。

33 单击"确定"按钮，退出"高斯模糊"对话框。至此，棒冰塑料包装制作完成，最终效果如图 14-177 所示。

图 14-176　"高斯模糊"对话框　　图 14-177　最终效果

14.5.2　手提袋

本实例制作一个手提袋，主要分为两个步骤：制作平面效果和制作立体效果，练习了渐变工具、文字工具、图层蒙版的操作。

　文件路径：源文件\第 14 章\14.5.2

　视频文件：视频\第 14 章\14.5.2.MP4

1.　制作平面效果

01 打开 photoshop，执行"文件"→"新建"命令，弹出"新建"对话框，设置参数如图 14-178 所示。单击"确定"按钮，关闭对话框，新建一个图像文件。

02 执行"视图"→"新建参考线"命令，添加参考线，效果如图 14-179 所示。

图 14-178　"新建"对话框　　图 14-179　添加参考线

03 新建一个图层，得到"图层 1"，选择矩形选框工具▭，绘制一个矩形选区，并填充颜色为淡黄色（RGB 参考值分别为 251、233、183），如图 14-180 所示。

04 新建一个图层，得到"图层 2"，继续运用矩形选框工具▭，绘制一个矩形选区，并填充颜色为暗红色（RGB 参考值分别为 107、27、16），如图 14-181 所示。

图 14-180　绘制手提袋正面　　图 14-181　绘制手提袋侧面

05 按快捷键〈Ctrl+O〉，打开素材文件，运用移动工具▶╋，将花纹素材添加至文件中，调整好大小、位置，如图 14-182 所示。

06 设置图层的"不透明度"为 70%，如图 14-183 所示。

07 运用同样的方法添加另一张花纹素材添加至文件中，并设置图层的"不透明度"为 80%，如图 14-184 所示。

图 14-182　添加花纹素材　　图 14-183　调整不透明度

08 按快捷键〈Ctrl+O〉，打开图案素材，并运用移动工具
，将图案添加至文件中，放置在适当位置，如图 14-185
所示。

图 14-184　添加花纹素材　　　图 14-185　添加图案素材

09 选择直排文字工具 ，设置"字体"为"方正卡通
简体"，"字号"为 18 点，设置前景色为暗红色（RGB 参
考值分别为 142、35、29），设置完成后在图像中输入文字，
按快捷键〈Ctrl+Enter〉确定，完成文字的输入，效果如
图 14-186 所示。

10 设置字体为"黑体"，"字号"为 17 点，继续运用直
排文字工具 ，输入如图 14-187 所示的文字。

图 14-186　输入文字 1　　　　图 14-187　输入文字 2

11 新建一个图层，选择直线工具 ，在工具选项栏中
选择"填充像素"，设置"粗细"为 5px，按住〈Shift〉键
的同时在文字中间绘制一条垂直的直线，如图 14-188 所示。

12 运用同样的操作方法，输入其他文字，并运用直线工
具绘制另一条直线，如图 14-189 所示。

图 14-188　绘制直线　　　　图 14-189　输入其他文字

13 执行"文件"→"打开"命令，打开标志素材。运用
移动工具 ，将素材添加至文件中，如图 14-190 所示。

14 按快捷键〈Ctrl+Shift+Alt+E〉，盖印所有可见图层。
选择移动工具 ，将图形位置向右水平移动。

15 按快捷键〈Ctrl+Shift+Alt+E〉，盖印所有可见图层，
至此，平面效果制作完成，如图 14-191 所示。

图 14-190　添加标志　　　图 14-191　平面效果

2．制作立体效果

01 执行"文件"→"新建"命令，弹出"新建"对话框，
设置"宽度"为 2500 像素和"高度"为 2000 像素，如
图 14-192 所示。单击"确定"按钮，关闭对话框，新建一
个图像文件。

02 选择渐变工具 ，在工具选项栏中单击渐变条
，打开"渐变编辑器"对话框，设置为白色到黑
色的渐变，按下"径向渐变"按钮 ，移动光标至图像窗
口中间位置，然后拖动鼠标至图像窗口边缘，填充渐变效
果如图 14-193 所示。

图 14-192　"新建"对话框　　　图 14-193　填充渐变

03 切换至平面效果文件，选取矩形选框工具 ，绘制
一个矩形选框，按快捷键〈Ctrl+C〉复制，如图 14-194 所示。

图 14-194　复制正面图形

04 切换立体效果文件，按快捷键〈Ctrl+V〉粘贴，并调
整大小及位置，如图 14-195 所示。

05 按快捷键〈Ctrl+T〉，单击鼠标右键，在弹出的快捷菜
单中选择"斜切"选项，调整效果如图 14-196 所示。

图 14-195　粘贴正面图形　　　图 14-196　斜切

06 切换平面效果文件，选取矩形选框工具 ，绘制一个矩形选框，按快捷键〈Ctrl+C〉复制，如图 14-197 所示。

07 切换立体效果文件，按快捷键〈Ctrl+V〉粘贴，并调整大小及位置，如图 14-198 所示。

图 14-197　复制侧面图形　　　　图 14-198　粘贴侧面

08 按快捷键〈Ctrl+T〉，单击鼠标右键，在弹出的快捷菜单中选择"斜切"选项，调整封面效果如图 14-199 所示。

09 运用画笔工具 ，设置前景色为红色，在手提袋上绘制提手，如图 14-200 所示。

图 14-199　斜切　　　　　　图 14-200　绘制提手

10 在工具选项栏中降低不透明度和流量，设置前景色为黑色，继续运用画笔工具 ，绘制提手的阴影，如图 14-201 所示。选择多边形套索工具 ，绘制如图 14-202 所示的选区。

图 14-201　绘制提手阴影　　　图 14-202　绘制选区

11 新建一个图层，选择渐变工具 ，按〈D〉键，恢复前景色和背景色的默认设置，在选区内填充如图 14-203 所示的渐变，按快捷键〈Ctrl+D〉取消选区。

12 更改图层混合模式为"正片叠底"，不透明度为 35%，如图 14-204 所示。运用同样的操作方法绘制选区，并填充为黑色。设置图层混合模式为"叠加"，不透明度为 25%，如图 14-205 所示。

13 参照前面同样的操作方法，将手提袋正面图形复制一份至立体效果文件中，按快捷键〈Ctrl+T〉进入自由变换状态，单击鼠标右键，在弹出的快捷菜单中选择"垂直翻转"

选项，然后选择"斜切"选项，效果如图 14-206 所示。

图 14-203　填充渐变色　　　　图 14-204　更改图层模式

图 14-205　制作另一阴影　　　图 14-206　复制正面图形

14 制作倒影效果。单击图层面板上的"添加图层蒙版"按钮 ，为图层添加图层蒙版，选择渐变工具 ，按〈D〉键，恢复前景色和背景色的默认设置，在蒙版中填充渐变，如图 14-207 所示。图像效果如图 14-208 所示。

图 14-207　在蒙版中填充渐变　　图 14-208　正面倒影

15 参照上述同样的操作方法，制作手提袋侧面的倒影，效果如图 14-209 所示。

16 单击"背景"图层的 按钮，将该图层隐藏。按快捷键〈Ctrl+Shift+Alt+E〉盖印图层，再单击"背景"图层前面的 按钮，显示该图层。

17 将盖印的图层放置在"背景"图层的上方，运用移动工具将图像向右移动至适当位置，适当调整大小。至此，手提袋制作完成，最终效果如图 14-210 所示。

图 14-209　侧面倒影　　　　　图 14-210　完成效果

14.6 广告设计

14.6.1 啤酒广告

本实例制作一幅啤酒广告，练习了渐变工具、图层蒙版和文字工具的操作。

📀 文件路径：源文件\第 14 章\14.6.1

🎬 视频文件：视频\第 14 章\14.6.1.MP4

01 启用 Photoshop 后，执行"文件"→"新建"命令，弹出"新建"对话框，设置参数如图 14-211 所示，单击"确定"按钮，新建一个空白文件。

02 按快捷键〈Ctrl+O〉，打开图片素材，运用移动工具 ▶₊，将图片素材添加至文件中，调整好大小、位置，如图 14-212 所示，图层面板自动生成"图层 1"。

图 14-211　"新建"对话框　　图 14-212　添加素材

03 单击图层面板中的"创建新图层"按钮 🖿，新建"图层 2"。

04 选择渐变工具 ▣，在工具选项栏中单击渐变条 ▣▾，打开"渐变编辑器"对话框，设置为黑色到黄色（RGB 参考值分别为 144、130、38）的渐变，如图 14-213 所示。按下工具选项栏中的"线性渐变"按钮 ▣，在图像中按住并由上至下拖动鼠标，填充渐变效果如图 14-214 所示。

图 14-213　"渐变编辑器"对话框　　图 14-214　填充渐变

05 单击图层面板上的"添加图层蒙版"按钮 ▣，为"图层 2"添加图层蒙版。设置前景色为黑色，选择画笔工具 ✐，设置画笔"大小"为 1500px，画笔"硬度"为 0%，在图像下方单击一次。按下〈Alt〉键单击图层蒙版缩览图，图像窗口会显示出蒙版图像，如图 14-215 所示，如果要恢复图像显示状态，再次按住〈Alt〉键单击蒙版缩览图即可，此时图像效果如图 14-216 所示。

图 14-215　图层蒙版缩览图　　图 14-216　添加图层蒙版效果

06 按快捷键〈Ctrl+O〉，打开风景照片素材，运用移动工具 ▶₊，将素材添加至文件中，放置在适当位置，如图 14-217 所示，图层面板自动生成"图层 3"。

07 单击图层面板上的"添加图层蒙版"按钮 ▣，为"图层 3"添加图层蒙版。编辑图层蒙版，设置前景色为黑色，选择画笔工具 ✐，按〈[〉或〈]〉键调整合适的画笔大小，在图像上涂抹，擦除蓝天部分，效果如图 14-218 所示。

图 14-217　添加风景照片素材　　图 14-218　添加图层蒙版

08 新建"图层 4"图层，设置前景色为棕色（RGB 参考值分别为 49、44、44），选择画笔工具 ✐，在图像中心位置涂抹些许棕色，效果如图 14-219 所示。

09 按快捷键〈Ctrl+O〉，打开啤酒瓶素材，运用移动工具 ↔，将其添加至文件中，如图 14-220 所示。图层面板自动生成"图层 5"。

图 14-219　涂抹棕色　　　　图 14-220　添加啤酒瓶素材

10 添加树枝素材至文件中，并将其放置在"图层 5"的下方，图像效果如图 14-221 所示。

11 运用同样的操作方法添加其他素材至文件中，如图 14-222 所示。

图 14-221　添加树枝素材　　　图 14-222　添加其他素材

12 运用同样的操作方法添加土堆素材至文件中，并将其放置在"图层 5"的上方，效果如图 14-223 所示。

13 选择"图层 3"，按快捷键〈Ctrl+J〉将其复制一层，得到"图层 3 副本"，并将其放置在图层的最顶层，图像效果如图 14-224 所示。

图 14-223　添加土堆素材　　　图 14-224　拷贝图层

14 选择"图层 3 副本"的蒙版缩览图，编辑图层蒙版。选择画笔工具 ✐，设置前景色为黑色，按〈[〉或〈]〉键

调整合适的画笔大小，在啤酒瓶底部周围涂抹，还原土堆部分，效果如图 14-225 所示。

15 添加树藤素材至文件中，放置在适当位置，如图 14-226 所示。

图 14-225　添加图层蒙版　　　图 14-226　添加树藤素材

16 单击图层面板上的"添加图层蒙版"按钮 ▣，为图层添加图层蒙版。编辑图层蒙版，设置前景色为黑色，选择画笔工具 ✐，在图像上涂抹，擦除多余的部分，完成后效果如图 14-227 所示。

17 在工具箱中选择横排文字工具 T，在工具选项栏"设置字体"下拉列表框 宋体 ▼ 中选择"Times New Roman"字体。在"设置字体大小"下拉列表框 T 30 点 ▼ 中输入 24，确定字体大小。设置完成后在图像上输入文字，如图 14-228 所示。

图 14-227　添加图层蒙版　　　图 14-228　输入文字

18 继续使用横排文字工具 T，输入其他文字，如图 14-229 所示。

19 添加其他素材至文件中，分别放置在适当位置。至此，本实例制作完成，完成效果如图 14-230 所示。

图 14-229　输入其他文字　　　图 14-230　完成效果

14.6.2 牛奶广告

本实例制作一幅牛奶广告，练习了钢笔工具，魔棒抠图，渐变工具、图层蒙版和路径文字工具等的操作。

文件路径：源文件\第 14 章\14.6.2

视频文件：视频\第 14 章\14.6.2.MP4

操作提示：

01 新建一个空白文件并填充渐变色。

02 使用钢笔工具绘制图形并添加图层样式。

03 打开人物素材进行调整并添加图层样式。

04 添加图层蒙版。

05 绘制泡泡并复制多份放置于文件中的合适位置。

06 打开素材进行抠选并将其置于合适位置。

07 输入文字，运用钢笔工具制作下滴的牛奶。

14.6.3 红酒广告

本实例制作一幅红酒广告，练习了图层属性、图层蒙版和矩形工具的操作。

文件路径：源文件\第 14 章\14.6.3

视频文件：视频\第 14 章\14.6.3.MP4

操作提示：

01 新建一个空白文件。

02 打开素材并调整大小。

03 对图像进行去色处理，并设置混合模式。

04 打开素材，调整大小和位置。

05 添加图层蒙版。

06 绘制黑色矩形，置于合适位置。

07 输入文字，添加其他素材。

14.7 文字特效

14.7.1 可爱立体卡通字

本实例通过制作可爱卡通文字特效，练习了矩形选框工具、图层蒙版和图层样式的操作。

文件路径：源文件\第 14 章\14.7.1

视频文件：视频\第 14 章\14.7.1.MP4

01 启用 Photoshop 后，执行"文件"→"新建"命令，弹出"新建"对话框，设置参数如图 14-231 所示，单击"确定"按钮，新建一个空白文件。将背景填充黑色。

02 选择工具箱中草的"横排文字"工具 T，输入文字，在选项栏中设置字体为"方正琥珀简体"，字体大小为 372 点，填充白色，如图 14-232 所示。

图 14-231　新建文档　　　　图 14-232　输入文字

03 按快捷键〈Ctrl+R〉显示标尺，运用移动工具在标尺上拖出两条参考线，如图 14-233 所示。

04 新建一个图层，选择工具箱中的矩形选框工具 □，绘制矩形框，如图 14-234 所示。

05 执行"选择"→"修改"→"平滑"命令，弹出"平滑"对话框，设置半径为 35 像素，填充任意色，按快捷键〈Ctrl+D〉取消选区，如图 14-235 所示。

图 14-233　建立参　　图 14-234　绘制矩　　图 14-235　填充颜色
考线　　　　　　　　形框

06 双击图层面板中的红色图层，弹出"图层样式"对话框，选择"渐变叠加"选项，参数设置如图 14-236 所示。

07 选择"斜面和浮雕"参数设置如图 14-237 所示。

图 14-236　渐变叠加参数　　　　图 14-237　斜面和浮雕参数

08 选择"外发光"选项，参数设置如图 14-238 所示。

09 单击"确定"按钮，效果如图 14-239 所示。

图 14-238　外发光参数　　　　图 14-239　图像效果

10 新建一个图层，运用矩形选框工具 □，绘制图形，填充任意色，如图 14-240 所示。

11 在图层面板中，选择图层 1，单击鼠标右键，在弹出的快捷菜单中选择"拷贝图层样式"选项，如图 14-241 所示。

12 选择图层 2 单击鼠标右键，在弹出的快捷菜单中选择"粘贴图层样式"选项，如图 14-242 所示。

图 14-240 绘制矩形 　图 14-241 菜单 　图 14-242 菜单选

框 　　　　　　　　选项 1 　　　　　　项 2

13 图像效果如图 14-243 所示。

14 新建一个图层，选择钢笔工具，绘制如图 14-244 所示图形，按住〈Ctrl〉键，单击图层面板的文字图层，将文字载入选区，选择矩形选框工具，单击选项栏的相交按钮 回，框选 P，只选中 P 字选区，按住〈Ctrl+Alt〉键，单击红色不规则图层缩览图，减去红色选区，如图 14-245 所示。

图 14-243 图像效果 　图 14-244 绘制图形 　图 14-245 创建选区

15 新建一个图层，填充任意色，复制图层 1 的图层样式，如图 14-246 所示。

16 选择图层 1，运用椭圆选框工具绘制椭圆选区，如图 14-247 所示。

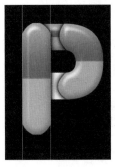 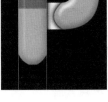 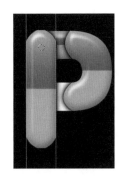

图 14-246 图像效果 　　　图 14-247 椭圆选区

17 按住〈Alt〉键，单击图层面板下面的"添加图层蒙版"按钮 回，效果如图 14-248 所示。

18 参照上述操作方法，添加其他钉口，选中文字图层以上的所有图层，按快捷键〈Ctrl+G〉，编辑图层，命名为"P"，如图 14-249 所示。

图 14-248 建立蒙版 　　　图 14-249 建立蒙版

19 运用制作"P"的方法，制作其他文字效果，并分别编组，如图 14-250 所示。

图 14-250 添加特效

20 选择"H"图层组，单击图层面板下面的"创建新的填充或可调整"按钮 ◑，选择"色相/饱和度"选项，在属性面板中设置参数如图 14-251 所示。图像效果如图 14-252 所示。

图 14-251 色相/饱和度参数 　图 14-252 着色效果

21 参照上述操作，为其他文字着色，如图 14-253 所示。

图 14-253 整体着色

22 选中所有文字图层组，按快捷键〈Ctrl+Alt+E〉向上合并图层，按快捷键〈Ctrl+T〉进入自由变换状态，单击鼠标右键，在弹出的快捷菜单中选择"垂直翻转"选项，移动到文字下面，添加图层蒙版，运用渐变工具 ，渐隐图层，如图 14-254 所示。

图 14-254　添加倒影

23 打开"流光"素材和"鸟"素材，拖入画面中，调整好位置和大小，得到最终效果如图 14-255 所示。

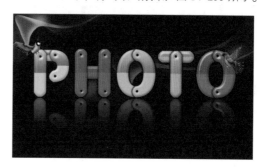

图 14-255　最终效果

14.7.2　木质文字特效

本实例通过制作木质文字特效，练习了图层蒙版和图层样式的操作。

💿 文件路径：源文件\第 14 章\14.7.2

🎬 视频文件：视频\第 14 章\14.7.2.MP4

---

01 启用 Photoshop 后，执行"文件"→"新建"命令，弹出"新建"对话框，设置参数如所示，单击"确定"按钮，新建一个空白文件。前背景色默认为白黑，按快捷键〈Ctrl+Delete〉，填充背景色为黑色。

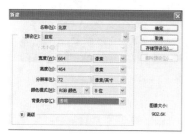

图 14-256　"新建"对话框

02 单击图层面板底部 □ 按钮，添加图层组，名字更改为文字 D。单击工具箱中的横排文字工具 T，输入文字，效果如图 14-257 所示。

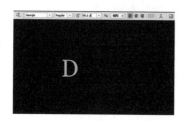

图 14-257　编辑文字

03 双击图层面板中的文字缩览图，弹出"图层样式"对话框，参数如图 14-258 所示。

图 14-258　图层样式对话框

04 图层样式效果如图 14-259 所示。

图 14-259 图层样式效果　　图 14-260 添加剪贴蒙版

05 按快捷键〈Ctrl+O〉打开木板背景素材，移至文字上，执行"图层"→"创建剪贴蒙版"命令或按快捷键〈Ctrl+Alt+G〉，效果如图 14-260 所示。

06 单击图层面板底部 按钮，选择"渐变映射"，在属性面板中设置参数如图 14-261 所示。

图 14-261 渐变映射参数　　图 14-262 绘制路径

07 按快捷键〈Ctrl+shift+Alt+E〉盖印图层，选择钢笔工具，绘制路径，如图 14-262 所示，按快捷键〈Ctrl+Enter〉将路径转换为选区，单击图层面板底部的 按钮，新建图层，填充白色，不透明度设为 5%。

08 执行"图层"→"创建剪贴蒙版"命令，效果如图 14-263 所示。

图 14-263 剪贴蒙版效果　　图 14-264 移动图层

09 文字 D 的效果完成，将文字图层移至文字 D 组里，方便管理，如图 14-264 所示。

10 其他的文字通过相同的想法绘制，效果如图 14-265 所示。

图 14-265 绘制其他的文字

11 按快捷键〈Ctrl+O〉打开"钉子"素材，双击文字缩览图，弹出"图层样式"对话框，参数如图 14-266 所示。

图 14-266 图层样式参数

12 选择钉子图层，按快捷键〈Ctrl+J〉复制六次，并移至不同的位置上，效果如图 14-267 所示。

13 按快捷键〈Ctrl+O〉打开"花纹"素材，移至图层上，放置到相应的位置上并调整图层之间的顺序，如图 14-268 所示。

图 14-267 复制钉子图层　　图 14-268 调整花纹素材

14 按快捷键〈Ctrl+O〉打开"背景"素材，移至背景图层上，最终效果如图 14-269 所示。

图 14-269 最终效果

成为 Photoshop 高手
——网页、3D 与视频动画

在 Photoshop 中，可以使用图层和切片设计网页和界面元素，或直接对网页图像进行优化，轻松创建个性网页。此外，还可以在 Photoshop 中编辑 3D 对象和创建奇妙的视频动画。

下面我们将详细讲解各种制作网页、创建和编辑 3D 模型以及创建视频动画的相关知识。

附 录

1. 网页切片

在制作网页时，通常要对页面进行分割，即制作切片。创建切片后，可以对切片进行移动、复制、组合等操作，还可以为切片制作动画、设置输出选项、链接到 URL 地址等。

自动切片　　　　　　　用户切片

图附-1　切片

（1）切片的类型

切片工具可以将一个完整的网页切割成多个小块，以便对每一张进行单独的优化，方便网络上的下载。

使用切片工具创建的切片被称为用户切片，通过图层创建的切片被称为基于图层的切片。创建新的用户切片或基于图层的切片时，将会自动生成附加的切片来占据图像的其他区域。自动切片可填充图像中用户切片或基于图层的切片未定义的空间。每次添加或编辑用户切片或基于图层的切片时，都会重新生成自动切片。用户切片和基于图层的切片由实线定义，而自动切片则由虚线定义，如图附-1 所示。

（2）切片工具

选择切片工具，工具选项栏显示如图附-2 所示，在"样式"下拉列表中可以选择切片的创建方法，包括"正常"、"固定长宽比"和"固定大小"三个选项。

- 正常：通过拖动鼠标确定切片的大小。
- 固定长宽比：选择该选项可激活"宽度"和"高度"数值框，可在该数值框中输入数值，设置切片的高宽比，创建固定长宽比的切片。
- 固定大小：在数值框中指定切片的高度和宽度值后，然后在画面单击，可创建指定大小的切片。

图附-2　切片工具选项栏

专家提示：在制作切片时，按住〈Shift〉键的同时拖动鼠标可以创建正方形切片；按住〈Alt〉键的同时拖动鼠标可从中心向外创建切片。

（3）　边讲边练——使用切片工具创建切片

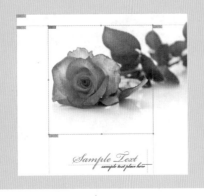

本实例介绍使用切片工具创建固定长宽比的切片。有关切片的其他内容详见光盘中的"附录.pdf"文件。

文件路径：源文件\附录\15.1.3

视频文件：视频\附录\15.1.3.MP4

2. 优化 Web 图像

优化图像是 Web 图像制作的一项重要工作。创建切片后，在满足基本质量的前提下，需要对图像进行优化，尽量缩小文件的大小，以便于在网络上存储和传输图像。

文件的大小取决于图像分辨率、图像尺寸、颜色数目和图像格式。网页图像分辨率使用显示器的分辨率 72dpi，而图像尺寸也一般在设计时就已确定，所以优化图像主要是取决于颜色数目和图像格式这两个关键因素。

（1）网络图像格式

网络图像一般分为 GIF、JPEG、PNG-8 和 PNG-24 这 4 种格式。图像格式的选择主要取决于原图像的颜色、色调和图形等特性。一般情况下，连续色调图像（如照片）适宜压缩为 JPEG 格式，具有单调颜色或锐化边缘及清晰细节的图像适宜压缩为 GIF 或 PNG-8 格式，如图附-3 所示。

适合压缩为 JPEG 格式图像

适合压缩为 GIF 或 PNG-8 格式图像

图附-3　选择 Web 图像格式

（2）优化网络图像

Photoshop 通过"存储为 Web 所用格式"对话框选择图像格式和控制各优化选项，对图像进行优化，以减小文件的大小。

下面以实例说明在 Photoshop 中优化图像的基本方法和流程。

 手把手　优化网络图像

　　视频文件：视频\附录\手把手 15-2.MP4

01 在 Photoshop 中打开需要优化的图像。

02 选择"文件"→"存储为 Web 和设备所用格式"命令，打开"存储为 Web 和设备所用格式"的对话框。

03 单击对话框上方的"四联"显示选项，以四联方式显示图像，如图附-4 所示。

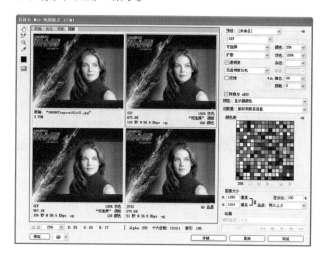

图附-4　"存储为 Web"对话框

04 选择最佳文件格式。分别单击选择三个优化预览窗口，从如图附-5 所示"预设"列表框中各选择一种图像格式，结果如图附-6 所示。

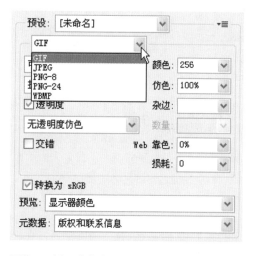

图附-5　选择图像格式

05 从图中可以看出，JPEG 格式的图像品质和文件大小是最合适的。因此，存储为 JPEG 格式是最佳的选择。

06 选择 JPEG 格式图像，为了使图像品质和文件大小达到最佳，还需在优化面板中调整各项参数。如图附-7 所示，这里分别从"预设"列表框中选择"JPEG 低"、"JPEG 中"和"JPEG 高"三种方案，效果如图附-8 所示。

07 从效果图中可以看出使用"低"方案图像品质影响不大，但文件最小，因此是最佳的优化设置。选择"JPEG

低"图像，如图附-9 所示，单击"存储"按钮，保存优化
后的图像。

图附-6　不同格式的图像效果

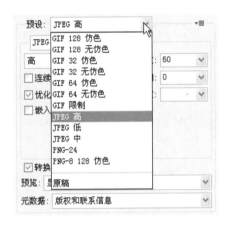

图附-7　"预设"下拉列表

图附-8　选择最佳品质

专家提示：图附-7 所示的"预设"列表中列出了各种
图像格式和相同文件格式下的不同设置。例如，JPEG 格
式包含高（品质 60%）、中（品质 30%）、低（品质 10%）
三种设置。

图附-9　存储

3.　使用 3D 工具

　　在 Photoshop CS6 中，打开（创建或编辑）3D 文件时，会自动切换到 3D 界面中，如图附-10 所示。Photoshop 能够足够
保留对象的纹理、渲染、和光照信息，并将 3D 模型放在 3D 图层上在其下面的条目中显示对象的纹理。有关 3D 工具的其他
内容详见本书光盘中的"附录.pdf"文件。

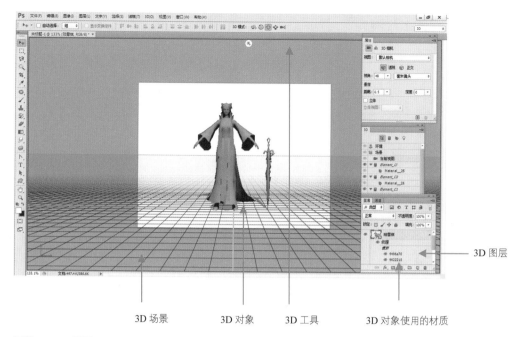

图附-10　3D 界面

4. 创建视频动画

在 Photoshop CS6 Extended 中，可以打开多种 QuickTime 视频格式的文件，可以在 Photoshop 中编辑视频的每个帧和图像序列文件，还可以使用任何工具在视频上编辑和绘制。使用 Photoshop 的"动画"面板，可以直接在 Photoshop 中制作 GIF 动画。

执行"窗口"→"时间轴"命令，可以打开"时间轴"面板，如图附-11 所示。

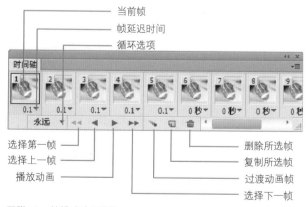

图附-11　帧模式动画面板

在 Photoshop 中，"时间轴"面板以帧模式出现，并显示动画中的每个帧的缩览图。使用面板底部的工具可浏览各个帧，设置循环选项，添加和删除帧以及预览动画。

- 当前帧：当前选择的帧。
- 帧延迟时间：设置帧在回放过程中的持续时间。
- 循环选项：设置动画在作为动画 GIF 文件时的播放次数。
- 选择第一帧 ◄◄：单击该按钮，可自动选择序列中的第一个帧作为当前帧。
- 选择上一帧 ◄：单击该按钮，可选择当前帧的前一帧。
- 播放动画 ▶：单击该按钮，可在窗口中播放动画，再次单击可停止播放。
- 选择下一帧 ▶▶：单击该按钮，可选择当前帧的下一帧。
- 过渡动画帧：单击该按钮，可以打开"过渡"对话框，在对话框中可以在两个现有帧之间添加一系列过渡帧，让帧之间的图层属性均匀变化。
- 复制所选帧：单击该按钮，可向面板中添加帧。
- 删除所选帧：单击该按钮，可删除选择的帧。

有关视频动画的其他内容详见本书光盘中的"附录.pdf"文件。